Nomenclator Fungorum.

Pars I.

Agarici.

Accedunt tabulae VI aeri incisae et ab Auctore delineatae.

Verzeichniß der Schwämme.

Erster Theil.

Blätterschwämme.

Mit 6 nach der Natur vom Verfasser gezeichneten Kupfertafeln.

Berlin, 1789.
bey Joachim Pauli, Buchhändler.

Vorrede.

Gegenwärtiges Verzeichniß der Blätterschwämme, hat seine Entstehung durch den Antrag des Herrn **Pauli**, als Verleger des **Martinischen Naturlexicons**, erhalten: Antheil an diesem Werk zu nehmen, und zunächst die Blätterschwämme dafür zu bearbeiten. In der Folge wünschte auch der Herr Verleger diese Abhandlung einzeln, Liebhabern zum bequemern Gebrauch überlassen zu können, ohne die typographische Form, wie sie die einmal angenommene Einrichtung des Naturlexicons nothwendig macht, abändern zu dürfen. Um diese letztere Absicht zu erfüllen, war es beynah nothwendig, die Abtheilungen der Schwämme so viel als möglich, zu vereinfachen, wodurch aber, wie ich nicht ohne Grund hoffe, die Uebersicht der zahlreichen Arten weni-

weniger beschwerlich, und das Aufsuchen derselben nicht so unangenehm gemacht wird. Nicht selten gehört eben so viel Geduld und Zeitverlust dazu, eine künstliche Eintheilung sich bekannt zu machen, als unter der Menge eine gewisse Art aufzusuchen. Ich habe es mir dabey zum Gesetz gemacht, keine andere Arten aufzunehmen, als nur jene, die ich selbst zu untersuchen, Gelegenheit hatte, (von welchen einige auf den Kupfertafeln abgebildet sind), oder wobey ich zugleich auf vorzügliche Abbildungen, wie die Schäfferischen, Bulliardischen, Batschischen, Boltonischen, verweisen konnte. Man wird die mehresten Schwämme, die in diesem Werke vorkommen, hier wiederfinden, und vollständige Beschreibungen, wie die des Herrn Prof. Batsch in der Fortsetzung seines Schwammverzeichnisses, und die des Herrn Bolton, in seiner Beschreibung der in England einheimischen Schwämme, habe ich beynah wörtlich benutzt. Man sollte billig, um alle fernere Ungewißheit und Verwirrung zu vermeiden, jene Arten, von denen man noch keine zuverlässige Abbildungen aufweisen kann, nicht weiter anführen. Auch die vollständigsten Beschrei-

bungen

bungen reichen hier nicht zu, ihren Mangel zu ersetzen. In der nemlichen Rücksicht habe ich mich auch nur auf wenige und sichere Synonyme eingeschränkt, und jene, wobey nicht auf eine genaue Abbildung verwiesen wurde, mit Stillschweigen übergangen. Selbst die Linneischen Arten lassen sich wegen der Allgemeinheit oder Unbestimmtheit der Kennzeichen, nicht alle mit Gewißheit angeben. Ohnedies wird man nicht länger mit so wenig Arten bey einer so großen Anzahl von Schwämmen ausreichen wollen, da diese Gewächse eben so wie andere, aus der Kryptogamischen Klasse verdienen unterschieden und gekannt zu werden. Zusätze, Verbesserungen, Nachträge sind hier um so weniger vermeidlich, da nur nach und nach die Schwammkenntniß kann berichtigt werden. Ich werde mich bemühen, diesen kleinen Versuch dadurch brauchbarer zu machen, und vielleicht können in der Folge diesem Verzeichniß auch Abbildungen beygelegt werden.

Durch die beygesetzten römischen Zahlen I - V versuchte ich die verschiedene Größe der Schwämme (die in der Folge bestimmt wird,) anzugeben, um

 nicht

nicht vergebens einen ganz kleinen Schwamm von einigen Linien in der Breite (der durch die Zahl V angezeigt wird,) unter den größern aufzusuchen, und die ganze Reihe mit einem Blick leichter überlaufen zu können.

Noch muß ich die Güte des Herrn Superintendenten Schäffers anerkennen, der mich zur Erleichterung bey diesem Verzeichniß mit einem sehr vorzüglichen und sorgfältig ausgemahlten Exemplar der icones fungorum qui in Bavaria et Palatinatu nascuntur (Tom. I-IV. ed. tertia 1780.) versehen hat.

Erlangen, den 18ten März 1789.

D. G. F. Hoffmann.

Erklärung der Kupfertafeln.

Tab. I. Agaricus alneus. Verschiedene schuppenförmig übereinander aus einem Stückchen Holz hervorgewachsene Schwämme. a) Ein älterer aufgerißener und zurückgebogener Schwamm, mit seinen kurzen in faulen Holz gewöhnlich verborgenen Stiel. b) Die Unterseite des Schwamms von einander gezogen, in natürlicher und durch die Linse etwas vergrößerter Gestalt. c) Eine noch stärker vergrößerte einzelne Lamelle.

Tab. II. fig. 1. Agaricus tomentosus. Mehrere Schwämme wie sie auf einem Blatt sitzen, in verschiedenen Alter abgebildet. Der Hut ist senkrecht durchschnitten unten beygesetzt.

— — fig. 2. Agaricus cervinus. Der Hut ist wie beym vorigen senkrecht durchschnitten.

Tab. III. fig. 1. Agaricus soboliferus. Die gesellschaftlich wachsende nach ihren verschiedenen Alter und Größe abgebildeten Schwämme. Ein abgeschnittenes Stückchen vom Stiel, zeigt die röhrige Beschaffenheit desselben.

— — fig. 2. Agaricus papillatus. Die Schwämmchen sitzen auf einer kleinen Wurzel auf. Ein kleines Stückchen vom Stiel queer durchschnitten, und mit einer sehr feinen haarförmigen Oeffnung versehen, stehet zur Seite.

Tab. IV. fig. 1. Agaricus mamillaris. Ein junger und etwas älterer Schwamm neben einander gestellt. Zur Seite ein Stück vom röhrigen Stiel.

— — fig. 2. Agaricus perforans. Verschiedene Schwämmchen auf einer Fichtennadel, die sie mit ihren feinen

nen Wurzeln durchbohren, in natürlicher Größe. Zur Seite ein einzelnes senkrecht durchschnittenes Schwämmchen.

Tab. V. fig. 1. Agaricus horizontalis. In natürlicher Größe und senkrecht durchschnitten.

— — fig. 2. Agaricus acicularis. Auf einem Buchenblatt viele solche kleine Schwämmchen in natürlicher Größe.

— — fig. 3. Agaricus Muscorum. Ganz junge, und zugleich ausgewachsene Schwämme auf einem Stückchen mit Mooß bewachsen Holz. Ein ganzer Schwamm senkrecht durchschnitten.

Tab. VI. fig. 1. Agaricus membranaceus. In völliger Größe. Zur linken Seite Hut und Stiel senkrecht durchschnitten.

— — fig. 2. Agaricus stellaris. In natürlicher Größe mit der strahlen- oder sternförmigen Hülle. Auf der Seite senkrecht durchschnittener Hut nebst dem Stiel, und auch ein Stückchen von letztern queer durchschnitten.

— — fig. 3. 4. Agaricus pusillus. Oben eine kleinere Spielart. Zur Seite ein Schwämmchen senkrecht durchschnitten. Unten mehrere auf einem Stückchen Holz. Ein Schwämmchen mit Hut und Stiel senkrecht durchschnitten, von letzteren auch ein Stückchen queer durchschnitten.

Blät-

Blätterschwämme.

Blätterschwamm a). Eine eigene Schwammgattung, deren Hauptcharakter ist: Ein mehr oder weniger fleischiger Hut, der größtentheils senkrecht auf einen Stiel (stipes) stehet; oder auch ohne sichtbaren Stiel, an der Seite anderer Körper befestiget wird; auf der untern Seite des Huts zeigen sich aber jederzeit Blätter oder Lamellen (lamellae), die wie Strahlen aus dem Mittelpunkt des Huts auslaufen. Diese Gattung (genus) ist sehr zahlreich, und die darunter begriffenen sehr mannigfaltigen Arten (species) laufen oft so unmerklich in einander, daß es nöthig ist auf die Verschiedenheiten derselben und ihre Kennzeichen, hier genauer als irgendwo Rücksicht zu nehmen. Es kommt nemlich dabey nicht wenig auf die Gestalt, auf die Substanz, auf die Zahl und Lage der Theile an, und auf ihr verschiedenes Verhältniß gegeneinander, dadurch wir erst im Stande sind ein sicheres Kennzeichen der vorhandenen Arten aufzufinden. Die häufigen Spielarten (varietates) müssen sorgfältig, mit der zunächstkommenden Art, in Rücksicht der abweichenden Größe, der Farbe, die bey den Schwämmen sehr veränderlich ist, der Zeit und des Bodens, wo der

a) Agaricus *Linn.* Amanita *Hall.* Fungus *Mich.* l'agaric. Amanite, Chanterelle, Mérule. (*Lamarck* Encyclopedie Methodique). Mushroom, Agaric &c.

der Schwamm gesammlet worden, verglichen werden, ehe wir solche mit Sicherheit darauf zurückführen können. Nicht selten treffen bey zwey Schwämmen Farbe, Zeit, Wohnplatz, Stellung, Größe, Geruch und Geschmack auf das genaueste zusammen, dies berechtigt uns aber noch nicht zu glauben, daß es wirklich einerley Arten sind, wenn uns nicht ein wesentliches Kennzeichen davon versichert. Zur Erläuterung dienen der Agaricus porcellaneus Schaeff und der Agaricus procerus desselben. Ersterer hat einen knolligen Stiel ohne Hülle (volva), dieser auch; jener hat einen großen weißen Hut, der an der Spitze braun gefärbt, und mit gleichfarbigen Schuppen bedeckt ist, ein weiße Saamendecke, und in der Jugend fleischfarbige Blätter, alles dies finden wir auch bey letzteren. Noch kennen wir kein distinktives Kennzeichen. Betrachten wir aber die Lamellen genauer, so zeigen sie sich bey erstern gleichlang, in einer Reihe von dem Mittelpunkt des Huts bis an den Rand, bey letzteren stehen sie gegentheils in verschiedenen Reihen von ungleicher Länge. Hier bemerken wir schon eine auffallende und wesentliche Verschiedenheit. Beobachten wir nun noch die Art ihres beyderseitigen Wachsthums, und sehen, daß der Hut des Agaricus porcellaneus unentwickelt eyrund, ausgewachsen aber conisch und an seinem Rande zerrissen, der Hut des Agaricus procerus aber Anfangs kugelrund, in der Folge flockenförmig wird, so erhalten wir eine noch größere Gewißheit. Ueberdies spielen die Lamellen bey ersteren mehr in das Rothbraune oder Schwarze, und lösen sich in einen schwarzen Saft auf, da sie bey letzteren mehr blaßbraun sind und verwelken. Die Saamenhaut verschwindet nach geleisteter Pflicht bey ersteren, sie bleibt aber in Gestalt eines Rings an den Stiel des letztern sitzen. Es ist also nothwendig, einen jeden einzeln Theil bey denen Schwämmen nach seiner Verschiedenheit zu kennen. In Ansehung der Wurzel bemerkt man: ob sie spindel- oder kegelförmig, ob sie knollig oder keulenförmig, rund, zusammengedrückt, faserich, von was für Farbe und Consistenz, woran sie festgewachsen, ob nur ein Stiel oder mehrere gemeinschaftlich aus einer entspringen; ihre Richtung, ob sie fortkriecht oder senkrecht stehet. Vorzüglich merkwürdig ist daran eine Hülle (volva) oder Geburts-Haut, die den ganz jungen Schwamm einwickelt, die aber gewöhnlich oben zerreißt, um den Hut desselben durchzulassen; oft bleibt sie auch nach der Entwickelung des Schwamms stehen (persistens), öfter aber verschwindet sie alsdenn. Ihre Figur, ihre Farbe und übrige Beschaffenheit dürfen nicht übersehen werden. An dem Stiel oder Strunk (stipes) ist zu bemerken: ob er grade oder schief, gebogen, gewunden, zusammengedrückt, rund, hohl oder fest, schwammig oder faserig, mit einem Ring umgeben (annulatus) oder nicht, u. s. w. Der Hut ist nicht weniger mannichfaltig, und verändert sehr oft seine Gestalt; bald ist er flach, oder gewölbt; kegelförmig, trichterförmig, am Rande glatt und rund, oder wellenförmig gebogen, auch gezähnelt; auf der Oberfläche glatt, trocken, feucht, schlüpfrig, ungleich, faltig, gestreift, schuppig; sehr fleischig oder nur häutig, dünn und wässerig; mit dem Stiel zusammengewachsen (continuus) oder von ihm abgesondert (contiguus), nicht zu gedenken von den unendlich vielen Farbennuancen. Merkwürdig ist die Unterseite, ob sie mit einer Saamendecke (cortina) überzogen ist, wenn diese zerreißt, und ob sie als Ring (annulus) an dem Stiel, oder am Rande des Huts wie feine Fäden, Franzen, hängen bleibt, oder verschwindet. Die Blätter (lamellae) die zur Bestimmung der Arten sehr vieles beytragen, und mit der Farbe des Huts übereinkommen oder davon verschieden sind — sind schmal, aderich, ästig, breit, bald in der Mitte, bald an beyden Enden breiter oder umgekehrt, gegen das Ende schmäler; in einigen Schwämmen sehr zart und dicht aneinander stehend, in andern groß und mehr entfernt; gleichlang, oder es stehen kürzere und kleinere Blättchen zwischen denen längeren; letztere reichen entweder bis an den Stiel mit ihren breitern Ende, oder verengern sich, und laufen an denselben spitzig herab, öfters erreichen sie aber den Stiel gar nicht, sondern hängen nur untereinander zusammen. Am Rande sind sie gebogen, gespalten, glatt, gezähnelt, eingekerbt u. s. f. Verwundet geben sie nicht selten, so wie der Hut und Stiel einen Saft oder eine Milch von sich. Die Dauer der Blätterschwämme ist sehr ungleich. Manche vergehen so geschwind als sie entstehen, andere dauren mehrere Tage und Wochen.

Ueber die Entstehung der Blätterschwämme, so wie der Schwämme überhaupt, sind die Meinungen der Naturforscher sehr verschieden. Einige setzen sie in das Thierreich, und ziehen zum Theil ihre Beweise aus denen durch die chemische Zerlegung erhaltenen Bestandtheilen, zum Theil von denen in den Schwämmen sich aufhaltenden Insekten, Würmern und ihren Eyern. Noch andere behaupten aus dem Schwammsaamen Thierchen b), oder aus denen durch Infusion der Schwämme erzeugten Thierchen wirkliche Schwämme entstehen gesehen zu haben c). Die Meinung der

b) D. *F. G. Weis* Plant. crypt. p. 2. Wo eine Beobachtung des Prof Büttners in Göttingen erzählt wird, der aus Schwammsaamen eine Art Fliegen hat entstehen sehen, und deswegen behauptete, die Schwämme würden von Insekten wie andere Polypengehäuse aufgeführt

c) *Münchhausen* Hausvat. 2. B. S. 75 . und andere Stellen. *Wilk* (*Weis.* l. c. p. 5.) *Linné*, Diss. mundus invisib. p. 12.

der erstern beweißt nur so viel, daß in den Schwämmen, so wie in mehrern Pflanzen ein flüchtiges Laugensalz enthalten sey, das nicht unwahrscheinlich bey erstern von kleinen in ihnen enthaltenen Insekten herrührt, so wie bey manchen der stinkende faule Geruch. Daß übrigens die Schwämme sehr vielen Insekten zum Aufenthalt und zur Nahrung dienen, und daß diese schon sehr früh ihre Eyer in sie legen, ist ganz der Erfahrung gemäß, beweißt aber eben so wenig ihre Entstehung daher, als die Entstehung anderer Pflanzen aus dem Thierreich, worinnen sich Insekten aufzuhalten und manche Ausartungen hervorzubringen pflegen. Auch bedürfen einzelne unsichere Beobachtungen, erst öftere und sehr sorgfältige Wiederholungen, ehe sie Beweiskraft haben können. Auf gleiche Art verhält es sich mit denen durch Fäulniß oder Infusion erhaltenen wirklichen Infusionsthierchen, die man aus den Schwammsaamen zu erhalten glaubte, und in neue Schwämme verwandlen ließe. Noch hat aber kein Vertheidiger dieser Hypothese, sich die Mühe gegeben, das Wachsthum eines Schwamms aus einem solchen kleinen Thierchen, bis zu seiner völligen Größe zu verfolgen.

Die Schwämme überhaupt gehören also sehr wahrscheinlich vielmehr in das Pflanzenreich. Aber die Art, wie sie als Pflanzen sich entwickeln, erklärte man auf verschiedene Weise. **Malpighi** und **Rai** wußten noch nichts von ihren Saamen. **Morison** hielte

12. „Farina in Lycoperdis, Agaricis et aliis Fungis, immo ipsa Mucoris farina nihil aliud quam semina Fungorum est, sed semina haec, tepidae per aliquot dies aquae commissa, veros germinant in vermiculos, microscopiis perspicue visibiles, tandemque telam contexunt exiguam, cui inhaereant immota, atque intumescunt in Fungos quibus debent originem."

hielte die Schwämme für Auswüchse der Erde, ohne Blüthe, ohne Saamen. Er glaubte, sie bildeten sich aus dem Abgang der Thiere, mit etwas Salz und Schwefel verbunden **Fab. Columna, Marsigli** ließen sie aus dem überflüßigen Schleim, oder der Feuchtigkeit des faulen Holzes, faulender Bäume entstehen. Und diese letztere Meinung, daß Schwämme Produkte der Fäulniß und Zerstörung seyn, findet gegenwärtig ansehnliche Vertheidiger. Nach Hrn. von **Necker** sollen die Schwämme in keines der drey Naturreiche gehören, da sie weder thierischen Ursprungs sind, auch ihnen die Befruchtungstheile der Pflanzen mangeln, noch sie, wie die Mineralien durch äußern, vielmehr durch innern Ansatz ihrer Theile wachsen. Dieser Gelehrte versetzt sie in ein mittleres oder viertes Naturreich (regnum mesymale), so daß sie zwischen denen Pflanzen und Mineralien zu stehen kommen d) Ihr Ursprung ist ein feines zartes Gewebe (Carcithium), welches von dem, aus verschiedenen Ursachen veränderten und zerstörten Zellgewebe (parenchyma, tissu cellulaire) der Gewächse sich erzeugt. Farbe, schädliche oder unschädliche Beschaffenheit der Schwämme hängen von der besondern Natur dieses Zellgewebes ab. Hierher gehört eine ähnliche Erklärungsart, nach welcher die Schwämme unmittelbar die zweyte oder letzte Vegetation der schleimigen Pflanzensäfte sind. Durch sie wird der Zusammenhang der Pflanzentheile erhalten; vermittelst faulender Gährung werden sie aus den Pflanzen abgesondert, und diese abgesonderten schleimigen Theile, von dem fortdaurenden Mechanismus der Gährung getrieben,

d) Traité sur la Mycitologie par M. N. J. de *Necker*, (Manheim 1783. 8.) p. 104.

ben, wachsen in Schwämme von so mancherley Art und Gestalt hervor. Daraus läßt es sich auch erklären, wie vermittelst einer so schnellen Vegetation, als bey den Schwämmen, die kleinen, kaum sichtbaren Insekten (die sich wegen ihrer Nahrung und Wohnung hier versammlen) und ihre Eyer, in die Höhe, und so früh in die Pflanze gebracht werden. Vielleicht daß auch letztere schon in den gesunden Pflanzen so, wie die Eingeweidewürmer in dem thierischen Körper, enthalten sind, und zugleich mit dem Pflanzenschleim durch die Gährung entwickelt werden e). Den Erfahrungen des Hrn. Regierungsraths **Medikus** zufolge, zeigt sich das feine Gewebe, das aus abgestorbenen Theilen des Pflanzenreichs entstehet, wenn solche in dem ersten Grad der Fäulung sich befinden (denn wirkliche Fäulniß zerstört den Schwammstoff) mittelst dazu kommender gehöriger Menge Wasser, und eines angemessenen Wärme-Grades, als ein neuer Stoff, und eine dem gutartigen Eiter ähnliche Materie, dessen Bildungstrieb durch Elasticität und Anziehungskraft geleitet, Schwämme hervorbringt, die auf diese Art die Erzeugung einer vegetabilischen Crystallisation sind f).

Wir machen uns nun auch die Erklärungsarten derjenigen Naturforscher bekannt, die unsere Blätterschwämme, so wie andere Pflanzen, aus wirklichem Saamen entstehen lassen. **Micheli** hat das Verdienst, zuerst durch seine Beobachtungen über die Befruchtungsart der Schwämme, und durch seine Versuche, den Saamen der Blätterschwämme dar-

e) Sind Schwämme Pflanzen? oder sind sie Insektenwohnungen, und entstehen sie von Insekten? von G. F. **Märklin** dem jüngern. Magazin für die Botanik. Zürich 1787. 8. 2tes Stück S. 137.

f) Allg. Litt. Zeit. 1788. No. 41. Bot. Mag. l. c. p. 155.

gethan zu haben. Er ist auf beyden Flächen der Lamellen, in Gestalt ausserordentlich kleiner Kügelchen, die bald einzeln, bald zu vieren beysammen stehen, zerstreuet. Zwischen diesen Saamen findet man, nach ebendesselben Beobachtung, andere kegelförmige Körperchen, welche die allzunahe aneinander stehenden Lamellen voneinander halten, damit sie nicht selbst das Herabfallen des Saamenstaubes hindern mögen. Versuche, die **Micheli** mit diesen Saamen angestellt, und dadurch er Blätterschwämme erhalten, die anfangs aus einem zarten schleimigen Gewebe durch stufenweises Wachsthum zu immer grössern Schwämmen angewachsen, hat er sorgfältig aufgezeichnet und auch abgebildet g). **Batarra** beschreibt einen ähnlichen Versuch, die Schwämmchen wurden aber, noch ehe sie sich gehörig entwickeln konnten, von Insekten zerstört h). **Auch Gleditsch** verbürgt

g) *Micheli*, nova Gen. Plantar. p. 139. Tab. 73. 74. 76.

h) *Batarra*, Fungor. Agri ariminens. hist. p. 9. „Tandem IV. Id. Septembris anni 1747. accidit, quod supra subputrida quercus folia cujusdam lamellati Fungi, pulvisculum excepi, quae omnia sub terram in loco Fungorum vegetationi optimo deposui; tempus antea serenum fuerat, postero autem die usque ad diem tertium Octobris subpluvium. Nonis autem hujusce Mensis locum adivi, et natos Fungillos inveni. Radices nudo oculo ramosas et arcuatas conspexi. Pedunculi erant albidi, Pileoli magnitudine grani Panici, et globosi ex mucosa virescente materia erant; quibus diligentissime repositis, triduo post locum denuo adivi, et omnia ab insectis corrosa, cum maxima animi indignatione inveni. Alias pariter eadem tentavi, sed laborem omnem, atque industriam semper frustra consumpsi, unde illud vehementer probo, quod Michelius asserit, ubi ait: innumeros pene casus observasse, per quos contingit vel eosdem Fungos non nasci vel eruptionem praevertere, vel protrahere, seu majori, vel minori copia progigni."

bürgt die Wahrheit der Michelischen Versuche i). Die Staubbehälter stehen, nach Micheli's Angabe, am Rande der Lamellen auf der Unterseite des Huts, nackend, entweder als einzelne walzenförmige Körperchen, oder bey gewissen Arten mehrere mit ihren Fäden an der Basis in einen Punkt vereinigt k). Diese Befruchtungstheile nimmt auch Herr Prof. Batsch als solche an l). Hr. von Bouvois, Correspondent der Akademie der Wissenschaften zu Paris, erklärt sich die Fortpflanzung der Blätterschwämme auf eine andere Art. Er sagt: eine jede Lamelle besteht aus zwey Blättchen oder Häutchen. Die Kügelchen oder Saamenkörner, die Micheli auf der Oberfläche der Lamellen als solche angiebt, sind fremde Körper oder Insektenneyer, und nichts weniger als Saamen. Diese liegen vielmehr zwischen denen doppelten Häutchen einer jeden Lamelle. Die Staubbehälter hat zwar Micheli ganz richtig am Rande der La-

i) *Joh. Gottl. Gleditsch*, Epicriseos Siegesbeckianae Consideratio in *Linnaei* Systema Plantar. sexuale p. 59. „Quantum enim per me licuit potiora perquisivi, reiteravi, semina vidi, eaque debita arte ad propagandum occultavi, et eventus intentioni ubique fecit satis, ut aliis propterea, quorum examen mihi adhuc superest, pleniorem interdum fidem vix detraham, et cl. Auctori Micheliana opera proinde valdopere commendem. Ut et aliud tandem experimentum addam, hortulanis infimae etiam sortis ferme notissimum, quod citra molestiam, ac difficultatem certo certius succedit; si ex. gr. Agarici, Boleti, Hydnae etc. seminibus impraegnata aqua (capitulorum eorundem Fungorum minutim incisorum, sedula ablutione obtenta) superficiei modice calescentis fimeti affunditur, Fungorum copia paullo post ejusdem speciei prorumpit, cujus semina ad hoc negotium impensa fuerunt.“

k) *Mich.* l. c. Tab. 76. 73. B. C. G.

l) Elench. Fung. p. 34.

Lamellen beobachtet; es sind aber nicht auf zarten Fäden befestigte walzenförmigte Körperchen, sondern vielmehr kleine länglichte Körner, die an ihrem äusserstem Ende zugespitzt sind. Die kleinen Saamenkörner lösen sich in ein feines weißes Gewebe, oder in netzförmige Fäden auf, aus welchen die jungen Schwämme, wie die Pflanzen aus den Saamenlappen, aufkeimen und genährt werden. Es ist dieses Gewebe völlig dem Byssus ähnlich, den Dillenius in seiner Hist. musc. Tab. 1. fig. 9. abgebildet hat. Es ist sehr fein, und erhält nach und nach mehr Festigkeit, dadurch denn der Blätterschwamm kenntlicher gebildet wird. Die Beobachtungen sind an dem Agar. campestris und integer Linn. gemacht worden m).

Die neueste und wichtigste Erklärung über die Befruchtung der Blätterschwämme erhalten wir von Hrn. Dr. Hedwig, der uns zuerst mit den wahren Befruchtungstheilen der Kryptogamisten, vorzüglich der Laub und Lebermoose bekannt gemacht. Wir wollen dieses glücklichen und scharfsinnigen Naturforschers Bemerkungen, in Rücksicht auf unsere Schwämme, hier ausführlich vortragen. Jene walzenförmige Körperchen, die Micheli für Staubgefäße erklärte, nimmt Hr. Dr. Hedwig nicht dafür an; sie finden sich nicht in einer jeden Art, und da, wo sie vorkommen, zeigen sie sich auch noch zu der Zeit unverändert, wenn schon die Saamen anfangen zu reifen, welches der Bestimmung der Staubgefäße nicht gemäß ist, die öfters schon früher verschwinden, ehe sich die Frucht noch ihrer Reife nähert. Es folgt nun die

m) *Lamarck*, Encyclopedie methodique p. 691. Artikel Champignons.

die Entwicklungsgeschichte. Anfangs zeigten sich Schwämmchen, wie kleine Punkte, nach und nach wurden sie größer, völlig so, wie sie Micheli vorstellte. An der Basis waren sie mit einem feinen Filz bedeckt. In vier und zwanzig Tagen hatten diese Punkte, oder kleinen Körner bereits die Größe von 3 bis 4 Zollen erreicht. Itzt suchte sich der Rand des Huts vom Stiel loszureissen. Die untere Seite des Huts bedeckte eine faserigte weiße Haut. Der Hut wurde senkrecht entzwey geschnitten, und zeigte sich innen ganz weiß, einige dichtere und feinere Streifen in der Substanz des Stiels und des Huts ausgenommen. Die Haut oder Decke auf der Unterseite, vom Stiel zu dem Hutrand, oder vielmehr ihre Fasern, färbten sich auf der innern Seite bräunlich. Ein Stückchen dieser Haut, von der innern Seite unter dem Microscop betrachtet, zeigte eine Menge durchsichtiger Fäden, und unter ihnen eine Menge kleiner, heller, brauner, angereiheter Kügelchen. So wie der Hut an Größe zunahm, so riß er endlich jene Saamenhaut ganz an sich. Ein Theil davon blieb an dem Stiel unter der Gestalt eines Rings hängen. Der obere Theil des Huts und Stiels wurden von Tag zu Tag dunkler gefärbt. Nach Verlauf von vierzehn Tagen hatte der Hut sein völliges Wachsthum erreicht, und spielte bereits aus dem Gelben ins Braune; die Lamellen zeigten sich auch gelb und mit braunen Punkten bestreuet. Endlich fielen diese als Pulver herab, wodurch auch der obere Theil des Stiels gefärbt wurde. Nach dieser geschehenen Ausstreuung des Saamens, fiengen die mehresten Blätterschwämme an zu verwelken, einige fraßen die Würmer, einige vertrockneten, bis auch diese zuletzt noch völlig die Witterung zerstörte. Aus dieser kurzen Lebensgeschichte und nach offenbaren richtigen Befruchtungsgesetzen, kann man den Schluß folgern

gern: daß jene an Fäden angereihete Kügelchen auf der innern Seite der Saamenhaut Staubgefäße sind. Ohnedies zeigten jene Fäden ihre Verbindung mit der ganzen Pflanze sehr deutlich; denn sobald diese verschwanden, so dauerte das Wachsthum des Schwamms nur noch bis zu seiner Reife, oder der Ausstreuung jenes Saamenpulvers fort, worauf er aber bald verdarb. Sobald der Hut völlig entwickelt ist, so ist auch der Schwamm bereits reif. Nur zu der Zeit, wo er noch an den Stiel angedrückt ist, gehet die Befruchtuug entweder unmittelbar, oder vermittelst anderer dazwischen liegender Theile vor sich. Die Saamenkörner kann man sowohl auf der innern Seite der Hülle (volva), als des Rings, bey den Blätterschwämmen bemerken. Erstere ist bey dem Agaricus aureus so stark damit bedeckt, daß sie, berührt, gelb abfärbt; die untere Seite derselben zeigt sich aber völlig glatt und frey davon. Einige Schwämme haben an der Unterseite ganz dünne und feine, vom Hut zum Stiel laufende Fäden (volva arachnoidea, volva araneosa Hall.), die mit solchen runden Saamenkügelchen besetzt sind. Sie ziehen sich, nach geschehener Befruchtung, an den Rand des Huts zurück, wo sie vertrocknen und abfallen. Viele Schwämme zeigen aber weder Hülle, Ring, noch diese Fäden, bey denen aber, wenn sie zu gehöriger Zeit untersucht werden, das fadige Gewebe selbst in dem Stiel verborgen liegt, und hier mit Saamenkügelchen angefüllt ist. Zum Beyspiel dient ein Schwamm, n) den Hr. Dr. Hedwig, in verschiedenem Alter, blühend und reif auf einer Stelle gefunden hat. Der Hut eines der erstern, durch das Vergrößerungsglas betrachtet, war mit dem Stiel durch ein gestreiftes filziges Wesen

n) Dill. cat. giess. 185.

Wesen verbunden. Eine stärkere Vergrößerung zeigte daran ein fadiges Gewebe, mit länglichten Saamenkörnern besetzt. Man findet dies bey mehrern Schwämmen. Oefters findet man den obern Theil des Stiels von einer körnigen Oberfläche, zu der Zeit vorzüglich, wenn er noch von dem angedrückten Hut verdeckt wird. Nach Entwicklung des Huts und nach Verlängerung des Stiels zeigt sich eine Art Netz (Schaeff. tab. 107.). Man hat also wenig Ursach, das körnigte fadige Gewebe an der Hülle, an dem Ring, am Rande, an der innern Seite des Stiels, oder sonst irgendwo, nicht für die männlichen Befruchtungswerkzeuge anzunehmen. Der Saame, den die Lamellen enthalten (mit welchen er abfällt, oder auch abfließt) liegt nicht ganz bloß, sondern ist in gewisse Behältnisse eingeschlossen (areolae), die bey einigen Blätterschwämmen deutlich von der übrigen Struktur der Lamellen, und durch ihre Größe von dem reifen Saamen (nach dessen Zerstreuung der Schwamm verdirbt) verschieden sind. Ob die kleinen walzenförmigen Körperchen am Rande oder auch auf der Oberfläche der Lamellen, für weibliche Staubwege gelten können, oder zu sonst etwas dienen, läßt Hr. Dr. Hedwig dahin gestellet seyn. Noch ist zu bemerken, daß man diese ausserordentlich kleinen Befruchtungstheile, sehr früh, vor der gänzlichen Entwicklung des Schwamms, und mit sehr guten Vergrößerungswerkzeugen versehen, aufsuchen müsse. Die Schwämme gehören also nach diesen Beobachtungen nicht weiter in das Thierreich, und jene Hypothesen von den Insekten und Würmerbau der Schwämme, von den kleinen Thierchen aus dem Saamen des Agaricus campestris Linn., von dem so schnellen Wachsthum (das aber nicht so geschwinde vor sich gehet, als man glaubt, da sie früher unter Gras und Moos verborgen wachsen, noch ehe sie dem Auge sichtbar werden)

den) und mehrere ähnliche ihrer vegetabilischen Beschaffenheit nachtheilige Gründe, werden dadurch sehr unsicher.

Insekten und Würmer leben zwar in den Schwämmen, aber eben so, wie sie in andern Pflanzen und Bäumen, die zu ihrer Nahrung und Wohnung dienen, sich aufzuhalten pflegen. Das schnellere Wachsthum hat sehr viel Aehnliches mit dem Aufschießen eines Fruchtstengels bey den **Jungermannien**, der oft in einer Nacht seine Größe erreicht. Die Animalität ihres Saamens kommt aber sehr mit dem elastischen Aufspringen der Farnkrautkapseln, oder jener Bewegung an dem **Peristomate** der Moose, an den Staubfäden des Schaftheues u. d. gl. überein. So weit Hr. Dr. **Hedwig** o). Es stimmen mit diesen Beobachtungen auch jene eines **Kölreuters** und **Kerners** größtentheils zusammen. Doch wollen wir von letztern noch eine Bemerkung anführen. Er sagt: die weiblichen Theile können nach meinen bisherigen Beobachtungen nichts anders seyn, als der Rand der Blättchen, welche vormals bey der Entwicklung des Schwammes von jenem Netz (die Saamenhaut) überzogen waren. — Diejenigen Blätterschwämme, welche keine Wulst (annulus) zeigen, haben zu dem Ende, wo der Hut in den Stiel eingefügt ist, kleine Erhabenheiten oder Schuppen, welche die Stelle des männlichen Netzes vertreten, und am Rande des Huts findet man Warzen, welche die Narben der weiblichen Theile sind, und in der Jugend, wenn der Schwamm kugelförmig eingerollt ist, an diesen Erhabenheiten anliegen,

o) Theoria generationis et fructificationis plantarum cryptogamicarum. Dissertatio quae praemio ab Acad. Petrop. ornata est. Petrop. 1784. 4. Cap. 6. p. 129.

liegen, um die Feuchtigkeit aus diesem Netz bequem aufnehmen zu können p).

Ueber den schädlichen oder unschädlichen Gebrauch der Schwämme als Nahrungsmittel, über ihren Nutzen in der Oeconomie (zum Berlinerblau, zur Seife u. s. w.), in der Arznenkunde, ihren verschiedenen Standort, ihre Art zu wachsen, wird im Allgemeinen unter dem Wort Schwamm das nöthige bengebracht werden. Was aber insbesondere von denen Blätterschwämmen kann gesagt werden, findet man unter einer jeden Art angemerkt. Wir müssen kürzlich einiger vorzüglichen Eintheilungen erwähnen, dadurch man die Kenntniß der zahlreichen Blätterschwämme zu erleichtern suchte. **Micheli** ordnete diese Schwämme, je nachdem sie einzeln oder gesellschaftlich wachsen, nach der Verschiedenheit ihrer Hülle, des Stiels: ob derselbe ohne oder mit einem Ring versehen, ob dieser stehen bleibt (persistens) oder verschwindet; des Huts, je nachdem er gestreift oder nicht gestreift, Milch von sich giebt (lactescens) oder nicht; vorzüglich nach Verschiedenheit der Farbe und des Geschmacks. **Haller** bediente sich zu Abtheilungen seiner zahlreichen Blätterschwämme vorzüglich der Farbe der Lamellen, benutzte aber daben die Farbe des Huts und die Beschaffenheit des Stiels q). **Retz** vertheilt die Blätterschwämme nach der Farbe ihres Huts r). **Linné** theilt sie in gestielte und stiellose ab. **Schäffer** nimmt seine Abtheilungen von der Beschaffenheit des Stiels, je nachdem er mit einer Hülle oder einem Ring umgeben, oder nicht umgeben, hohl oder nicht hohl ist.

Tode

p) Kerners giftige und eßbare Schwämme, in der Vorrede.

q) Hist. ſtirp. Helvet. (T. I-III. 1768.)

r) Prodr. Flor. ſcandinav. (I-II. 8. 1779.)

Tode vertheilt die Blätterschwämme: in Giftschwämme (virosi), Mistschwämme (fimetarii), Brennschwämme (acres), mausfarbige Schwämme (murini), Stockschwämme (lignacei), Spinnwebenschwämme (araneosi), Fruchtschwämme (udi), Gewürzschwämme (aromatici) s). Batsch nimmt neun Unterordnungen an, als: Fleischschwämme (validi), Weichschwämme (pulvinati), Hautschwämme (volvati), Rußschwämme (fugaces), Schildschwämme (clypeati), Fettschwämme (unctuosi), Schiefschwämme (obliqui), Aderschwämme (venosi), Halbschwämme (dimidiati). Von so verschiedenen Werth und Nutzen auch diese Eintheilungen zur leichtern Kenntniß der Arten seyn können, so werden wir nur von wenigen Abtheilungen Gebrauch machen, und uns nur vorzüglich auf solche Arten der Blätterschwämme einschränken, dabey wir mit Gewißheit auf gute Abbildungen, die hier vorzüglich zu Rathe müssen gezogen werden, um nicht die Zahl ungewisser Schwämme noch weiter zu vermehren, verweisen können; oder die wir selbst in der Natur haben kennen lernen, und nach welcher auch einige Schwämme auf den Kupfertafeln abgebildet sind t). Wir werden

s) Schriften der Berl. Gesellsch. Nat. Fr. 1784. B.

t) Es ist vielleicht manchen angenehm, die vorzüglichern Schriften, die wegen ihrer deutlichen und richtigen Abbildungen hier sind benutzt worden, nahmhaft zu machen, die übrigen findet man unter einer jeden Art besonders angeführt. *Vaillantii* Botanicon Parisiense. fol. 1727. (Es kommen hier einige vorzüglich schön gestochene Schwämme vor.) *Micheli* nova plant. genera. Florentiae, 1729. fol. (Gute Abbildungen von Schwämmen nur manchmal etwas zu steif und hart vorgestellt.) Franc. van *Sterbeeck*, Theatrum Fungorum, of het Toneel der Campernoelgen etc. Antw. 1675-1712. 4. (Gehört mehr unter

werden auch zugleich als ein sehr leichtes Hülfsmittel bey Aufsuchung der Schwämme, ihre verschiedene Größe, nach vollständigen und in ihrer Entwicklung ungehinderten Stücken, durch beygesetzte römische Zahlen

---

unter die seltneren als besonders brauchbaren Werke Die Schwämme sind nicht sehr deutlich und schön dargestellt.) *J. C. Buxbaum* Centuriae V. Plantarum minus cognitarum. Petrop. 1728. 4. (Viele Schwämme, aber ohne charakteristischen Umriß, und zu flach.) Ant. Batarra Fungorum agri ariminensis historia. Faventiae 1755. 4. (Sehr reich an Blätterschwämmen und größtentheils richtige, wenn gleich nicht zierliche Abbildungen) *D J C. Schaefferi* Fungorum qui in Bavaria et Palatinatu circa Ratisbonam nascuntur Icones, nativis coloribus expressae Tom. I. IV. Ratisb. 1780. 4. ed. tertia (Das einzige reichhaltige und vollständige Werk, das wir in Deutschland über die Schwämme aufzuweisen haben.) A. J. G. C. *Batsch* Elenchus Fungorum, cum continuat. prima. Hal. magd. 1786. 4. (Vorzüglich schöne und genaue Abbildungen.) Karl von Krapf ausführliche Beschreibung ꝛc. der eßbaren Schwämme, 1s 2tes Heft 4. mit illuminirten Tafeln, in fol. Wien 1782. (Schwammliebhabern sehr zu empfehlen, wegen den deutlichen und richtigen Vorstellungen, so wie J. S. Kerners giftige und eßbare Schwämme, mit 16 nach der Natur ausgemahlten Kupferplatten. Stuttgart 1786. *Herbier* de la France, ou Collection des plantes du Royaume par M. *Bulliard.* Cah. 1-87. fol. Paris. (Die mit Farbe abgedruckten Schwämme, übertreffen an Schönheit und Genauigkeit bey weiten alles was wir in der Art kennen - Größtentheils nur Arten von Blätterschwämmen.) An History of Fungusses, growing about Hallifax by James Bolton 1788. 4. Vol. I. (In diesem ersten Theil werden nur Blätterschwämme allein beschrieben, und darunter kommen sehr viele eigene Arten vor — Die Abbildungen sind vom Verf. selbst nach der Natur gezeichnet und geätzt. Ausserdem findet man noch einzelne vorzügliche Abbildungen von Blätterschwämmen in der Flor. Dan. in *Jacquin's* Miscellan. austr. in Curtis Flora Londinensis u. s. f.

Zahlen bemerken. So daß I. einen Blätterschwamm erster Größe anzeigt, nemlich von vier bis acht und mehrern Zollen im Durchmesser, das Maaß sowohl nach der Länge als Breite des Huts genommen; II. einen Schwamm zweyter oder mittlerer Größe von zwey bis vier Zoll; III. einen Schwamm dritter Größe von ein bis zwey Zoll, und endlich IV. die kleinsten Schwämmchen von einer Linie bis zu einen halben oder ganzen Zoll. Wenn schon dieses Maaß niemalen völlig zuverläßig seyn kann, da der nemliche Schwamm nach Verschiedenheit des Bodens bald größer, bald kleiner vorkommt: so ist man dennoch im Stande auf den ersten Blick zu wissen, ob er unter die größern oder ganz kleinen zu rechnen sey, und in der Beschreibung kann man einige Weitläufigkeiten in Rücksicht der Größe durch eine so kurze Bestimmung leicht vermeiden.

Erste Abtheilung.

Der Hut ist voll, mehr oder weniger fleischig; die Blätter geben bey manchen Arten eine Milch von sich; der Stiel ist stark und entweder ganz glatt, oder an der Basis mit einer Hülle (volva) umgeben, oder auf der Unterseite des Huts sind die Lamellen mit einer Saamenhaut (cortina) bedeckt, die als Ring an den Stiel hängen bleibt oder verschwindet. Man könnte die Schwämme dieser Abtheilung nicht unschicklich Fleischschwämme (validi) nennen.

1. Mit einer Hülle und einem Ring.

I. **Blätterschwamm, goldfarbiger**, der **Kaiserling, Herrenpilz.** (Agaricus caesareus 1). Er wächst zu Anfang

1) Fungorum esculentorum genus 17. *Clus.* 272. Fungi lutei, magni, dicti Jaseran, speciosi. *J. Bauh.* hist. III. 831.

Anfang des Herbsts, im August September, auf Viehtriften, in trocknen Fichtenwäldern, und andern trocknen und erhabenen Gegenden Deutschlands, Italiens und Frankreichs. Anfangs stellt er ein Ey vor. Er entwickelt sich endlich, und das weisse Ey zerreist oben, um den Hut mit seinem Stiel durchzulassen. Völlig ausgewachsen, erreicht dieser Schwamm eine Grösse von 6 bis 8 Zoll. Der Hut ist gewölbt, am Rande anfangs eingezogen und fein gestreift; pomeranzen- oder goldfarbig, das Fleisch weissgelblich. Die Haut lösst sich leicht ab. Der Stiel ist oft spannenhoch, unten knollig mit einer stehenbleibenden Hülle, oberhalb mit einem sehr breiten Ring umgeben; weissgelblich, fleischig; innen mit zarten weisslichen Mark angefüllt, nicht selten in der Mitte ein wenig hohl. Die Lamellen sind gelb, auch weisslich, in der Mitte am breitsten, an beyden Enden zugespitzt, und genau mit dem Fleisch des Huts verwachsen. Die mittlern kleinen Lamellen sind sehr kurz. Der Schwamm hat einen angenehmen Geruch und Geschmack. Er gehört unter die de-

 likaten

831. Elvela Ciceronis *Batarr.* 27. t. 4. C. Fungus ovinus *Sterb.* theatr. fungor. 65. t. 4. D-F. Amanita plana, orbiculata, aurea, *Dill.* giss. 179. Fungus planus, orbicularis aureus. *C. Bauh.* pin. 371. *Tourn.* Inst. 557. *Mich.* gen. 186. t. 77. fig. 1. Agaricus amplissima volva exceptus, aureus, pileolo hemisphaerico in margine striato, petiolo annulato, crasso, annulo latissimo cincto. Gled. Meth. 85, b. Amanita flavus, volvatus, annulo latissimo. Hall. hist. 2430. Ag. ovinus aureus Boehm. Lips. 787. Agaricus caesareus. Scop. Carn. 2. 1466. Allion. ped. 2673. Wig. prim. 1052. Agaricus caesareus. *Schaeff.* tab. 247. 2, 7. Agaricus aureus pileo luteo, stipite subelongato, valido crasso; volva radicali lacera magna *Batsch,* elench. 57, 49. (Ag. *cyprinus* etiam huc pertinet, qui junior caesareus videtur ibid. 48.) Agaricus aurantiacus. *Bull.* herb. tab. 120. Amanita aurantiaca. *Lamarck,* encycl. 111.

likaten Schwämme, und wurde schon für die Tafel der Römer aufgesucht. In Italien heißt er Volvolo ordinario, ovoli rossi.

I. Blätterschwamm, gefeinelter, Fliegenschwamm, gemeiner Mückenschwamm. (Agar. muscarius 2). Er wächst vom August, bis in den spätesten Herbst, auf trockenen, sandigen, bergichten Wiesen und Viehweiden, auch in Nadelwäldern, in ganz Europa. Der Hut ist hochroth, gewölbt, anfangs rund und mit einer Hülle überzogen, deren Ueberreste als weiße Warzen in kreisförmigen Reihen, auf dem Hut, zurückbleiben; der Rand spielt öfters in das Gelbe. Die Unterseite

2) Fungorum perniciosorum genus XII. sp. IV. Clus. hist. II. p. 280. Fungi venenati muscarii species IV. *J. Bauh.* hist. III. 841. *C. Bauh.* pin. 373. n. 19. Mel muscarum venenosum. *Sterb.* 214. tab. 22. fig. A. Fungus bulbosus, e volva erumpens, pileolo superna parte aureo et ad oras striata inferne et annulato, pediculo albo, radice bulbosa. *Mich.* gen. 188. tab. 78. fig. 2. Amanita muscaria miniata. *Dill.* cat. 181. Amanita petiolo annulato; pileo sanguineo, lamellis albis. Hall. hist. 2373. Agaricus caulescens, pileo sanguineo, verrucis lamellisque albis, stipite albo basi globoso. *Linn.* lapp. 515. Agaricus volva exceptus, pileolo conico, in margine striato, petiolo annulato, in basin squamoso-tuberosam desinente. Gled. meth. 12. n. i et a. Agaricus (muscarius) stipitatus, lamellis dimidiatis solitariis, stipite volvato, apice dilatato basi ovato. *Linn.* Syst. veg. 974. Sp. pl. 1640. Fl. suec. 2. 1235. *Leers*, herb. 1029. *Retz*, scand. 1553. Fl. Norv. 642. *Pollich.* palat. 1127. *Gort.* belg. 2. 323. Scop. Carn. 2. 1459. *Hudf.* angl. 2. 612. *Lightf.* scot. 1010. *Leyss.* hal. 2. 1237. Agaricus muscarius. *Schaeff.* tab. 27. Fliegenblätterschwamm. Suckow ökon. Bot. 925. Kerners Schwämme 33. Linné Pfl. Syst. 13. 410. Batsch Anl. zur Gesch. der Pfl. 2. 1210. Agaricus imperialis. Elench. Fung. p. 59. Agaricus pseudo-aurantiacus. *Bull.* herb. t. 122. Amanita muscaria Lamarck, encyclop. 111.

terseite ist mit einer weißen Saamendecke begleitet, die sich vom Hute losreißt, und als Ring an dem Stiel stehen bleibt. Die Lamellen sind schmäler und spitziger, als bey dem vorhergehenden, weiß und doppelt. Der Stiel ist unten knollig voll und weiß, und nur mit einer unvollkommenen Hülle umgeben, höher hinauf aber schuppig. Er erreicht nicht selten eine Höhe von vier bis sechs Zoll, so wie der Hut eine Breite von sechs bis zwölf Zoll. Innen ist er weiß und voll, im Alter aber öfters hohl. Durch seine unvollkommene Hülle und seine konische Gestalt in der Jugend, da er kein vollkommnes Ey, wie der erstere, sondern vielmehr ein schuppig zerlapptes vorstellet, so wie durch die weißen steinförmigen Stückchen seines Huts, ist er merklich genug von jenem verschieden. Man trift eine Abänderung von diesem Schwamm an, mit einer ganz gleichförmig blut- oder mennigrothen Oberfläche, und nur am Rande ist sie weißgelb oder gestreift, und verändert öfters ihre Farbe in das Gelbe oder Braune. Der Hut ist anfangs kugelförmig, in der Folge gewölbt, endlich flach. Bolton glaubt, daß sich bey sehr trockner Witterung die Hülle vom Hut nicht losmachen kann, und so stückweis daran hängen bleibt. Der Stiel ist weiß, braun oder röthlich; die Hülle daran etwas vollkommener. Die Blätter stehen ganz gedrängt in großer Menge beysammen; anfangs weiß, aber wenn der Schwamm alt wird, braun oder gelblich 3). Der Geschmack und Geruch dieses Schwammes

3) Agaricus volva exceptus, pileolo orbiculari, rufo-aureo, margine tenuissime striato, lamellis candidis, petiolo annulato, in basin tuberosam desinente. *Gled.* meth. 83. b. Fungus muscas interficiens sine maculis Buxb. enum. pl. 121. Agarici muscarii varietas, pileo non verrucoso.

mes soll nach einigen nicht unangenehm, nach andern scharf und häßlich seyn, welches vielleicht von dem verschiedenen Alter desselben abhängt. Er gehört aber unter die giftigen Schwämme. Die Fliegen, denen er mit Wasser, oder in Stücken zerschnitten, hingelegt wird, betäubt er. Man nennt ihn deswegen den **Fliegenschwamm.** Die Bauern in Schweden begießen diesen Schwamm mit Milch, um die Fliegen, wenn sie davon saufen, zu vergiften. Klein gerieben, und in die Fugen der Bettstellen geschmieret, tödtet er die Wanzen (**Linne** it. Scan. S. 430) **Bulliard** ließ zwey Katzen davon fressen, und sechs Stunden darauf starben sie. Ein ähnliches Beyspiel von gleichem Erfolg erzählt **Paulet.** Selbst auf den menschlichen Körper äussert er betäubende und gefährliche Wirkungen. Nach Hrn. Prof. **Gmelin** macht er Berauschung, Wahnwitz, Tollkühnheit, Wuth Zittern, und kann auch den Tod verursachen. (**Gmelin** Gesch. der Pflanzengifte S. 397.) Von den alten nordischen Athleten soll er, nach Hrn. **Oedmanns** Versicherung, um sich in eine außerordentliche Wuth zu versetzen, gegessen worden seyn. (Abhandl. der königl. Akad. der Wissensch. 1784. 3tes Quartal.) Die Kamtschadalen bereiten mit dem schmalblätterichen Weiderich (Epilobium angustifolium) ein berauschendes Getränk daraus; und diejenigen, die zu arm dazu sind, fangen den Urin der erstern auf, um auch berauscht zu werden (Steller Kamschat. 575.) Die Russen (wenn es die nemliche Art ist) sollen ihn ohne Scha-

---

rucoso. *Schaeff* tab. 28. Agaricus Puella, pileo roseo-coccineo, integro; stipite canescente; volva radicali, circumscissa alba; lamellis concoloribus. *Batsch*, elench. 59. Agaricus muscarius. *Bolton*, Hist. 27. *Lamarck* encyclop. var. β. p. 111.

Schaden verspeisen. Der untere Knollen des Stiels kann innerlich in verschiedenen Nervenkrankheiten, äußerlich bey Geschwüren, gute Dienste leiste. (Batsch Gesch. der Pfl. 2. 627.)

I. **Blätterschwamm, beperlter, der beperlte Fliegenschwamm, der kleingesprengelte röthlichgraue wilde Fliegenschwamm** (Agaricus margaritiferus 4). Der Hut ist blaß, röthlichgrau oder braunröthlich, anfangs halbrund und nicht größer als die Basis des Stiels, nachher wird er gewölbt vier bis fünf Zoll breit, endlich flach, oft trichterförmig. Er ist mit kleinen mehr runden, fleischfarbigen Wärzchen oder Stückchen überall besetzt, und wie mit kleinen weißlichen Perlen bestreuet. Die Lamellen sind weiß, in verschiedenen Reihen, und mit ihrem hintern Ende vom Stiel entfernt. Der Stiel ist unten knollig, mit einer unvollkommenen Hülle, fleischfarben weißlich, oben mit einem bleibenden Ring umgeben, von gelblich, bräunlich weißer Farbe, so wie die Hülle. Das Fleisch ist innen weißlich oder röthlich, und in den Hut fortgesetzt. Er wächst mit dem vorigen im Juli, August, in Wäldern und trocknen Viehtriften.

I. — — — — **gefleckter, der mauerfarbige Fliegenschwamm, der fleckigte braune wilde Fliegenschwamm** (Agaricus maculatus 5). Er

4) Agaricus (pustulatus). *Schaeff* tab. 91. Agaricus (margaritiferus). Pileo pallido, fulvente-carneo, frustulis subconcoloribus griseo-carneis crebris undique asperato; stipite carneo albente; volva radicali concolore circumscissa; lamellis albis. *Batsch*, elench. 57. Agaricus (verrucosus.) *Bulliard*, herb. t. 316. Agaricus (squamosus.) *Lamarck*, fl. Franc. 1281-32. Amanita (verrucosa.) *Lamarck*, encyclop. p. 111.

wächst mit dem vorhergehenden in trocknen, bergigten, sandigen Wäldern; durch seinen kastanienbraunen oder bleyfarbigen, anfangs runden, nachher halbrunden, endlich flachen oder eingetieften am Rande gestreiften mit größern, ungleichen, verschieden gestalteten weißen Stückchen besetzten Hut, ist er vom vorhergehenden verschieden. Die Lamellen sind weißlich, kurz und breit, und mit dem Stiel verbunden. Der Stiel ist unten knollig mit einer weißlichen Hülle und einem Ring versehen. Innen weiß und fest.

I. Blätterschwamm, länglich gefleckter, der röthliche wilde Fliegenschwamm (Agaricus myodes) b). Er wächst vermischt mit dem beperlten Blätterschwamm, womit er sehr nahe verwandt und vielleicht nur als eine Spielart desselben zu betrachten ist. Der Hut ist anfangs kugelrund, endlich flach, schön fleischfarb und

5) Agaricus; amplissima volva exceptus, pileolo plano, spadiceo, verrucoso, in margine striato, lamellis candidis; petiolo annulato et fistuloso; radice tuberosa. *Gled.* meth. 85. c. Agaricus caulescens; pileo convexo, cinereo, verrucis lamellisque albis; stipite basi crassiusculo. *Linn.* Flor. Suec. 2. 1236. Agaricus pustulatus. *Scop.* Carn. 2. 1461. *Allion.* ped. 2666. Agaricus verrucosus, stipitatus, pileo convexo cinereo verrucoso, verrucis lamellisque albis, stipite basi bulboso. *Hudſ.* angl. 2. 613. *Relhan* Flor. Cantabr. 934. *Wildenow* Prodr. berol. 1103. Amanita petiolo procero fistuloso annulato, pileolo plano striato verrucoso sordido, lamellis albis. Hall. 2397? Leucomyces gemmatus. *Batt* tab. 6. B. Agaricus maculatus. *Schaeff.* tab. 90. Agaricus (ruderatus.) Pileo castaneo lividove, frustulis albis sparsis muricato variis; stipite albente; lamellis albis. *Batsch* elench. 59. *Lamarck* encyclop. var. β. Ag. verruc. p. 112.

6) Agaricus (myodes.) *Schaeff* t. 261. Agaricus (margaritiferus var. β. frustulis oblongis, maculatis, lobatis vel simplicibus. *Batsch*, elench. 57.

und mit länglichen, lappigen oder einfachen weißen Stückchen besetzt. Die Blätter sind breit und blaß fleischfarb. Der Stiel ist innen und außen fleischfarb, unten knollig und dick, und mit einer häutigen Saamendecke und beständigen Ring umgeben. Die Hülle ist hier nicht sehr kenntlich.

II. **Blätterschwamm, landkartenähnlicher, gelber Fliegenschwamm** (Agaricus Mappa) 7). Dieser Schwamm unterscheidet sich von dem gemeinen Fliegenschwamm, mit dem er der Zeit und dem Ort nach übereinkommt, durch seinen blaßgelben, gelbgraulichen Hut. Der Hut ist übrigens gewölbt, bald glatt, bald mit ungleichen rothbraunen Flecken bezeichnet, und am Rande gestreift. Die Lamellen stehen in doppelter Reihe, kürzere zwischen den längern, und spielen in das gelbe. Der Stiel ist knollig mit einer Hülle umgeben, verlängert, nach oben zu dünner, mit den Blättchen von gleicher Farbe, und führt einen häutig gelblichen Ring. Da er sich beständig so zeigt, so kann man diesen Schwamm nicht füglich als eine Abänderung des gemeinen Fliegenschwamms betrachten.

I. — — — — **einzelner, einsamer** (Agaricus solitarius) 8). Er wächst im August in den Wäldern Frankreichs. Der Hut ist gewölbt, in der Mitte ein wenig eingetieft, sechs bis acht Zoll breit; am Rande

7) Agaricus (citrinus.) *Schaeff.* t. 20. Agaricus (Mappa.) Pileo flavo-cinerascente, pallido, maculis inaequalibus fuscescentibus plerumque picto; stipite elongato lamellisque subconcoloribus, albis. *Batsch* elench. 57. *Willdenow*, Berol. 1102. Agaricus (muscarius) var. γ, pileo fulvo, verrucoso. *Mattusch.* sil. 904. enum. 1129.

8) Agaricus (solitarius.) *Bulliard* herb. Cah. 12. tab. 48. Amanita (bulbosa) var. β. *Lamarck* encyclop. 112.

ist er abgerundet, auf der Oberfläche warzig oder schuppig; die Schuppen sind zusammengerollt. Die Lamellen sind breit, mit dem Stiel nicht verwachsen, sondern an ihren hintern Ende, das dem vordern gleich ist, frey. Der Stiel ist oft eine Spanne hoch und Zoll dick, mit einem häutigen Ring versehen und voll; an der Basis mit einer schuppigen Hülle umgeben, und knollig. Der ganze Schwamm ist weißgrau, oder graubraun. Er ist eßbar und von guten Geschmack.

II. Blätterschwamm, zarter, schmaler, der zarte Fliegenschwamm (Agaricus subgracilis) 9). Er wächst im Herbst am Weg, in Wiesen und andern Grasplätzen, nach vorhergegangenen Regenwetter; in Deutschland und Italien. Der Hut ist halbrund, glatt, blaßgraulich. Die Lamellen sind weiß. Der Stiel ist rund, verlängert, hohl, oben geringelt, unten mit einer nach Verhältniß des Stiels ansehnlichen zerlappten Hülle umgeben.

I. — — — — frühjähriger. (Agaricus vernus 10). Er wächst im Frühjahr in den Wäldern Frankreichs. Dieser Schwamm ist durchaus weiß. Der

---

9) Fungus parvus e volva erumpens, pileolo desuper dilute griseo, inferne cum fistuloso ac annulato pediculo albo. *Mich* Gen. 185. tab. 76. fig. 3. Agaricus, volva magna et persistente exceptus, parvus, pileolo hemisphaerico, griseo, lamellis cum fistuloso et annulato petiolo candidis. *Gled* meth. 91. c. Agaricus (subgracilis.) Pileo canescente glabro; stipite elongato subgracili; volva radicali lacera. *Batsch*, elench. 59.

10) Agaricus (bulbosus vernus.) *Bulliard*, herb. 108. (Der Hut spielt manchmal in das Gelbgrüne.) var. β. pileolo luteo-virescente. Amanita (verna.) *Lamarck*, encyclop. 113.

Der Hut ist anfangs in eine Hülle eingewickelt, so wie er sich nach und nach entwickelt, wird er platt, und auf der feuchten Oberfläche etwas eingetieft. Der Stiel ist sechs bis acht Zoll hoch. walzenförmig, voll, unten knollig und mit dem Ueberreste der Hülle umgeben. Die Saamendecke auf der Unterseite des Huts bleibt als Ring an dem Stiel stehen: die Lamellen sind zahlreich und in kleinere vertheilt. Geschmack und Geruch sind unangenehm. Ersterer so scharf und brennend, wie Pfeffer. Nach Hrn. Bulliard wurde er schon manchen Personen gefährlich, die ihn unvorsichtig mit einer ganz weißen Spielart des eßbaren Blätterschwamms (Agaricus campestris) verwechselten. Der Unterschied von beyden ist aber wichtig. Bey dem eßbaren läßt sich die Oberhaut abschälen, hier nicht; die Oberfläche ist dort trocken, hier feucht; der Geschmack und kerbelhafte Geruch angenehm, hier brennend und widrig. Er räth solchen Personen, die ihn aus Versehen genossen haben, sogleich zu brechen, und 10 bis 12 Tropfen Vitrioläther in Wein, oder Knoblauch in Milch gekocht, zu nehmen.

2) Ohne Ring mit einer Hülle.

I. **Blätterschwamm, riesenmäßiger, der Eyschwamm mit fleischfarbnen Blättchen** (Agaricus giganteus 11). Er wächst im Juni auf alten halberstorbenen Bäumen; vorzüglich in Italien. Nach Micheli's Abbildung einer der größten Blätterschwämme. Der

11) Fungus magnus, esculentus, e volva erumpens, pileolo villoso, albo, lamellis carneis, pediculo cylindrico, glabro, pariter albo. *Mich.* gen. 182. tab. 76. fig. 1. Agaricus (incarnatus.) Pileo albo subsquamoso; stipite concolore crasso, cylindrico; lamellis carneis. *Batsch.* elench. 51.

Der Hut ist weiß, etwas zottig; die Lamellen fleischfarb; der Stiel auch weiß, walzenförmig, glatt, und mit einer ansehnlichen zerstückten Hülle umgeben. Er ist eßbar.

II. **Blätterschwamm, bleyfarbiger, der bleyfarbige Eyschwamm, der krausenförmige Eyschwamm.** (Agaricus plumbeus 12). Er wächst im Herbst in Tannenwäldern. Der Hut ist anfangs rund und mit einem weißlichen Ey bedeckt, er wird nach seiner Entwicklung halbrund, flockenförmig, mehr oder weniger gewölbt und flach; in der Mitte ist er bräunlich, gegen den Rand hin grau bleyfarb, oder blaulicht, und gestreift oder gefaltet. Die in doppelten Reihen stehenden weißlichen Blättchen, sind an ihrem hintern Ende stumpf, und spielen in das bleyfarbige. Der Stiel ist unten knollig, und mit der lederhaften Hülle umgeben, und mehr oder weniger dick, etwas gekrümmt, innen hohl und ohne Ring. Eine Spielart ist der:

II. — — — — **meergrüner, der meergrüne Eyschwamm** (Agaricus hyalinus 13). Er wächst im Herbst in Tannenwäldern. Der Hut ist rund, gewölbt,

---

12) Agaricus (plumbeus.) *Schaeff.* t. 85. 86. Hall. 2395? Agaricus (Fungites.) Pileo albido corneo conico, margine plicato-fimbriato; stipite valido, subaequali, crassiusculo, lamellisque concoloribus; volva radicali nivea, flavescente. *Batsch*, 51. (Hr. Prof. Batsch rechnet auch als eine Spielart, den Agaricus lacer. *Schaeff.* 257. hieher.) Amanita involuta. *Lamarck*, encyclop. 106.

13) Agaricus (hyalinus.) *Schaeff* t. 244. Agaricus (aquamarinus.) Pileo convexo, glaberrimo, margine plicato-fimbriato, toto amoenissime aquamarino, s. cyaneoprasino, pallido; stipite valido, subaequali, crassiusculo, concolore pallente, subroseo; lamellis pallide sulphureis; volva dimidio stipitis aequali. *Batsch*, elench. 51.

wölbt, am Rande faltig, meergrün, etwas blaß; der Stiel ist weiß mit meergrün und röthlichen vermischt, unten mit einer beynah halb so langen Hülle umgeben, knollig, stark und gleichbreit; inwendig hohl. Die Blättchen sind schmutzig gelblich. Es gränzt auch an den vorhergehenden:

II. **Blätterschwamm, kaffeebrauner, der kaffeebraune Eyschwamm,** (Agaricus badius 14). Er wächst im Herbst in Wäldern. Der Hut ist anfangs conisch, endlich glockigt, am Rande gestreift oder faltig, kastanienfarb-braunroth; die Lamellen sind gelblich, ocherfarben, und ungetheilt mehrentheils von gleicher Länge; der Stiel ist stark, gleichbreit, öfters nach unten zu dicker, knollig, blaßmeergrün, und mit einer beynah halb so langen häutigen, starken Hülle umgeben; innen hohl. Ohne Ring.

II. **— — — — lichtbrauner, der langstielige Eyschwamm,** (Agaricus fulvus 15). Er wächst im Herbst auf bergichten waldigen Viehtriften. Der Hut ist gewölbt, auch flach, vom abgeschossenen Goldgelben an, nach und nach verschiedentlich braun, am Rande gestreift, in der Mitte öfters von den übrig gebliebenen

14) Agaricus (badius.) *Schaeff.* t. 245. *Allion.* pedemont. 1717. Agaricus (Fulvens.) Pileo conico glabro, margine pliculato-fimbriato, castaneo-fulvo, obscuro; stipite valido, subaequali, crassiusculo, pallide aquamarino; lamellis pallide flaventibus; volva dimidio stipitis aequali. *Batsch*, elench. 53. Amanita involuta, var. β. *Lamarck*, encyclop. 106.

15) Agaricus (fulvus.) *Schaeff* t. 95. Agaricus (fimbriatus.) Pileo castaneo-fulvo, vel fulvente, margine pliculato-fimbriato; stipite elongato, floccis fuscis floccoso; volva radicali brevi; lamellisque albentibus. Pileis quibusdam muricatus, frustulis volvae laceris. *Batsch*, elench. 53. (*Mich.* t. 76. fig. 2?)

bliebenen anklebenden Stückchen des Eyes fleckigt. Die Lamellen sind weißgelblich, mit kürzern vermischt. Der Stiel ist verlängert, weiß, unten knollig, und mit einer abgerissenen Hülle umgeben, mit braunen Flecken besetzt; innen fest.

II. **Blätterschwamm, abgeschälter, der abgeschälte Eyschwamm, der wollige Eyschwamm,** (Agaricus denudatus 16). Er wächst im Herbst auf faulen Holz und an alten Baumstöcken. Der Hut ist gewölbt, in der Mitte stumpf kegelförmig, mit der abgerissenen Hülle, von gelbbrauner Farbe bedeckt, am Rande bloß, blaßgrün, faserig. Die Lamellen sind isabellen oder blaß fleischfarbig. Der Stiel ist unten knollig, und mit der gelbröthlichen oder bräunlichen ansehnlichen Hülle umgeben, weißlich, stark, und innen voll.

III. — — — — **weißgrauer, der weißgraue Eyschwamm,** (Agaricus griseo-albus 17). Er wächst zu Ende Augusts und Anfang Oktobers in grasigen Wegen. Der Hut ist gleich hellgrau gefärbt, undurchsichtig, mit einer zarten und glänzend glatten Fläche.

---

16) Agaricus (bombycinus.) *Schaeff.* t. 98. Agaricus (denudatus.) Pileo margine nudo cano, sericeo-fibroso et ciliato-fimbriato, disco tecto cucullo pallide fusco volvae radicalis lacero; stipite valido subaequali crassiusculo; pilei margini, volva disco pilei concolore; lamellis carneis. *Batsch*, 53. Amanita calyptrata. *Lamarck* encyclop. 105.

17) Agar. (Fungites var. γ.) Griseo albus: pilei glabro plano, margine teneriter pliculato-striato et obsolete crenulato, plicis acute carinatis, carina fuliginato-pruinata; laminis subtus rectilineis, plerisque integris, brevioribus, paucis postice totis truncatis. *Batsch*, elench. Cont. p. 85.

Fläche. Die Furchen am Rande sind breit, scharf eingeschnitten, und weiß, die scharfen Rücken der dazwischen liegenden und durch die Furchen hervorgebrachten Falten sind mit einem schwarzbraunen Rus gleichsam bepudert, und diese Farbe ist auch dem ganzen Hute gelinde beygemischt. Die Lamellen stehen dicht beyeinander. Im ganzen Hut stehen etwa 80 der größern, zwischen denen Lamellen von verschiedenen Längen ohne bestimmte Ordnung eingeschaltet sind, der Rand, welcher weißer als das übrige, ist mehlig, filzartig und ungleich gekerbt. Der Stiel ist hellweiß, so wie die Lamellen, zart bepudert, inwendig voll, und nur unterwärts etwas flockig ausgehölt. Die Hülle, oder das Ueberbleibsel des Eyes ist hellweiß, häutig, und trocken.

I. Blätterschwamm, eingehüllter (Agaricus volvaceus) 18). Er wächst im Juli und August in Wäldern und Gärten Frankreichs. Anfangs ist der Schwamm birnförmig, und ganz in einer braungrauen Hülle verschlossen. Er entwickelt sich mit einem gewölbten gleichfarbigen getiegerten, oder vielmehr auf weißen Grund umberfarbig gestreiften Hut. Die Lamellen sind von verschiedener Größe innerhalb der Hülle weiß, nachher zimmtfarben, an dem hintern Ende nach den Stiel zu frey und schmäler, vorne breit. Der Stiel setzt sich in den nach Verhältniß seiner Größe nicht sehr fleischigen Hut fort, er ist aschgrau, fest, nackend, rund, nach unten etwas dicker, und mit einer drey- bis vierlappigen bleibenden Hülle umgeben. In dem Mund gekauet, schmeckt der Schwamm ausserordentlich scharf.

II-I.

18) Agaricus (volvaceus.) *Bulliard*, herb. 264.

III. Blätterschwamm, dreylappiger (Agaricus trilobus) 19). Er wächst im August in trocknen Wäldern Englands, um Halifax. Der Hut ist glatt, anfangs gewölbt, der in der Mitte eingetieft mit hervorragender stumpfen Spitze, am Rand gestreift, ohngefähr drey Zoll breit, hellbraun mit Orange vermischt. Die Lamellen stehn in einfacher Reihe, entfernt, und stehen nicht am Stiel an, hinten sind sie spitzig, und werden nach vorne zu immer breiter, wo sie stumpf erscheinen, ihre Farbe ist blaß zimmtbraun. Der Stiel ist unten knollig, blaß orangefarbig, mit einer dreylappigen lederartigen bleibenden Hülle von der nemlichen Farbe umgeben; nach oben zu wird er immer dünner; er ist rund und glatt, jung voll, im Alter röhrig hohl, von blaßzimmtbrauner Farbe, vier Zoll hoch.

IV. — — — — hochstieliger (Agaricus praealtus) 20). Er wächst im Frühling und Herbst an den Baumwurzeln im Schatten, nach Regenwetter, in Deutschland und Italien. Der Hut ist rothgelb, braun, auch manchmal grau, halbkugelrund, einen Zoll breit. Die Lamellen sind eisengrau. Der Stiel hat vier- bis fünfmal die Höhe des Hütchens, und kaum Dicke eines Federkiels, und spielt in das Graue. Er entspringt aus einer Hülle, die er öfters in

---

19) Agaricus (trilobus). Stipitatus, pileo fulvo, margine ſtriato, lamellis omnibus aequalibus, ſtipite baſi volvato. *Bolton*, hiſt. of Fung. p. 38. tab. 38.

20) Agaricus praealtus, ſtipitatus: ſtipite gracili fiſtuloſo praealto, pileo fulvo ferrugineo. Agaricus (praealtus). *Boehm.* Lipſ. 1034. Fungus pileolo hemiſphaerico, fulvo ferrugineo, lamellis et fiſtuloſo ac tenuiore pediculo griſeis. *Mich.* Gen. 189. tab. 81. fig. 3. Agaricus volva exceptus, pileolo hemiſphaerico integerrimo; petiolo gracili, praealto, fiſtuloſo. *Gled.* meth. 95, 8.

in Gestalt eines Rings mit sich in die Höhe führt, ein eigentlicher Ring fehlt ihm. Der Hut der jüngern Schwämme ist rauh und zottig.

I. **Blätterschwamm, eingefaßter** (Agaricus vaginatus, 21). Er ist in Frankreich zu Haus, und wächst in Wäldern und schattigten Orten, im Juny, July. Der Hut ist flach, in der Mitte mit einer konischen Warze versehen, weiß, am Rande gestreift, im Anfang rund, älter wagerecht. Die Blätter sind weiß, in kleinere vertheilt, vorne breiter, an ihrem Ende spitziger, womit sie kaum den Stiel erreichen. Der Stiel ist knollig, sechs bis acht Zoll lang, und über den dritten Theil seiner ganzen Länge in der Erde verborgen, mit einer Scheide oder Hülle genau umgeben, in die er über den dritten Theil seiner Länge eingesteckt ist. Uebrigens weiß und innen hohl. Das Fleisch des Schwamms, das von dem Hut in den Stiel fortgehet, ist ziemlich fest, wird aber zuletzt locker und wollig. Er hat keinen Geruch, schmeckt aber ein wenig salzig.

IV. III. — — — — **kleiner eingehüllter** (Agaricus volvaceus minor) 22). Dieser artige Schwamm kommt im August und September in den Wäldern, in Gärten auf der Erde vor. Er wächst in Frankreich. Eine stehenbleibende Hülle umschließt völlig den kleinen Schwamm, sie ist bräunlich fleischfarb. Die Hülle zerreißt an der Spitze und der Schwamm bricht hervor. Der Hut ist zollbreit, hirschgrau, spielt in das Blaue und ist wie mit einem feinen Spin-

21) Agaricus (vaginatus.) *Bulliard* herb. t. 98.
22) Agaricus volvaceus minor. *Bulliard*, 330.

Spinnengewebe überzogen, nicht sehr fleischig. Die Lamellen sind breit, zimmtfarben, nicht sehr zahlreich, und stehen vom Stiel ab. Der Stiel ist einen oder anderthalb Zoll hoch, dicht, setzt in das Fleisch des Huts fort, und scheint oben wie Perlenmutter durch. Er hat keinen Ring, aber die ansehnliche bleibende Hülle.

3) Ohne Hülle mit einem Ring.

1. Blätterschwamm, marmorirter, hochstieliger Blätterschwamm, schwarzflockiger Ringschwamm (Agaricus marmoreus) 23). Dieser Schwamm

23) Fungus coronatus aut marmoreus. *Sterb.* fung. 77. t. 7. fig. A. Fungus pileolo lato, longissimo pediculo variegato. *Vail.* Paris. 74. Fungus bulbosus, esculentus, maximus, pileolo mammoso, obscuro et in filamenta quasi lacerato, vertice papillato, subtus lamellis albis, pediculo cubitali, fistuloso, supernae pileoli parti concolore, et pariter lacero, corolla amplissima, soluta, cincto. *Mich.* gen. t. 81. fig. 1. Amanita petiolo procero squamoso annulato, pileo conico squamoso subspadiceo, laminis albis. *Hall.* enum. 190. Nomencl. 2366*. Amanita petiolo procero, annulato, in acetabulum pilei immisso, pileo squamoso et maculato, lamellis albis. *Hall.* hist. 2371. Agaricus (clypeatus) stipitatus, pileo hemisphaerico viscido acuminato, lamellis albis stipite longo cylindraceo albo. *Linn* syst. veg. 975? Agaricus pileo papillari, amplissimo, in margine fornicato, lacero et filamentoso; petiolo annulato procero, inferius tumido, pilei acetabulo inserto. *Gled.* meth. 114, 20. descriptus in Act. helv. T. IV. p. 49. t. 5. (Leucomyces speciosior, *Battar.* hist. tab. 6. fig. A. hujus etiam loci videtur.) Agaricus pileo plano, papillari; stipite convergente, procero, annulato, fistuloso, annulo peculiari inserto. *Scop.* Carn. 1. p. 6. n. 6. Agaricus (procerus). *Scop* Carn. 2. 1465. *Allion.* pedemont. 2710. *Wig.* prim. 1051. Agaricus (aceta-

Schwamm wächst im August, September, auf Viehweiden in Wäldern, in sandigen Gegenden, beynah in ganz Europa. Der junge Hut ist eyrund, nach Einigen, die ihn beschrieben haben, auch kugelrund, und so kommt er einem Eyschwamm völlig gleich, wenn er gleich mit keiner Hülle umgeben ist. Er reißt die braune Haut in die queer entwey, und zeigt schon itzt einen rissigen mehr oder weniger kegelförmigen Hut, zuletzt wird er mehr rund und flach. In der Mitte führt er aber gewöhnlich eine konische Warze. Am Rande ist er gewölbt, öfters zerrissen und faserig, übrigens von weißlicher, etwas bräunlicher und blaßgrauer Farbe, und in der Mitte mit queer gereihten, schuppigen, roth oder schwarzbraunen Stückchen, die nicht von einer Hülle, sondern von der Substanz des

 Huts

(acetabulosus). *Boehm.* Lipf. 1045. Agaricus (procerus.) *Schaeff.* tab. 22. 23. Agaricus (procerus) ſtipitatus, pileo hemiſphaerico, lacerato-ſquamoſo rufeſcente cinereo, lamellis albis, ſtipite longo cylindrico acetabulo inſerto. *Hudſ.* angl. 2. 612. *Relhan*, flor. Cantabrig. 933. Flor. Dan. 772. Agaricus (annulatus) ſtipitatus pileo campanulato ſubfuſco ſquamato, lamellis albidis, ſtipite bulboſo annulato. *Lightf.* ſcot. 1025. *Bolton*, fung. p. 23. tab. 23. Agaricus (clypeatus) ſtipitatus, pileo hemiſphaerico, viſcido, acuminato, lamellis albis, ſtipite longo, cylindrico, albo. *Matt.* ſil. 913. enum. 1138. Agaricus (antiquatus.) Pileo albido, fuſcocaneſcente, pallido centro fruſtulis transverſis ſeriatis, diſco floccis ſparſis, utrisque nigro fuſcis, variegato; ſtipite concolore et ſquamoſo, elongato, validiuſculo, baſi bulboſo; volva lamellisque albis. *Batſch.* elench. 55. (ejusd. Agaricus clavatus. Agaricus (procerus.) Stipitatus annulo mobili, pileo convexo albido ſquamoſo, ſquamis fuſceſcentibus, lamellis albis ſtipite bulboſo. *Wildenow*, flor. berol. prodr. 1101. Agaricus (colubrinus.) *Bulliard*, herb. tab. 78. Amanita (marmorea.) *Lamarck*, encyclop. p. 112.

Huts selbst entspringen, besetzt. Die Blättchen stehen in zwey oder drey Reihen, von ungleicher Länge, anfangs sind sie ein wenig röthlich, nachher weiß, zuletzt blaßbräunlich oder gelblich; sie erreichen nicht völlig den Stiel und bilden so eine Pfanne, worinnen der Stiel aufgenommen wird. Der Stiel, der öfters einen Schuh lang ist, ist unten knollig, und wird unmerklich nach oben zu schmäler; er ist weiß, innen röhrig, elastisch, und wie eine Schlangenhaut gefleckt, öfters spielt er in das blasse Strohgelb, oben ist er mit einem weißlichen, von der Saamendecke entstandenen, vor- und rückwärts beweglichen, stehenbleibenden ansehnlichen Ring umgeben. Man findet öfters noch in Wäldern den nackten Stiel, wenn schon längst der Hut abgefallen ist. In Böhmen wird der Schwamm unter dem Namen Bublizen (in Frankreich heißt er Grisette) eingesammlet und verspeist.

II. **Blätterschwamm, knolliger**, der eyförmige **Ringschwamm**, der weiße glatte unächte **Eyschwamm**, mit hohen knolligten Stiel (Agaricus bulbosus 24). Er wächst im Herbst auf Wiesen, an Zäunen. Der Hut ist ganz glatt, hellweiß, etwas ins Fleischfarbige oder Graue fallend, anfangs rund, denn gewölbt und halbrund. Die Lamellen sind äusserst blaßgelb, und in verschiedenen Reihen, nach vorne breiter, und vom Stiel etwas entfernt. Der gleichbreite

24) Agaricus (bulbosus.) *Schaeff* tab. 241. *Allion.* ped. 2668. Agaricus (ovum.) Pileo integerrimo, carneoniveo; stipite lineari elongato, validiusculo concolore, basi bulbosa, semiovata, supra truncata; lamellis pallidissime flaventibus. *Batsch*, elench. 55. Amanita (bulbosa.) *Lamarck*, encyclop. p. 112. Amanita albus, levis, pulvinatus annulatus. *Hall.* hist. 2,53. (sed deleto synon. *Battarrae*).

breite verlängerte Stiel stehet auf einer ansehnlichen, oben abgekappten knolligen Wurzel, von gleicher Farbe, oben mit einem häutigen Ring umgeben; innen voll, manchmal auch etwas ausgehöhlt.

II. Blätterschwamm, schwengelförmiger, der schwengelförmige Ringschwamm (Agaricus pistillaris 25). Er wächst gesellschaftlich im Herbst, auf faulen Holz oder Baumstämmen. Der Hut ist schmierig oder ochergelb, in der Mitte dunkler bräunlich, am Rande wellenförmig gestreift. Die Blättchen fallen in das Blaßziegelfarbige, oder wenn sie mit dem Hut gleichfarbig sind, so sie alle viel blässer, sie stehen ziemlich gedrängt beysammen, und laufen alle bis an den Stiel hin. Der Stiel, der zweymal länger, als der Hut breit ist, (letzterer ist ohngefähr drey bis vier Zoll breit) ist beynah gleichfarbig, gewöhnlich dunkler, und oberhalb mit einem stehen bleibenden Ring umgeben; unten aber knollig; übrigens glatt, innen voll und weißlich. Scopoli führt eine Spielart auf, mit flachen und im Alter hohlen Hut, dunkelbraunrothen, größern Lamellen, und einem zerschlissenen Ring.

II. — — — — dunkelbrauner, der braune unten röthliche Ringschwamm, (Agaricus obscurus

25) Agaricus (pistillaris): stipite valido clavato annulato, pleno; pileo plano sordide flavo, lamellis continuis. Agaricus pileo plano, lamellis continuis, stipite bulboso procero annulato pleno. *Scop.* Carn. I. p. 5. 3. Agaricus (putridus.) *Scop.* Carn. 2. 1468. *Wig.* prim. 1073. Fungus esculentus, ex uno pede multiplex, pileo desuper ex spadiceo flavescente, ad oras nonnihil undulato, subtus albo, pediculo obscuro, et veluti bulboso. *Mich.* gen. 199. tab. 81. fig. 2. Agaricus (pistillaris.) Pileo spadiceo-flavente, margine striato-pliculato; lamellis albis; stipite elongato, valido, clavato, subobscuro. *Batsch,* elench. 55.

scurus 26). Er wächst im Herbst in feuchten Wäldern. Der Hut ist gewölbt, in der Mitte oft zugespitzt, braun kastanienfarbig, haarig geschuppt, nicht sehr fleischig. Die Lamellen sind anfangs weißlich, im Alter zimtfarben, oder blaßröthlich, in doppelten Reihen, und breit. Der Stiel ist gleichbreit, rund und dicklich, etwas verlängert, nach unten ein wenig dicker, und braun. Die häutige Saamendecke und der daher entstehende oben an den Stiel befestigte zurückgebogene Ring, sind weiß.

11. Blätterschwamm, entblößter, der abgeschälte Ringschwamm (Agaricus excoriatus 27). Er wächst im August und September, in trocknen Wäldern und auf Viehtriften. Der Hut ist gewölbt, in der Mitte conisch, am Rande rund und entblößt, blaßgrau in das Ziegelfarbige spielend, in der Mitte mit dem nach dem Rande zu zerrißnen Obertheile des weißlich gelblich-fleischfarbenen Saamenfells bedeckt. Die Blättchen sind ungleich und weißlich, die längern erreichen nicht den Stiel, sondern sind unter sich verbunden, und nehmen den Stiel auf. Der Stiel ist unten knollig, rund, innen hohl, weißlich, und nicht in den Hut fortgesetzt, oben mit einem gleichfarbigen Ring umgeben.

26) Agaricus (obscurus.) *Schaeff.* tab. 74. Agaricus (occultans.) Pileo fusco-castaneo, maculis pilosis subsquamoso; stipite subaequali, valido, subelongato, concolore, pallidiore; lamellis roseis, volva (annulo) alba. *Batsch*, elench. 55.

27) Amanita petiolo procero annulato, pileo et lamellis cervinis. *Hall.* hist. 2402. Agaricus (excoriatus.) *Schaeff.* tab. 18. 19. *Allion.* pedemont. 2697. Agaricus (vulneratus.) Pileo margine nudo canescente, fibroso, disco tecto volva adnata, marginem versus lacera, carneo-flavente, albida; stipite lamellisque volvae subconcoloribus albis. Pileo marginaliter nudo. *Batsch*, elench. 53.

ben. In Ansehung der Entwicklung seines Huts kommt dieser Schwamm mit dem Agaricus denudatus (No. 16.) überein, nach seiner äußern Gestalt aber mit dem Ag. marmoreus (23.), von dem er aber durch seine blässere Hutfarbe, kürzern ungefleckten Stiel, kleinern unbeständigen Ring u. d. gl. offenbar verschieden ist.

II. **Blätterschwamm, eßbarer, oder Champignon, Heiderling, Erdgürtel, Ehegärtel, Ruckeumke, Drüschling, Treutschling** (Agaricus campestris 28). Er wächst nach Regenwetter auf

 Weiden,

28) Fungorum esculentorum gen. XI. *Clus.* hist. 268. Fungus pileolo lato et rotundo. *C. Bauh.* pin. 370. *Tournef.* inst. 556. Fungus campestris albus superne, inferne rubens. *J. Bauh.* hist. 3. 824. *Mich.* gen. 174. *Buxb.* hal. 119. *Rup.* Hal. 369. *Hall* enum. 50. Pratellorum tertia species. *Sterb* Theatr. 29. t. 1. f. C. D. Fungus lamellatus et capitatus vulgatissimus, Champignon vulgo dictus. *Rupp.* Jen. 303. Amanita campestris, alba superne, inferne rubens. *Dill.* cat. giess. 177. Agaricus pediculo annulato, pileo superne albus, inferne rubens. *Guett* stamp. 1. p. 22. Agaricus pileo amplo, hemisphaerico fornicato; petiolo brevi, annulo permanente cincto. *Gled.* meth. 115. n. 21. Agaricus caulescens, petiolo sordido lacero, pileo albo membranaceo, lamellis rufescentibus. *Linn.* Lapp. 482. Amanita petiolo annulato; pileo campaniformi, albido, laminis roseis. *Hall.* hist. 2443. Agaricus (campestris) stipitatus, pileo convexo squamato albido, lamellis rufis. *Linn.* syst. veget. 975. Sp. Pl. 1641. Fl. suec. 2. 1203. *Gort.* belg. 2. 324. *Scop.* carn. 2. n. 1478. *Gunn.* norv. 537. *Müller* Fridrichs. 1037. *Retz* scand 1532. Fl. Dan. 714. *Leers*, herb. 1033. Boehm Lips. 802. *Pollich*, palat. 1164. *Mattuschk.* sil. 910., ejusd. enum. 1135. *Pall.* it. 1. p. 44. *Hudf.* angl. 2. 613. Schaeff. tab. 33. *Leyss.* halens. 2. 1215. *Wildenow*, berol. 1097. Feldblätterschwamm, Champignon. Suckow Anfangsgr. der Bot. 923. Linné Pflanz. Syst. 13. 448. Batsch Anleit. 1211. Kerner giftige und eßb. Schwämme p. 53. t. 12. Agaricus (pellitus.) Pileo

Weiden, in Hölzern, in Feldern und Gärten vom Sommer bis in den Herbst, durch ganz Deutschland. Die Gärtner erziehen ihn in Treibhäusern, Kellern, Mistbeeten u. d. gl. Anfangs kommt dieser eßbare und überall bekannte Schwamm in Gestalt runder Kugeln von der Größe einer Nuß aus der Erde. Der Hut ist gewölbt, glatt und weiß, öfters auch blaßgrau schuppicht, zoticht, mit auswärts zugespitzten zerstreuten Flecken besetzt. Die Lamellen sind anfangs weiß, hernach rothbräunlich, endlich schwärzlich und vergehend; zahlreich, von zweyerley Länge, gegen den Stiel zu abgerundet und davon entfernt; sie lassen sich leicht von dem sehr fleischigen Hut trennen, so wie man auch die schuppige Haut, vor der Zubereitung der Champignons, abzuziehen pflegt. Der Stiel ist gerade, innen und aussen weißlich kurz, fest, und leicht vom Hut zu trennen, oben mit einem zerrissenen Ring umgehen. Aeltere Schwämme werden platt, und die Lamellen stehen unter dem Hut vor. Der Geruch ist angenehm und etwas erdhaft. Man verspeist diesen Schwamm auf verschiedene Art zubereitet, in Saucen, in Butter gebraten u. s. w. Im Anfang muß man ihn sorgfältig von den Kugelschwämmen (Lycoperdon Bovista) unterscheiden, diese bilden zwar auch kleine Kugeln, sie sind aber auf der Oberfläche rauh, und aufgebrochen zeigen sie keine Blätter, sondern vielmehr eine mehlichte Substanz. Die Champignons, in der Größe einer Nuß, sind am schmackhaftesten, und werden auch so am

---

Pileo pallide cano, maculis magnis piloso squamiformibus, extrorsum acutis, laxe sparsis, imbricato radicato, stipite crassiusculo, concolore, integro; lamellis subbrunneis. *Batsch*, elench. 55. Agaricus edulis. *Bulliard*, herb. tab. 134. Amanita edulis. *Lamarck*, encyclop. 112. (Agaric comestible, Champignons des couches. Flor. franc. 1281-38. ejusd.)

am gewöhnlichsten in Essig eingemacht. Man pflegt sie an manchen Orten zu erziehen, und in Italien bedient man sich hierzu eines weiß n stalaktitischen Kalktuphs (Pietra fongaia, Ferbers Briefe aus Welschland 135) um zu allen Jahrszeiten, wenn man ihn in einen feuchten Keller legt und begießt, eßbare Schwämme zu erhalten. Da zu gleicher Zeit noch andere mit den Champignons im äußern Ansehen ähnliche Schwämme hervorkommen, so muß man sich sorgfältig an die angegebenen Kennzeichen und ihren Geruch halten; im Fall man aber noch ungewiß ist, so darf man nur eine halbe Zwiebel geschält, in das Gefäß, worinnen die Schwämme gekocht werden, werfen. Verändert sich die Farbe der Zwiebel in das Blaue oder Schwarze, so sind giftige Schwämme beygemischt, im Gegentheil, wenn die Zwiebel ungefärbt bleibt, so kann man die Schwämme mit Sicherheit (aber um der Gesundheit willen niemalen in Uebermaaß) genießen. Dem wahren Champignon ist sehr ähnlich:

II. **Blätterschwamm, großer, weißer, der große weiße glatte Champignon oder Ehegärtel** (Agaricus arvensis 29). Er wächst im Herbste auf bergigen und waldigten Viehtriften und Wiesen. Der Hut ist gewölbt, glatt und weißlich. Die Lamellen sind anfangs weiß, denn röthlich, zuletzt bräunlich und erdfarben,

29) Fungus totus albus edulis. *Vaill.* parif. p. 75. n. 8. Agaricus (arvensis.) Caulescens, saepius solitarius, carnosus; pileo convexo, laevi albo; lamellis primum albis, dein rufis, tandem umbrinis, fatiscentibus; petiolo tereti, crasso, pleno, albido, basi tuberoso; velo et annulo persistente membranaceis, albis. *Schaeff* tab. 310. 311. *Matt.* enum. var. γ. 1135. Amanita edulis var. β. *Lamarck*, encyclop. 112.

farben, und vergehen; der Stiel ist rund und dick, gerade oder auch gebogen, meistentheils unten, oft auch in der Mitte dickern Stiel, innen voll, mit einer häutigen Saamendecke und beständigen Ring. Es gehört auch hierher:

II. **Blätterschwamm, wilder, der wilde Champignon oder Ehegärtel, der unansehnliche Ringschwamm,** (Agaricus pratensis 30). Er wächst auf Wiesen, Viehtriften und in Wäldern, vom August bis in den Herbst hinein. Der Hut ist fleischig gewölbt, weißlich, blaßgrau, etwas ins meergrünliche fallend, und fein gestrichelt; die Lamellen sind schmutzig fleischfarb. Der Stiel ist etwas dick, an der Basis etwas mehr verstärkt und gebogen, bräunlich, übrigens nebst dem bleibenden häutigen Ring weißlich. Beyde Arten sind nicht zur Speise zu empfehlen.

II. **— — — — zerschlitzter, der zerschlitzte Ringschwamm, der wilde bräunliche Champignon oder Ehegärtel** (Agaricus laceratus 31). Er wächst im Herbst in Wäldern, an Zäunen, öfters auch in Gärten. Der Hut ist anfangs kugelrund oder kegelich, nachher glockenförmig, zuletzt flach, schuppig, und am Rande zerschlitzt; weißlich ins bräunlich

---

30) Fungus sylvestris. *Sterb.* Fung. p. 44. tab. 2. A. Agaricus (pratensis.) *Scop.* Carn. 2. 1467. *Wigg.* prim. 1067. Agaricus (pratensis.) *Schaeff.* t. 96. *Mattusch.* enum. var. β. 1135. Agaricus (pauperatus.) Pileo aquamarino-canescente, fibroso; stipite crassiusculo volvaque albente; lamellis nigro-fuscis. *Batsch*, elench. 53.

31) Agaricus (sylvaticus.) *Schaeff* tab. 242. *Allion.* Pedemont. 1727. Agaricus (laceratus.) Pileo pallidissime carneo-fuscescente, consperso maculis squamiformibus parvis, obsoletis, crebris, medio interdum magnis, lamellis stipiteque valido concoloribus. *Batsch*, elench. 57.

lich fleischfarbene fallend, häufig mit schuppenförmigen Flecken, die in der Mitte des Huts größer sind, bestreuet. Die Blätter sind schmutzig oder grau fleischfarben. Der Stiel ist rund, unten verdickt, auch öfters gebogen, bräunlich, innen hohl und schmutzig fleischfarb oder weiß, mit einem beständigen gleichfarbigen Ring umgeben.

II. III. **Blätterschwamm, glänzender** (Agaricus nitens 32). Er wächst im Herbst auf Wiesen, in Wäldern, öfters auf trocknen Kuhmist. Er ist in Frankreich zu Haus. Der Hut ist blaßgelb, gewölbt, anderthalb bis zwey Zoll breit, und sehr regulär gebildet, die Oberfläche ist trocken, glatt und glänzend, älter verliert er seinen Glanz, und vor seiner Zerstörung wird er noch klebrig oder schlüpfrig. Die Lamellen sind schwärzlich braun, mit schwarzen Dupfen bestreut, in kleinere getheilt. Der Stiel ist voll, gleichbreit, nach unten etwas knollig, gleichfarbig, mit dem Hut ohngefähr dreymal so lang als der Hut breit ist, und in den Hut fortgesetzt; mit einem bleibenden Ring umgeben. Es giebt Abarten von weißer saffranfarbiger und grauer Farbe. Der Geschmack ist so angenehm wie an dem Champignon.

I. — — — — **eingewurzelter** (Agaricus radicosus 33). Er wächst in Frankreich im September, Oktober, in Wäldern. Aus der Erde kommt er in Gestalt eines Eyes, der Stiel verlängert sich nach und nach, der Hut breitet sich aus und wölbt sich, die Saamendecke zerreißt und bleibt in Stücken an dem Hutrande

32) Agaricus (nitens.) *Bulliard*, herb. 84. Amanita (nitens.) *Lamarck*, encyclop. 113.

33) Agaricus (radicosus.) *Bulliard*, herb. tab. 160.

rande hängen. Die Oberfläche ist trocken, braun und weiß fleckigt ohne schuppig zu seyn, und die Haut läßt sich davon abschälen. Das Fleisch ist fest. Die Lamellen sind umberfarbig, zahlreich, etwas gesägt, und laufen an den Stiel nicht herab. Der Stiel setzt sich in den Hut fort, ist schuppig, und endigt sich in eine spindelförmige, starke, faserichte Wurzel; oben führt er einen Ring. Nicht selten entspringen aus derselben Wurzel neue Schwämme. Der Geschmack ist anfangs angenehm, er wird aber im Munde scharf und widrig.

I. Blätterschwamm, schuppiger, (Agaricus squamosus 34). Er wächst im Oktober und September in Wäldern. Der Hut ist anfangs rund, alsdenn gewölbt, in der Mitte kegelförmig zugespitzt, am Rande wellenförmig, goldfarben oder rothgelb, mit aufwärts stehenden dunklern Schuppen völlig bedeckt, am Rande ragen sie zuweilen noch hervor, so daß dieser ganz faserichт erscheint. Die Blätter stehen in dreyfacher Reihe, erreichen nicht den Stiel, oder sind wenigstens nicht mit ihm verwachsen, blaß zimmt- oder holzfarbig. Der Stiel geht in den Hut fort, ist fest, ausgenommen das Ende in der Mitte des Huts, gleichfarbig und öfters einen halben Zoll, öfters auch nur einen Federkiel dick, ein wenig gebogen, und allenthalben mit zurückgebogenen Schuppen, die sich oben in einen Ring vereinigen, besetzt. Oberhalb den Ring ist er glatt. Im Geschmack kommt er dem Champignon gleich, und ist sehr nahe mit ihm verwandt, wo nicht eine Abart.

II. — — — — flockigter, der rauchschuppige, flockigte Blätter- oder Ringschwamm (Aga-

34) Agaricus (squamosus.) *Bulliard*, herb. tab. 266.

(Agaricus floccosus 35). Er wächst in Wäldern an den Wurzeln der Bäume an alten Stöcken. Der Hut ist gewölbt, fleischig, auch flach gelb, pomeranzfarbig, mit rostfarbenen auch goldgelben herabstehenden haarigen Schuppen besetzt, am Rande etwas gestreift, in der Mitte etwas konisch, vor seiner völligen Entwickelung dem Stiel angedrückt und mit ihm von gleicher Breite. Die Blättchen sind gelblich, im Alter erdfarben. Der Stiel ist rund voll, von verschiedener Stärke, und so wie der Hut geschuppt, der Ring besteht ebenfalls aus Schuppen. Als eine Spielart gehört hierher:

II. III. **Blätterschwamm, faserichter, der faserichte Blätterschwamm** (Agaricus pilosus 36). Er wächst mit dem vorigen in Wäldern unter dem Moose und auf faulem Holz, und unterscheidet sich durch die dunklere Farbe, und die zärteren am Stiele zerstreueten und nicht reihenweis gesetzten Schuppen.

I. Blät-

35) Agaricus (floccosus.) *Schaeff* tab. 61. *Allion.* 2663. Agaricus (echinatus. *Gunn.* norv. n. 993. tab. 7. fig. 6. *Retz.* prodr. 1547. Agaricus (squarrosus.) Pileo ferrugineo squamulis piloso - furfuraceis revolutis imbricato; stipite valido subclavato, concolore inferne usque ad volvam laceram reflexo-patentem squamosam furfuraceo-squarroso, lamellis cinereis. *Batsch*, elench. 86. Agaricus (squarrosus.) Stipitatus, pileo umbonato lutescente, squamoso, squamis fuscis squarrosis, stipite infra annulum squarroso, lamellis pallidis. *Wildenow*, berol. 1100. Amanita (filamentosa.) *Lamarck*, enc. 112.

36) Agaricus (pilosus.) Caulescens, saepius cespitosus, parum carnosus; pileo pilose squamoso, planiusculo, luteo, centro fastigiato, fuscescente; lamellis ochroleucis; petiolo tereti striato, pilose squamoso, pleno, superne annulato, albido, basi crassiusculo, luteo-fuscescente, velo nullo; annulo spurio. *Schaeff.* t. 80. *Lamarck.* var. β. l. c.

1. Blätterschwamm, seidenartiger (Agaricus imbricatus 37). Er wächst im Oktober auf Wiesen neben Bäumen, und hat mit dem schuppigen Blätterschwamm viel Aehnliches. Dieser wächst in Frankreich, jener aber in Deutschland. Der ist in der Mitte sehr oft erhoben, zuweilen flach, von blasser schwefelgelber Farbe, seidenartig und fettig zugleich. Er wird mit seidenartigen, weichen und etwas trocknen Lappen überzogen, welche sowohl an ihrer eigenen Spitze, als auch auf dem Scheitel des Huts tiefbraun gefärbt sind Sie sind groß und etwas zurückgerollt, gegen die Mitte des Huts mit kleinern untermischt. Bald mehr oder weniger am scharfen Rand hervorstehend. In der Mitte ist der Hut am dicksten, gegen den Rand zu dünner, weißlichschwefelgelb, dicht über den Lamellen halbdurchsichtig, und etwas olivenfarb. Die Lamellen sind blaß, ocherartigschwefelgelb, ins olivengrün schielend, schmahl, nach außen schmäler, am hintern Ende schief abgestutzt. Sie stehen in fünffacher Ordnung hinter einander, und die 80 längsten Blättchen wechseln in der Länge um ein geringes mit einander ab. So enthält der ganze Schwamm beynahe 650 Blättchen. Der Stiel steigt mit einem sanften Bogen in die Höhe, und ist etwas gedreht. Vom Hut an bis an den Ring ist er glatt, blaß schwefelgelb, und etwas ins Olivengrün fallend. Unter dem Ring ist er streifig und mit rostbraunen Flecken besetzt, weiter abwärts wird er selbst rostbraun, und die Schuppen dunkler. Das knollige Ende

---

37) Agaricus (imbricatus.) Pileo pallide sulphureo, sericeo-unctuoso, fasciculis sericeis flammiformibus ferrugineis, sensim versus verticem cum ipso pileo brunnescentibus, obducto; stipite elongato, valido, subbulboso, supra volvam brunneam membranaceam integro pallide flavente, infra eam ferrugineo, striato, floccoso; lamellis flavo-olivascentibus. *Batsch*, elench. 149.

Ende hat keine Flocken oder Schuppen, und ist von einer tiefbraunen Farbe. Das Fleisch des Stiels ist voll, seidenartig, faserig, blaß schwefelgelb, und aus großen Faserbündeln zusammengesetzt. Im Hut und im Knollen des Stiels ist es weißlicher. Der große herabhängende trockne häutige und geschlitzte Ring ist tiefbraun, auf der äußern Seite, auf der entgegengesetzten glatt, seidenartig, ocherfarb, und indem sich die Fasern des Stiels auf ihn ausbreiten, mit rostfarbigen hochgefärbten Strichen überzogen.

I. II. **Blätterschwamm, zottiger** (Agaricus villosus 38). Er wächst in England, im Oktober in Wäldern an alten Baumstämmen mit dem Stiel in horizontaler Richtung. Der Hut ist anfangs rund oder kugelförmig, er wird alsdann hemisphärisch, ohngefähr drey Zoll im Durchmesser, mit einer zottigen oder vielmehr haarigen Substanz, von rothbauner Farbe überzogen. Das Fleisch ist innen weiß und zerbrechlich, in der Folge zerbröckelt es und löst sich auf. Die Lamellen stehen in dreyfachen Reihen enge beysammen, sie sind zahlreich, schmal, an den Stiel befestigt und blaß aschfarben. Die weiße Saamendecke, die sie überziehet, ist so fein als Spinnengeweb, zerreißt, und hängt einige Zeit, in weißen zarten Flocken um den Rand des Huts. Der Stiel ist von harter zerbrechlicher Substanz, schmierig weiß, oder blaß lederfarb; er wächst wagerecht, denn

38) Picromyces tunicatus. *Batt* 47. tab. 8. fig. h. (excepto colore huc spectat.) Agaricus mutabilis.) Stipitatus, pileo hemisphaerico fusco-flavescente, lamellis rufis, stipite longo tomentoso. *Hudf* angl 2. 6 5. (A. *Boltonio* citatus, sed synon. *Hudsoni* plane alium indicans.) Agaricus (villosus) stipitatus, pileo villoso fulvo, lamellis trifidis leucophaeus, cortina alba, stipite adscendente. *Bolton*, Fung. 42. tab. 42.

denn beugt er sich aufwärts, ist fünf bis sechs Zoll lang, und oben nahe beym Hut mit einem dicken zottigen Ring umgeben, an dem die Saamenhaut befestigt ist; die Wurzel, die an dem Baumstamm ansitzt, ist schimmlicht grau, ohne Hülle.

III. Blätterschwamm, veränderlicher, Stockschwamm (Agaricus mutabilis 39). Er wächst im Herbst in Gärten, an den Zäunen und auf alten Holzstöcken. Der Hut ist von veränderlicher Gestalt, glatt, braun ocherfarb; die Lamellen sind hellbraun. Der Stiel ist fast gleichbreit, verlängert, in der Farbe etwas bläßer, unten bis an den zurückgebogenen Ring rauchschuppig und dunkler, über denselben weiß und glatt und mit einem unvollkommenen Ring umgeben, der von der sehr feinen spinnengewebförmigen Saamendecke entstehet.

4) Ohne Ring und ohne Hülle.

II. III. — — — milchfarbiger, der milchfarbige Fleischschwamm (Agaricus lacteus 40). Er wächst an

---

39) Agaricus luteus; pileo convexo; lamellis congestis; stipite nudo cylindraceo. *Scop* carn. 1. 19. var. a. Agaricus (mutabilis.) *Scop*. Carn. 2. 1515. an. *Hudf*? Agaricus (mutabilis.) *Schaeff*. tab. 9. *Allioni* ped. 2681. Agaricus (simulans.) Pileo fusco-ochraceo, glabro; stipite sublineari, valido elongato, subconcolore, pallidiore, furfuraceo-squarroso, supra volvam reflexo-patentem squamosam albo, integroque; lamellis cinereo-fuscis, pallidis. *Batsch*. 85. *Lamarck*, encyclop. var. δ. (Amanit. filament. p. 112.)

40) Agaricus lacteus.) *Schaeff*. tab. 39. *Batsch*, elench. 39. Agaricus virgineus, niveus, stipite crasso cylindrico integerrimo ejusd. Agaricus barbatus, niveus, stipite subelongato, sursum tenuato, basi lanata ibid. tab. 1. fig. 11. 12. Agaricus (virgineus) stipitatus niveus, pileo hemi-

an den Wurzeln der Bäume. Er ist ganz weiß, fleischig, anfangs mit einem kegelartigen oft kugelrunden, nachher gewölbten, zuletzt in der Mitte vertieften Hut. Die Lamellen sind mehr oder weniger weiß, fest und stark am Stiele herablaufend; der Stiel ist rund, voll, an der Basis öfters dicker, oder nach unten zu schmäler, einige Zoll lang, ohne Ring und ohne Saamendecke. Der ganze Schwamm unterscheidet sich durch seine milchweiße Farbe, die im Alter etwas ins Gelbliche spielt. Nach vorhergegangenen Regen ist er sehr durchsichtig. Hieher gehört auch der:

II. **Blätterschwamm, elfenbeinweißer, der elfenbeinweiße Blätterschwamm** (Agaricus eburneus 41). Er wächst im Oktober und September in Wäldern. Er ist völlig weiß. Der Hut ist anfangs gewölbt, alsdann flach und in der Mitte vertieft. Die Oberfläche ist glänzend, schlüpfrig wie mit Eyerweiß überzogen. Die Lamellen sind zahlreich, an beyden Enden spitzig, und an den Stiel herablaufend. Der Stiel ist voll, weiß, zwey bis drey Zoll lang. Er hat keinen unangenehmen Geschmack.

— — — — ungetheilter, der Täubling (Agaricus integer 42). Er wächst in ganz Europa in allen

---

hemisphaerico, lamellis arcuatim per stipitem decurrentibus. *Linn.* syst. veg. 975. *Jacq.* misc. t. 11. p. 104. tab. 15. fig. 1.

41) Fungus totus albus. *Vaill* paris. 65. 34. Agaricus eburneus. *Bulliard*, herb. tab. 118. Amanita alba. *Lamarck*, encyclop. 107.

42) Agaricus stipitatus, lamellis omnibus magnitudine aequalibus. *Linn.* syst. veg. 974. Sp. pl 640. Fl. suec. 1230. *Gort.* belg. 2. 3[illegible] *[illegible]nn* norv. 902. *Retz.* prodr. 1550. *[illegible]oll.ch.* Palat. 1156. *Leers* herb. 1028.

allen Eichen- Birken- und Buchenwäldern. Da diese Art außerordentlich mannigfaltige Abänderungen unter sich faßt, davon einige genießbar, andere der Gesundheit nachtheilig sind, so wollen wir zum Gebrauch der Schwammliebhaber, vorzüglich denen sehr faßlichen und vollständigen Beschreibungen des Herrn von Krapfs folgen, und dabey die verschiedenen Schriftsteller, die uns Abbildungen davon gegeben, nahmhaft zum machen suchen. Nach einer allgemeinen Bestimmung ist der Täubling ein gestielter, einzelner, selten gesellschaftlicher Blätterschwamm, ohne Hülle und ohne Saamendecke; anfangs erscheint er gewöhnlich kugelförmig, mit herab- oder einwärts geschlagenen Rand, in der Folge wird er gewölbt, nach und nach flächer, und endlich am Rande rissig, in der Mitte vertieft, oft trichterförmig. Seine Oberfläche ist feucht, nicht selten eingeritzt, bey seiner Aufdörrung entstehen um den Rand kleine Runzeln, oder erhabene Streifen, die fast in gleicher Entfernung von einander stehen, mit dazwischen liegenden Furchen von gleicher länge, die nach Gestalt der von einander stehenden Blätter mehr oder weniger Raum einnehmen, und von dem am Rande sich verlierenden Fleisch herkommen. Die Farbe des Huts ist weiß, roth, blau, grün, gelb, braun u. s. w. Die Blätter des Täublings sind tief, und stehen nicht enge beysammen, doch in einigen mehr, als in andern; sie laufen gerade, mit durchaus gleichem Rande bis an den

---

Matt. sil. 903. enum. 1128. *Pall.* it. I. p. 44. *Leyss* halens. 2. 1236. *Wig.* prim. 1053. Agaricus (integer) stipitatus, pileo convexiusculo viscido purpureo, lamellis omnibus aequalibus albis. *Hudss* angl. 2. 610. *Bolton* Fung. 1. tab. I. Agaricus (integer stipitatus, pileo planiusculo rubro, lamellis albis integris aequalibus, stipite concolore. *Wild.* berol. 1114.

den Stiel, an welchen sie sich rings umher mit einem etwas schmälern Ende in gleicher Höhe befestigen. Sie sind besonders an dem eßbaren Täubling dick, und sehr leicht zerbrechlich, aber nicht allezeit von gleicher Länge. Viele sind schon am Stiele gabelförmig, andere aber der Länge nach an verschiedenen Stellen gespalten und ästig, auch legen sie sich bey Ausdörrung des Schwamms schief und schlangenförmig an einander. Ihre Farbe ist an einigen Täublingen schon von ihrer Entwickelung an gelb und bleibt unverändert; an andern hingegen ist sie anfänglich weiß, wird aber nach einiger Zeit blaßgelb, grünlicht, oder wohl gar schwarz, im Grunde sind sie jederzeit mit Querzacken, welche bloß ihre Fortsätze sind, an einander verbunden. Der Stiel ist gemeiniglich rund, oft walzenförmig, nackigt, fest und voll; seine Dicke und Länge ist veränderlich. An seinem untern Ende ist er entweder gekrümmt, oder bauchigt, und verliert sich in einer Rundung gegen die Erde, in die er sich mit seinen kleinen Wurzeln befestigt. Seine Länge ist durchaus von gleicher Dicke, bis auf andere, an denen er abwärts etwas schmäler ausfällt. Aeußerlich ist er weiß und glatt, als wäre er mit Gips überzogen, blaßgelb, blaßröthlich, an andern wird er auch schwarz. Man siehet an ihm oftmals flache und seichte Gruben, und in den rothen, blaue, grüne, rothe, in den gelben aber, gelbe Flecken. Das Fleisch des ganzen Schwamms ist an und für sich selbsten fest, sonderlich in eßbaren, dabey aber schwammigt, grobig, trocken, und läßt sich nicht in Fasern zerreißen, giebt auch keine Milch, und setzt sich in den fleischigen Hut fort. Bey Ausdörrung des Schwammes verliert sich das Fleisch, und der Stiel wird oft völlig hohl. Wenn der Täubling gedörrt ist, so wird er sehr leicht; zerbricht gerne, fault bey feuchtem Wetter, und wird dabey von Maden bis auf die Haut völlig ausgefressen. Man kann sie am besten nach ihrer Farbe, in rothe, blaue, grüne u. s. w. vertheilen, und diese denn wieder in eßbare und uneßbare.

II. Blätterschwamm, rother, eßbarer, der eßbare Täubling, Honigtäubling, Stocktäubling (Agaricus Russula 43). Er wächst im Herbst häufig in Wäldern. Der rothe eßbare Täubling unterscheidet sich von dem rothen uneßbaren bloß durch die geringe Schärfe, oder vielmehr Süßigkeit seines festen und zarten Fleisches, durch einen obgleich nur schwachen, doch angenehmen Geruch, und durch die steiferen Blätter; alle übrigen Kennzeichen, welche von der Größe des Schwamms, von seiner Farbe, von den gleichlangen oder vermischten kürzern, dicken oder dünnern Blättern, oder auch von dem schmälern Stiel und wenigern Fleisch hergenommen werden, sind weit unsicherer, und nicht zureichend, einen eßbaren Täubling von einem nicht eßbaren zu unterscheiden. Unter den rothen eßbaren Täublingen giebt es einige mit weißen Blättern a), und andere mit gelben b), bey welchen

---

43) Agaricus (Russula) *Scop.* carn. 2. 1502.

a) Omphalomyces coccineus. *Battar.* Fung. 37. tab. 15. E. *Mich.* Gen. 155. n. 1. 3. 4. 6. 7. 8. Amanita petiolo farto, pileolo convexo umbilicato, oris rugosis, lamellis crassis et albis. *Hall.* hist. 2373. var. α. Agaricus pileo plano rubro, lamellis albis, transversim basi rugosis, stipite rubro cylindraceo, nudo. *Scop.* Carn. 1. p. 8. n. 11.

(b. Agaricus Russula. *Scop.* Carn. 2. var. 1. 2. Agaricus (roseus, solitarius, parum carnosus; pileo roseo, primum convexo, demum infundibuliformi; lamellis albis, crassis; petiolo tereti, crasso, pleno, albo; velo et annulo destitutus. *Schaeff.* tab. 75. Agaricus sanguineus) var. α. pileo pallide roseo flavente, margine pallidiore; stipite elongato; lamellisque albido-flaventibus. *Batsch,* elench. 39. Agaricus (Russula) caulescens, solitarius,

welchen der Grund des Huts weiß oder gelb ist, und die vorzüglich in Oesterreich, Steyermark und Krain im Ueberfluß vorkommen. Nach Hrn. von Krapf wollen wir die in Unterösterreich gewöhnlichen Zubereitungen des rothen eßbaren Täublings anführen In der Stadt Wien selbst wird zwar der rothe Täubling seltner als in den Vorstädten verkauft, weil man ihn für verdächtig hält, dagegen wird der blaue und grüne mehr gegessen. Der gemeine Mann auf dem Lande daselbst, bedient sich folgender Zubereitung. Er wirft den ganz nahe vom Hut abgeschnittenen Stiel als einen unschmackhaften, oft auch von Würmern schon durchfressenen unnützen Theil hinweg, wäscht den Hut rein ab, zieht auch oftmals die Haut davon, schneidet ihn alsdenn in kleine Stücke, und siedet sie in gesalzenen Wasser,

tarius, carnosus; pileo primum globoso, dein convexo, centro depresso, demum infundibuliformi, subtiliter punctato, pallide purpureo; lamellis crassis albis; petiolo tereti, brevi, crasso, pleno purpurascente; velo et annulo destitutus. *Schaeff.* tab. 58. Agaricus (sanguineus) var. β. ic. 13. Pileo amoene roseo, margine pallidiore; lamellis niveis; stipite crasso niveo, roseo rubello. *Batsch*, l. c. *Krapf*, Beschreib. der essbaren Schwämme, 1tes Heft, tab. I. fig. 1-7. Tab. II. fig. 4. 5. 6. *Kerner*, p. 16. tab. 2. fig. 1. 2.

b) Agaricus pileo plano, rubro; lamellis aureis, basi transversim rugosis; stipite rubro, cylindraceo, nudo. *Scop.* Carn. 1. l. c. (a). Agaricus (Russula.) *Scop.* Carn. 2. l. c. var. 3. *Hall.* l. c. δ. Agaricus (ruber) caulescens, plerumque solitarius; carne sicca, compacta, fragili, albida; pileo cum flavedine rubro, primum globoso, dein convexo, centro depresso, demum infundibuliformi, margine rugoso; lamellis crassis, aequalibus, cum flavedine albis; petiolo tereti, brevi, crasso, pleno, albido; velo et annulo destitutus. *Schaeff.* tab 92. Agaricus (delicatus) var. α. Pileo pallide lutescente, marginem versus croceo. *Batsch*, elench. 43. *Krapf* oest. Schw. tab. 4. fig. 1-4. 7. tab. 5. fig. 1. 2. *Kerner* p. 17.

ser, mischt ein in Butter oder Schmalz geröstetes Mehl mit Zwiebeln und Petersilien darunter, und erhält auf diese Art eine gute Suppe, wobey er das für ihn oft theure Brod ersparen kann. (Je jünger die Täublinge sind, um so dienlicher sie auch zur Speise, der eßbare ist gemeiniglich schon voll kleiner Würmer, wenn er reif ist, und daher auch ohne Saft.) Oder er zerhackt den Hut klein, röstet das Gehackte mit Zwiebeln in Schmalz, füllet damit einen gesalzenen und dünn ausgebreiteten Teig, rollet ihn zusammen, schneidet viereckigte Stücke daraus, und kochet sie in Wasser; hungrige Mägen finden dieses Gericht schmackhaft, vorzüglich wenn dieser gefüllte Teig in Fleischbrühe gesotten wird. Aber noch besser schmecken die mit dem rothen eßbaren Täublinge und gehackten Fleische gefüllten Butterkrapfen oder Hachée Pastetchen, und die damit eingemachte, frikasirte Fleisch- und Fischgerichte. Wenn man diesen Schwamm in Butter, Schmalz oder Baumöhl mit Zwiebeln, klein gehackten Petersilien und gestoßenen Pfeffer in einem Dreyfuß dämpfet, oder auf einem Rost mit geriebenen Brod und obengenannten Gewürzen bratet, so erhält man eine wahre Leckerspeise, von welcher ein gesunder starker Magen einen ziemlichen Theil vertragen kann; schwächern Mägen muß man hier Mäßigkeit empfehlen, weil dieser Schwamm, wie viele andere, im Magen anschwillt, schleimig und durch das Kochen zähe wird, und durch den Stuhl unverdauet abgehet. Hr. von Krapf spricht hier aus eigener Erfahrung, und räth schwächern Mägen von diesem Schwamm mäßig zu essen, wenn sie sich unangenehmen Zufällen nicht aussetzen wollen. Denn so leicht zerbrechlich, zart und mürbe, das Fleisch roher Täublinge ist, so zähe, schwer und lederhaft wird es durch das Kochen. Eine andere Art der Zubereitung ist, wenn man diese Schwämme mit Butter oder

Schmalz

Schmalz bräunlich schmort, mit Mehl bestreuet und gesalzen, in einer Rindfleischsuppe mit etwas Essig aufkochen läßt. Auch können sie mit Erbsen und Zwiebeln im Butter oder Fett geschmort werden.

Blätterschwamm, giftiger, der rothe uneßbare Täubling, der wilde Täubling, Sautäubling, Speytäubling, Speyteufel (Agaricus emeticus 44). Er wächst in feuchten Wäldern im Herbst.

 Der

44) Fungus umbilicosus ruber. *Sterb.* 216. t. 22. F. Fungus purpureus tener, lamellis albis. *Buxb.* Cent. V. t. 47. *Hall.* 2374. l. c. var. β. pileo sanguineo et puniceo. Agaricus (emeticus.) *Schaeff.* tab. 15. 16. Color pilei, et lamellarum et petioli varie ludit hinc

a) Agaricus emeticus, pileo coccineo; lamellis et petiolo flavescentibus, tab. 15. fig. 1 - 3.

b) Agaricus emeticus, pileo coccineo; lamellis albis; petiolo rubello, tab. 15. fig. 4 - 6.

c) Agaricus emeticus, pileo pallide aurantio: medio brunneo; lamellis et petiolo flavescentibus, tab. 16. fig. 4.

d) Agaricus emeticus, pileo cum sordida rubedine flavo; lamellis et petiolo exalbidis, tab. 16. fig. 1 - 3.

e) Agaricus emeticus, pileo viridi-luteo ad marginem rubello; lamellis et petiolo flavescentibus, tab. 16. fig. 6.

Agaricus (purpureus) caulescens, solitarius parum carnosus; pileo convexo, planiusculo, saturate purpureo, centro depresso; lamellis crassis, ramosis, connexis, flavis; petiolo tereti, pleno albo; velo et annulis destitutus. *Schaeff.* tab. 254. Agaricus (sanguineus) var. γ. Pileo sanguineo; lamellis flaventibus; stipite albo, sursum incrassato. *Batsch*, elench. 39. Agaricus sanguineus. *Bulliard*, herb. tab. 42. Amanita rubra. *Lamarck*, encyclop. 105. *Krapf*, Schw. tab. 2. fig. 1. 2. 6. 7. 8. 9. 10. tab. 3. fig. 1. 2. 3. 7. 8. (Uneßbare rothe Täublinge mit am Grunde weißen Hut und weißen Blättern) Tab. 4. fig. 4. 5. 6. 7. 8. (sind jene mit gelben Blättern, wobey ein erst aus der Erde hervorgekommener fig. 9. abgebildet wird.) *Kerner* p. 4. tab. 2. fig. 1 - 3.

Der Hut ist anfangs rund, dann gewölbt, zuletzt in der Mitte eingetieft, und gewöhnlich von blutrother Farbe. — Die Blätter sind stark, leicht zerbrechlich, an der Spitze gabelförmig, an ihren Enden mit dem Stiel verwachsen. Der Stiel ist voll, dick und rund, innen weiß, endlich wird das Fleisch locker, oder angefressen. Er setzt sich in den Hut fort. Aber diese Kennzeichen sind nicht völlig zureichend, den eßbaren Täubling vom giftigen, und umgekehrt diesen von jenen mit Sicherheit zu unterscheiden. Die Farbe ist zwar größtentheils bey den giftigen dunkler roth, oft spielt sie aber auch sehr in das Blaßrothe. Er unterscheidet sich vorzüglich von den eßbaren durch seinen übeln Geruch, zumal wenn er älter wird, und durch die brennende Schärfe seines Fleisches. Den rothen giftigen Täubling, kann man noch in den rothen wilden guten, der weniger scharf ist, und dessen Genuß keine so üble Folgen nach sich ziehet, und in den giftigen oder Speyteufel eintheilen. letzterer wird auch schlechtweg der Brech- oder Speytäubling genannt: weil sein Genuß Erbrechen, Durchfälle und mehrere gefährliche Uebel im menschlichen Körper verursacht. Der Versicherung mehrerer Waldleute zufolge, die sich in ihrer Jugend schon mit Schwammsuchen beschäftigten, und ihren meisten Unterhalt daher ziehen, ist ein einiger Speytäubling, wenn er gleich mit vielen eßbaren vermischt, gegessen wird, hinreichend ein heftiges Brechen zu erregen. Die Versuche über die schädlichen Eigenschaften des wilden giftigen Täublings, die Herr von Krapf angestellt hat, sind zu merkwürdig, und unterrichtend für andere, als daß wir solche nicht mit seinen eigenen Worten anführen sollten: „Obschon ich durch Erfahrung genugsam überzeugt war, wie schädlich der giftige Täubling ist, wenn er unter einer Menge der eßbaren vermischt, genossen wird, so wollte ich doch auch versuchen, was für eine Wirkung er, unter weniger eßbare vermengt, verursache. Ich hohlte mir demnach den 30 Brachmonat 1778, 30 rothe Täublinge aus dem Simmeringer Wäldlein, ohnweit Wien, sie standen nicht weit von einander; einige davon hatten kaum erst die Erde verlassen, die übrigen aber waren ungleich reif; die so in schattigten Orten standen, hatten einen schleimichten Hut, und einige davon waren von so blaßrother Farbe, daß man sie vielmehr für weiße als für rothe hätte halten sollen, sie wurden erst, als sie einen Tag am offenen Fenster gehangen, röthlich, und am Grunde gelblicht. Der Stiel war an allen weiß, an einigen röthlich gefärbt; nicht aber an allen von gleicher länge und Dicke; denn an manchen hatte er kaum die Dicke eines Schwanenfederkiels; die Blätter waren an vielen weiß, an andern gelb. In der Feste des Fleisches fand ich auch einen großen Unterschied; denn unter allen, die ich hatte, waren nur fünf schöne große, mit vielen festen weißen Fleisch, welche einen süssen Geschmack und guten Geruch hatten, alle übrige hatten mehr oder weniger lockeres Fleisch, und waren entweder ganz ohne Geschmack und Geruch, oder aber von solcher Schärfe, daß mir bey deren Versuch die Zunge schmerzlich brannte, (ich empfand erst das starke Brennen, wenn ich den Schwamm schon eine Weile gekauet hatte), auch wurde ich durch den scharfen Geruch derselben, weil der Versuch, welcher zwar bey offenem Fenster geschahe, etwas lange dauerte, öfters zu heftigen Niesen gereitzet, und es flossen mir dabey viele Thränen aus den Augen. Vier Tage darnach versuchte ich abermals einen dieser Schwämme, welcher, ob er gleich beständig am offenen Fenster hieng, und schon ganz dürre war, dennoch von solcher Schärfe als der Gifthahnenfuß war (siehe Karl von Krapfs Versuche über die giftige Eigenschaft einiger Hahnenfüße, p. 11—67); ich rieb nun damit die Fläche meiner Hände, hielt solche zum Gesichte, und empfand dabey die nämlichen Zustände, die ich vor vier Tagen erlitten hatte. Ich sod einen solchen halbdürren in 5 Unzen Wasser eine halbe Stunde, kostete alsdann ein wenig von dem gesottenen Wasser, und spie es bald wieder aus. Es war am Geschmack schleimigt und anfänglich süß, in kurzen empfand ich scharfes Brennen im Munde, und der Schmerz hielt beynahe eine Viertelstunde an. Den Tag darauf käuete ich abermals ein Stücklein von dem gesottenen schleimigten Schwamme, aus dem ich vorher alles Wasser ausgedrückt hatte, und schluckte es hinab; das Brennen im Munde fieng eher als am vorigen Tage an, welches vermuthlich das Käuen des Schwammes verursachte. Nach einer Viertelstunde ohngefehr empfand ich einen stumpfen Schmerz im Bauche, der immer heftiger wurde, beynahe eine halbe Stunde anhielt, alsdann aber bis auf einige zurückgebliebene Blähungen, die ohne weitere üble Folgen abliefen, wieder aufhörten. Die Begierde, mit diesem Schwamm ein mehreres zu versuchen, brachte es dahin, daß ich den Tag darauf ein ganzes Quintlein von dem Wasser, worinn der Schwamm gesotten hatte, und ziemlich schleimicht war, trank; in weniger als einer halben Stunde verspürte ich schon ein schmerzhaftes Drücken in dem Magen, worauf ein öfteres Aufstoßen der Winde, wiederholte Neigung zum Brechen und anhaltende Schwäche der Augen folgte. Ich trank sogleich ein großes Glas voll frischen Brunnenwassers, wodurch sich die Zufälle verminderten, und nach und nach gar aufhörten. Diese von dem kalten Wasser so geschwinde erhaltene Hülfe, reitzte mich zu folgenden zwey kühnen doch nützlichen Unternehmen, ungeachtet der noch in frischem Gedächtniß tragenden gefährlichen Zufälle, welche mir dieser schäd-

schädliche Blätterschwamm vor vielen Jahren verursachet hatte, und die ich bald erzählen werde. Ich verschluckte den folgenden Tag früh, nach vorhergenommenen Milchkaffé, fast ein halbes Quintlein von dem gekochten, ausgedrückten und in Stücken zerschnittenen Schwamme, hielt aber zur Vorsorge eine Kanne frischen Wassers in Bereitschaft, kaum waren einige Minuten vorbey, so ließen sich schon die Vorboten der mir drohenden Gefahr spüren. Ein ziemlich stark brennender Schmerz in der Gegend des Magens war der erste böse Anfall, auf diesen folgte eine heftige Empfindung, die dem schmerzlichen Drücken eines im Magen sich bewegenden stumpfen Körpers gleich kam, und das Eingeweide bald da bald dort aus einander zu dehnen schien, und dadurch Uebelkeit mit großem Ekel, starkes Aufstoßen der Winde und Schwäche der Augen verursachte. Diese drohende Stürme schreckten mich dermassen, daß ich die Gefahr nicht weiter kommen ließ, sondern eilends eine halbe Maaß frisches Wasser trank, durch dessen Hülfe es außer einigen flüßigen Stühlen zu keinen schlimmern Folgen kam, als daß mir für die Zukunft die Lust verging, mit den rohen Täublingen auf solche Art zu scherzen. Doch wiederstand ich in etwas meinem Vorsatz, und versuchte noch einmal, ob an dem lang gesottenen giftigen, vom Wasser gut ausgepreßten rothen Täublinge dennoch eine Schärfe übrig bleibe, die sich in vielen andern Schwämmen durch das Kochen, Dünsten, oder Braten gänzlich verliert, und sie zur unschädlichen guten Speise macht; oder ob die giftige Eigenschaft in andern unbekannten Theilen, die sich durch das Kochen nicht verlieren, wie ich an dem Tollkraut erfahren habe, verborgen liege. Ich ließ daher einige Tage darauf einen scharfen dürren Täubling, der einen roth und gelb gefleckten Hut hatte, und zehen Tage schon in freyer Luft gehangen, eine ganze Stunde lang in Wasser sieden, zerkäuete alsdann einen vorher gut ausgedrückten Theil davon, und empfand, daß seine Schärfe zwar gemindert, aber doch noch beißend genug war. Ich schloß daher, daß wenn ein durch 10 Tage in freyer Luft gehangener, getrockneter, eine ganze Stunde lang gesottener, und von allem Wasser rein ausgepreßter Täubling noch so scharf ist, daß er die Zunge so heftig beiße, er im Magen ein gleiches bewirke, und, wenn er von Personen, die schwache und reißbare Mägen haben, in Menge genossen wird, üble Folgen nach sich ziehe. Mein damaliger Bedienter, der eben nicht von der schwachen und empfindlichen Art Menschen war, verschluckte gleichfalls einen Theil desselben, und in einer halben Viertelstunde darnach klagte er schon über Zwicken und Aufstoßen der Winde, welche Zufälle, wie er sagte, viele Stunden angehalten haben. Woraus klar erhellet, daß die giftige Eigenschaft des rothen wilden Sautäublings, weder durch 10tägiges Ausdörren, noch durch stundenlanges Sieden vertilget werden kann. Doch ist es mir noch unbekannt, ob die Schärfe allein den Speytäubling giftig mache, oder ob das Gift in andern Bestandtheilen verborgen liege. (Herr von Haller führt in seiner Hist. stirp. 2247. aus dem Lister an, daß die Gefahr, welche die gemeine Spitzmorcheln manchmal verursachen, von dem in selben verborgenen und verfaulten Gewürme herkomme.) Diese Entdeckung wäre sehr nützlich, und würde dem Erfinder zur Ehre gereichen. Es beweiset mein Versuch hinreichend, daß die beißende Schärfe so anhaltend ist, daß sie weder durch das Dörren, noch Sieden, so leicht vertilgt werden kann, und ist hieraus auf die Möglichkeit zu schließen, daß auch ausgedörrte Schwämme schädlich seyn können, und zu ihrer Verdauung ein russischer Magen nothwendig sey.“ Hr. von Krapf erzählt noch ferner einen andern Versuch, wodurch darge-

dargethan wird, daß diejenigen, welche glauben, die Schädlichkeit eines Schwamms verliere sich durch die Zubereitung mit Oehl, Salz und Pfeffer.

„Im Augustmonat 1760 fügte es sich, daß meine Köchinn rothe Täublinge nach Hause brachte, welche sie auf Anrathen des dortigen Marktaufsehers als gute und schmackhafte Schwämme erkauft hatte, und von welchen er selbst einen Theil nach Hause getragen. Sie wurden mit Oehl, Salz, gehackten Petersilien, gestoßenen Pfeffer und Zwiebeln, auf die in Welschland gewöhnliche Art, für mein ganzes Haus zubereitet. Ich war damals noch der irrigen Meinung zugethan, nemlich, daß das Gift der schädlichen Schwämme, durch das Baumöhl und den Pfeffer entkräftet würde; da es mir nun damals an Kenntniß der giftigen Schwämme eben noch fehlte, und ich zugleich ein grosser Liebhaber dieses Gewächses war, so aß ich ohne Bedenken einen stärkern Antheil derselben, als meine Hausgenossen zusammen gegessen hatten. Eine Viertelstunde darauf überfiel mich eine große Schwäche und beschwerliche Beängstigung des Magens, die immer stärker würde, und mich zwang vom Tische aufzustehen, und an offenem Fenster frische Luft zu schöpfen, um mich durch selbe zu erholen. Kaum aber hatte ich einige Minuten am Fenster gestanden, so ward ich von einem so starken Schwindel eingenommen, daß ich weder zu stehen noch zu sitzen vermochte, sondern von andern unterstützt in das Bett getragen werden mußte. Zugleich fieng ich an mich heftig zu erbrechen, womit eine so schmerzhafte Empfindung verbunden war, als ob der Magen nur an einem Bindfaden hienge, der alle Augenblick abreissen wollte. Unmöglich ist es mir, diesen angstvollen Schmerz mit deutlichen Worten genugsam auszudrücken. Eißkalte Schweißtropfen flossen von meinem Angesicht, und einer Ohnmacht folgte die

die andere, welche durch die mich sonsten erquickende wohlriechende Geister nur noch vergrößert wurden; selbst der Essig, den ich sonsten gerne roch, war mir unerträglich. Mein Puls gieng schnell, war aber so schwach, daß man ihn kaum merkte. Mein Bauch war zu gleicher Zeit aufgeblähet und angespannt. Ich durfte mich, um nicht in neue Ohnmacht zu verfallen, kaum mit dem Kopf bewegen; ein gleiches bewirkte auch das Reden der Umstehenden, die mir zu helfen herbeygekommen; kurz, ich glaubte schon mein Leben zu endigen, und ich wünschte es auch, um nur von der grossen Beängstigung, die ich erlitte, befreyet zu seyn, als mich auf einmal ein außerordentliches Verlangen nach einem in Eis gekühlten Wasser überfiel; die Erquickung, die ich dadurch erhielt, war so groß, daß die üblen Zufälle merklich abnahmen, und iemehr ich von diesem in Eis gekühlten Wasser trank, um so mehr Linderung verspürte ich; das Brechen hörte gänzlich auf; der Durchfall hielt nur noch wenige Stunden an, und wurde in dieser Zeit schon schwächer, seltner, und blieb endlich gar aus; hierauf verfiel ich in einen Schlaf, der mir die Kräfte einigermaßen ersetzte, die ich durch das starke Erbrechen und öftern Durchfall verlohren hatte. Doch aber blieb mir von allen diesen üblen Zufällen ein Schmerz im Bauche zurück, der so empfindlich war, daß ich weder selben berühren, noch husten konnte, er war einer Zernagung der Gedärme sehr ähnlich, und hielt 8 Tage an. Innerlich brauchte ich blos das in Eis gekühlte Brunnenwasser, nach welchem ich grosses Verlangen trug; und äußerlich mit Wermuth gefüllte in Wein gesottene Säcklein, die ich ohne Unterlaß warm um den Magen geschlagen trug; vor Wein und Fleisch hatte ich einen Eckel, und der widrige Schwammgeschmack blieb mir viele Tage mit Grausen im Munde. Mein Weib wurde zu gleicher Zeit von

Uebel=

Uebelkeiten überfallen, kam aber mit etlichemal Brechen und einigen mäßigen Durchfällen noch ziemlich gut davon. Mit meinen Dienstboten lief es auch noch leidlich ab, nur daß einer mehr, der andre weniger sich erbrach. Dem Marktaufseher ergieng es viel übler, obschon er weit glücklicher war, als ich und viele andere, die an eben demselben Tage von diesen Täublingen gekauft und gegessen hatten, und deren zwo ihre gehabte Schwammlust mit dem Leben bezahlen mußten. Ohne mehrere Unglücksfälle zu erwähnen, die durch den Genuß der giftigen Täublinge entstehen, und deren man eine Menge auf den Schwammplätzen täglich hören kann, denke ich jedermann durch obbesagte schreckbare Geschichte hinlänglich überzeugt zu haben, wie gefährlich es sey, die Täublinge mit Unvorsichtigkeit zu kaufen, und ohne vorher geschehne genaue Untersuchung zu genießen." Außer dem kalten Wasser, und den allgemeinen Hülfsmitteln, die das Brechen und den Stuhlgang, zu welchen die Natur in solchen Fällen selbst leitet, befördern, und zur schnellern Ausführung des Giftes dienen, wenn sie sogleich gebraucht werden, (Tissot räth durch Brechweinstein zu einigen Gran, oder durch Ipecacuanha ein Erbrechen zu erregen, und viel lauwarmes oder gezuckertes Wasser trinken zu lassen, auch nach dem Erbrechen eine Menge Wassers mit Honig oder Zucker und einer ziemlich großen Menge Weinessig zu geben) kennt Herr von Krapf keine dienlichern. Er fand weder das Baumöhl, noch Pfeffer und Essig wider dieses Gift wirksam, sondern meistens das Gegentheil.

II-1. **Blätterschwamm, blauer, der blaue Täubling**, (Agaricus cyanoxanthus 44*). Er wächst in freyen

44*) Agaricus (cyanoxanthus.) *Schaeff.* tab. 93. *Hall.* 2374. var. ε. Agaricus (delicatus.) *Batsch*, var. β. Pileo

freyen waldigen Wiesen, in Buchwäldern, den ganzen Sommer hindurch, bis in den späten Herbst. Der Hut ist anfangs rund, hernach gewölbt, in der Mitte vertieft, am Rande hellblau, fleischfarb, in der Mitte blaßgelblich. Die Lamellen sind weißlich und dick, von gleicher Länge; der Stiel ist rund, kurz, voll und dick. Das Fleisch weißlich, fest und zerbrechlich. Man kann den blauen Täubling, wie den rothen, in den blauen mit am Hute weißen oder gelben Grunde und beständig weißen Blättern a), oder in den blauen, mit am Hut weißen oder gelben Grund, und beständig gelben Blättern b) abtheilen. Nun ist aber auch, so wie bey den rothen Täublingen, der blaue mit weißen, und der mit gelben Blättern, eßbar, der überhaupt der gute blaue genennt wird, oder uneßbar und wild, der sogenannte Sautäubling. Letzterer ist oft unschädlich, und heißt deswegen nur der wilde gute, der schädliche aber heißt der giftige blaue Brechtäubling. In beyden sowohl eßbaren, als nicht eßbaren, ist der Stiel oft völlig weiß c), odeer wie im rothen Täubling roth gefleckt d), und die blaue Farbe des Huts ist noch mehrern Abänderungen unterworfen, als die rothe. Oft ist er im ersten Alter mehr roth, als blau, nicht selten mit Grün und Roth vermischt, und erst bey seiner Reifung wird er blau; in einigen wässerig roth, am Rande gelbbraun, in einigen schmutzig grünlich blau, öfters bey seiner Entwicklung schmutzig gelb, braun, roth, und blau

leo pallide flavente, subrubello, margine pallide cyaneo. 43.

a) Agaricus (cyanoxanthus.) *Schaeff.* l. c. *Krapf*, tab. 6. fig. 1-6. *Kerner* tab. 3. fig. 1.

b) *Krapf*, tab. 7. fig. 4. tab. 8. fig. 4. 7. (Er heißt vorzüglich bey den Waldleuten der Holz- oder Buchtäubling.)

c) *Krapf*, tab. 6. fig. 4-6. tab. 7. fig. 1-3. 6. 7.

d) tab. 6. fig. 1-2. tab. 8. fig. 1-2.

blau vermischt. Die mehrsten dieser Farbenspiele findet man auf den Tafeln des Hrn. v. Krapf angemerkt. Hr. v. Krapf hat unter diesen blauen Täublingen weniger giftige als eßbare gefunden; und diese lassen sich auch durch nichts besser, als durch die oben angegebenen Kennzeichen unterscheiden, nemlich durch den süßen guten Geschmack und angenehmen Geruch des festen und zarten Fleisches, und die steifern Blätter. Der wilde blaue Täubling hat einen scharfen, anfangs versteckten Geschmack, der sich erst eine Weile nachher entdeckt, und weder durch's Kochen, noch auf eine andere Art kann verändert werden. Hr. v. Krapf bemerkt, daß er keinen rothen giftigen Täubling von solcher Schärfe beobachtet habe. Die Zubereitung des blauen eßbaren Täublings ist von der oben beym rothen angegebenen nicht verschieden.

II. **Blätterschwamm, grüner, der grüne Täubling, der grüne Heide-Täubling, Buch-Täubling, Kremling, grüner Brödling, Grünling,** (Agaricus virescens 45). Er wächst, wie der vorhergehende, im Herbst, in Wäldern und auf Heiden. Der Hut ist gewölbt, in der Mitte vertieft, oder auch trichterförmig, grün und gelb, auch grün und weiß, oder olivengrün, auch gleichfarbig, bleyfarbig. Die Lamellen gleich, weißlich; der Stiel rund, voll, ohne Ring

45) Amanita Kremlinga, magna aspera, virescens. *Dill.* Giss. 178. Fungus sylvarum asper esculentus primus, seu ex albo virescentis coloris. *J. B.* hist. 3. 827. Fungus magnus viridis. *Sterb.* Fung. 67. tab. 5. C. *Buxbaum,* Cent. 5. t. 47. f. 2. *Hall.* l. c. 2374. var. ζ. viridis. Agaricus (virescens.) *Schaeff.* tab. 94. Agaricus (delicatus) var. γ. Pileo olivaceo, flavo rubelloque vario, vel unicolore, lurido. *Batsch,* elench. 43.

Ring und Hülle. Die Farbe der eßbaren sowohl als uneßbaren grünen Täublinge, ist ungleich und veränderlich, öfters in den giftigen schöner, als in den eßbaren. Beyde können von ihrem ersten Alter an, bis zur vollkommenen Entwicklung ihres Huts gleichfarbig, vom Schleime glänzend röthlicht, blaßgelb und grünlicht gefleckt a) und in allen Stücken einander so ähnlich, wie ein Ey dem andern seyn; sogar bey ihrer erlangten Reife ist die grüne Farbe des eßbaren, von derjenigen des uneßbaren kaum zu unterscheiden. Die grüne Farbe ist auch oft wässerigt, blaß und so verwischt, daß man sie kaum als grün erkennen kann, sie ist auch oft schmutzig weiß oder gräulicht. Alle diese Abwechselungen sind nach Hrn. v. Krapf Spiele der Natur, wozu die Sonne, die trockne oder feuchte Luft, die freye oder schattigte Gegend, und die Erde vieles beyträgt. Die Blätter sind bey einigen ganz weiß, bey andern gelb, in Rücksicht ihrer Theilung, Länge und Aeste sehr unbeständig. Oft sind die Blätter vieler giftigen oder eßbaren ästig und von gleicher Länge, sehr oft auch das Gegentheil. Der Stiel ist oft an beyden rothgefleckt. Nach seinen Wohnort erhält der eßbare grüne Täubling die Benennung des grünen Heide-Täublings, oder jener in Buchenwäldern, der Buch-Täubling. Jener hat weiße, steife, leicht zerbrechliche Blätter, die nur im Alter blaßgelb werden b) Der Hut ist oft gräulicht und öfters schuppig. Sein weißes zerschnittenes Fleisch bekommt in der Mitte eine gelblichte Farbe c). Dieser, der Buchtäubling, ist mehr grün, nicht selten am Hute bleichroth gefleckt d). Die Blätter

a) *Krapf*, tab. 10. fig. 1. 2. 3. 7.

b) *Krapf*. §. 20. tab. 9. fig. 6. *Kerner* tab. 4. fig. 1.

c) tab. 9. fig. 7.

d) *Krapf* l. c. tab. 10. fig. 1. 2.

ter sind noch dicker und steifer. Wird der Stiel durchschnitten, so wird das weiße Fleisch erdgrünlich. Die Zubereitung ist die nemliche, wie bey denen vorigen. Der grüne giftige Täubling oder Sautäubling e) erregt öfters eben so sehr Erbrechen und andere Zufälle, als der oben angezeigte Speyteufel.

II. **Blätterschwamm, klebrichter, der weißglänzende Täubling, schlüpfriger klebrichter Täubling** (Agaricus glutinosus 46). Er wächst im Herbst in Wäldern. Der Hut ist anfangs gewölbt, in der Folge trichterförmig, gelblichweiß, glänzend, klebrig; die Lamellen sind von gleicher Farbe, ästig, dick. Der Stiel ist rund, voll, etwas gebogen und an der Basis verdickt, ohne Ring und Hülle. Der Hut ist oft ganz weiß, und der Schwamm zum Theil eßbar a), zum Theil sehr scharf und giftig b), und wird bey seiner Ausdörrung so schwarz, daß er einer ausgebrannten Kohle gleicht, und bey feuchtem Wetter unter allen Täublingen am ehesten von Würmern ausgefressen.

II — I. — — — — **veilchenblauer, vielfarbiger Blätterschwamm** (Agaricus violaceus 47). Er wächst im September und Oktober an Wäl-

 dern

e) tab. 10. fig. 7. *Kerner*, tab. 4. fig. 2.

46) Agaricus (nitens) solitarius, parum carnosus: pileo convexo, demum infundibuliformi, viscido. flavido-albo; lamellis crassis, ramosis concoloribus; petiolo tereti, pleno, curvo, concolore, basi crassiusculo velo et annulo destitutus. S*haeff.* tab. 238. Amanita glutinosa. *Lamarck*, encyclop. 107.

a) *Krapf*, p. 19. tab. 11. fig. 1-2.

b) *Krapf*, tab 11. fig. 3. 4. 5. 6. 7.

47) Fungus esculentus bulbosus dilute purpureus. *Mich.* gen. 149. tab. 74. fig. 1. Fungus major violaceus. *Vaill.* paris.

dern und an Zäunen. Der Hut ist fleischigt, gewölbt, in der Mitte fast braun, am Rande violet, je nachdem das Licht auf ihn fällt, im Alter wie spanischer Toback; auf der Oberfläche rauh und getippelt. Die Lamellen sind licht kastanienbraun, am Rande etwas purpurfarbig, anfangs mit einer zarten faserigten Saamenhaut (die auch den jüngern Hut mit dem Stiel verbindet, und an erstern öfters wie feine Fasern hängen bleibt) verhüllet. Der Stiel etwas verlängert, dick und fest, unten knollig, hellviolet. Die Lamellen erreichen nur im jungen Schwamm den Stiel, wenn er größer wird so stehen sie von ihm ab. Es giebt verschiedene Abänderungen von diesem Schwamm, der unter die eßbaren gezählet wird. Hieher gehört:

II. Blätterschwamm, bläulichter, der Bläuling, (Agaricus caerulescens 48). Er wächst mit dem vorherge-

---

parisſ. 67. n. 45. Amanita violaceus; petiolo bulboſo annulato; pileo plano. *Hal*. hiſt. 2455. Agaricus (violaceus.) *Scop* carn. 2. 1470. var. i. Pileo violaceo lamellis ruſeſcentibus. Agaricus (violaceus). ſtipitatus, pileo rimoſo; margine violaceo tomentoſo, ſtipite caeruleſcente. *Linn* ſyſt. veg. 975. ſp. pl. 1641. Fl. Suec. 1226. *Dalib* pariſ. *Gunn* norv. 901. *Leers*, herb. 1035. *Retz* prod. 1546. *Hudſ* angl. 611. *Matt* ſil. 911. enum. 1136. *Leyſ* hal. 21232. Agaricus (violaceus.) *Schaeff*. tab. 2. Allion. ped. 2671. Veilchenblauer Blätterschwamm. Suckow Anfangsgr. der Bot. 2. 925. *Linn* Fl. Syſt. 13. 451. *Kerner* 26. tab. 1. fig. 1. Agaricus araneoſus-violaceus. *Bulliard*, herb. tab. 250. Amanita araneoſa, var. γ. *Lamarck*, encyclop. 105.

48) Fungus totus violaceus exitialis. *Bocc.* muſ. 301. Agaricus (caeruleſcens.) *Schaeff* tab. 34. Agaricus (violaceus.) Pileo ſtipite ſubelongato, valido, baſi bulboſo, lamellis violaſcentibus. *Batſch*, elench. 47. Agaricus (bulboſus) ſtipitatus, pileo convexo fuſceſcenti, lamellis caeru-

hergehenden an Wäldern und Zäunen. Der Hut ist fleischigt gewölbt, in der Mitte öfters vertieft und bräunlich, am Rande bläulich. Die Lamellen erreichen nicht den Stiel und sind auch bläulicht, anfangs mit einer spinnenwebigen Saamenhaut bedeckt. Der Stiel ist rund, dick, voll, bläulicht, unten knollig. Boccone giebt diesen Schwamm für giftig aus. Auch kommt sehr nahe damit überein:

II. — — — — hellvioletter, der hellviolette Blätterschwamm, der purpurfarbige Fleischschwamm (Agaricus subviolascens 49). Er wächst im Herbst in Wäldern. Der Hut ist vor der Entwickelung völlig rund, nachher gewölbt oder halbrund, und ganz wässerig violet. Die Lamellen sind braun. Der Stiel ist hier sehr stark und dick, unten knolligt, voll und mit dem Hut gewöhnlich gleichfarbig. Die Saamendecke der Blätter verschwindet hier eben so geschwinde, wie bey denen vorigen. Noch gehört hierher:

II. — — — — blaustieligter, der blaustieligte Blätterschwamm, der blaue Fleischschwamm (Agaricus glaucopus 50). Er wächst im

 Herbst

caerulescentibus, stipite brevi basi bulboso violaceo. *Hudf* angl. 611. Agaricus (violaceus) stipitatus, pileo fuscescente convexo vertice depresso, margine violaceo, lamellis violaceis, stipite caerulescente. *Wild.* berol. 1116. *Kerner* l. c. fig. 2.

49) Agaricus amethystinus.) *Schaeff* tab. 56. Agaricus (subviolascens.) Pileo albo, pallidissime violaceo rubello; stipite valido, incrassato, bulboso ventricoso, albente; lamellis ochraceo-fuscis. *Batsch*, elench. 47. *Kerner*, l. c. fig. 4.

50) Agaricus (violaceus) var. 2. *Scop.* Carn. 1470. Agaricus (glaucopus.) *Schaeff.* tab. 53. Agaricus (subcyaneus.) Pileo castaneo-fusco; stipite subelongato valido, basi

Herbst in Wäldern. Der fleischige Hut ist anfangs rund, nachher gewölbt, rehfarb bräunlich, getippelt. Die Lamellen und der Stiel sind blaß stahlblau. Der Stiel ist stark, rund und voll, unten verdickt, und mit bräunlichen vermischt.

11. **Blätterschwamm, purpurbrauner, der purpurbraune Täubling** (Agaricus xerampelinus 51). Er wächst im Herbst unter andern Täublingen. Der Hut ist fleischig und gewölbt, abgeschossen purpurfarb und bräunlich, getippelt. Die Lamellen sind dick und gelb. Der Stiel ist rund, verlängert, voll, nach unten dicker und öfters gebogen, weißlich mit etwas purpurfarb. Der Hut wird im Alter flach, und in der Mitte etwas tiefer. Dieser Schwamm scheint unter die rothen Täublinge mit gelben Blättern zu gehören. Er kann aber auch füglich als eine eigene Art betrachtet werden. Sehr nahe ist mit ihm verwandt der:

— — — — **olivenfarber, der braune olivenfarbe Täubling** (Agaricus olivaceus 52). Der

basi bulboso, lamellisque pallidissime cyaneis. *Batsch*, elench. 47. Agaricus (amethystinus) stipitatus, pileo subcampanulato laevi, lamellis stipiteque violaceis. *Hudss.* angl. 2. 612?

51) Agaricus (xerampelinus) solitarius, carnosus; pileo fusco-purpureo, punctato, primum globoso, dein convexo, planiusculo, centro depresso; lamellis crassis flavis; petiolo tereti, brevi crasso, pleno, cum purpura albido; velo et annulo destitutus. *Schaeff.* tab. 214. 215. Agaricus (rubellus.) Pileo sanguineo s. roseo-fulvente, interdum lividescente; lamellis sulphureis; stipite crasso, albo, roseo-rubello. *Batsch*, elench. 39.

52) Amanita petiolo farto, pileolo convexo umbilicato oris rugosis, lamellis crassis et albis. *Hall.* hist. 2374. var. *α*. Agaricus (olivaceus), solitarius caulescens, carnosus; carne

Der Hut ist fleischigt, gewölbt, in der Mitte eingedrückt, getippelt olivenfarb, am Rande öfters zurückgeschlagen. Die Blätter sind dick und goldgelb. Der Stiel ist rund und dick, voll und wässerig rosenfarb. Er wächst im Herbst in Wäldern.

I. **Blätterschwamm, spinnenwebiger** (Agaricus araneosus 53) Er wächst im Herbst in Wäldern, und ist in Frankreich zu Hause. Anfangs ist der Hut kugelrund, und mit dem knolligen Stiel von gleicher Breite, so daß beyde wie zwey zusammengewachsene Ballen aussehen. Es entwickelt sich der Hut und wird gewölbt; die Farbe ist röthlichbraun, der Rand mit ganz feinen spinnenwebigen Fasern (von der Saamendecke, die anfangs wie ein feines Spinnengewebe den Hut auf der Unterseite überzieht) besetzt. Einige Fasern hängen auch an dem weißlichen, kurzen, dicken, unten knolligen Stiel, anstatt eines Rings. Die Lamellen sind breit, zumal an ihren hintern Ende nach den Stiel zu, an dem sie aber nicht befestigt sind, in kleinere vertheilt, und mit dem Stiel gleichfarbig. Der Hut ist sehr fleischig, und das Fleisch dicht, so wie auch das an dem Stiel, der in den Hut sich fortsetzt. Mit diesem Schwamm haben folgende (4) viel ähnliches, so, daß sie der Ritter **Lamarck** als Spielarten desselben anführt.

carne ſicca, fragili, ſolida, albida; pileo primum globoſo, dein convexo, centro depreſſo, ſubtiliter punctato olivaceo, margine tandem ſurſum reflexo; lamellis craſſis aureis; petiolo tereti, brevi, craſſo, pleno, roſeo-albido; velo et annulo deſtitutus. *Schaeff.* tab. 204. *Allion.* ped. 2710. Agaricus rubellus (ſimul cum priori.) *Batſch*, l. c.

53) Agaricus araneoſus. *Bulliard*, herb. tab. 96. Amanita araneoſa. *Lamarck*, encyclop. 105.

II. Blätterschwamm, bauchiger, schiefstieliger (Agaricus ventricosus 54). Er wächst in Wäldern auf Holzstöcken und auf waldigten Wiesen. Es giebt zweyerley Spielarten: wovon die eine auf Holzstöcken, von einer fleischig korkartigen Substanz ist, mit rundgewölbten saffranfarben und kastanienbraunen tiefgefärbten, glatten Hut, einem kurzen, dicken, ganz bauchigen hellweißen, ins gelbliche fallenden nicht in der Mitte des Huts befestigten Stiel, und blassen schwefelsaffranfarbigen Blättchen, welche an dem Stiel herablaufen und mit kürzern gemischt sind a); die andere wächst mehr in Wiesen und hat einen mehr in der Mitte des Huts stehenden Stiel, und ist von weicherer und dünnerer Substanz b).

II. — — — — apricosenfarbiger, kastanienfarber (Agaricus armeniacus 55). Er wächst im Ausgang des Sommers und im Herbst in den Wäldern und waldichten Viehtriften. Der Hut ist abgeschossen goldgelb, wie eine Apricose oder auch blaß rostfarb-kastanienbraun, gewölbt, wenig fleischigt, in der Folge

54) a) Agaricus (lateralis.) *Schaeff* tab. 71. varietas lignis innascens. Amanita petiolo bulboso brevissimo laterali, pileolo hemisphaerico spadiceo, lamellis albis. *Hall.* hist. 2380. Agaricus (lateralis.) *Allion.* pedemont. 2700. Agaricus (ventricosus.) Pileo convexo, croceo-castaneo, saturato, integro; stipite brevi, crasso, lageniformi, mox ventricoso-bulboso, niveo-flavente; lamellis pallide sulphureo-croceis, in stipite decurrentibus. *Batsch*, elench. 89.

b) Agaricus (lateralis.) *Schaeff.* tab. 72. varietas terrestris. Amanita pediculo bulboso, pileo hemisphaerico spadiceo, lamellis luteis. *Hall* 2435. Fungus spadiceus arvensis. *Buxb.* cent. 4. tab 8. fig. 1.

55) Agaricus (armeniacus.) *Schaeff.* tab. 81. Agaricus (castaneus.) Pileo castaneo ferrugineo, subpallido; stipite valido, albidiore; laminis rubellis. *Batsch*, elench. 49.

Folge mehr flach, und in der Mitte ein wenig eingetieft. Die Lamellen sind blaßleibfarb mit etwas grün gemischt. Der Stiel ist voll, weißlich, oben etwas gelb gestreift, unten verdickt. Die Lamellen sind anfangs mit einer faserichten Saamenhaut überzogen.

II. **Blätterschwamm, seidenartiger** (Agaricus sericeus 56). Er wächst im Herbst in bergichten Wäldern. Der Hut ist gewölbt pomeranzen oder goldgelb, mit verblichenen schuppigen Flecken, oder auch gewässerten Streifen. Die Blättchen sind blässer, anfangs mit einer faserichten Saamenhaut überzogen. Der Stiel ist kurz, stark, unten knollig und etwas schuppicht schwefelgelb, innen fest und weiß in den Hut fortgesetzt.

II. — — — — **vielfarbiger** (Agaricus varius 57). Er wächst zur Herbstzeit in den Wäldern. Der Hut ist gewölbt, nachher flach, von röthlich brauner Farbe. Die Blätter sind gebogen einwärts blaß purpurfarb, auswärts am Rande blaßgelb. Der Stiel rund und voll, oben weißlich, unten röthlich braun und verdickt, die innere Substanz gelblich. Sehr nahe mit diesen sind folgende zwey verwandt.

II. — — — — **feuerfarbiger, der feuerfarbige unächte Täubling** (Agaricus rutilus 58).

 Er

---

56) Agaricus (sericeus.) *Schaeff.* tab. 24. Agaricus (sericeus.) Pileo luteo, maculis obsoletis squamoso; stipite brevi valido, basi bulboso, sulphureo; lamellis concoloribus. *Batsch*, elench. 45.

57) Agaricus (varius.) *Schaeff.* tab. 42. 54. Agaricus (lateritius.) Pileo pallide lateritio; lamellis subconcoloribus; stipite clavato albidiore. *Batsch*, elench. 41.

58) Agaricus (rutilus.) *Schaeff.* tab. 219. Agaricus (aurantius.) Pileo aurantio, stipite crasso clavato, var. α. Pilei

Er wächst im Herbst in Wäldern. Der Hut ist gewölbt pomeranzen- oder feuerfarb, in der Mitte stumpfspitzig, die Blätter sind gelb. Der Stiel rund und voll, gelblich, unten verdickt, oben bleich purpurfarb.

II. **Blätterschwamm, fahlgelber, der fahlgelbe unächte Täubling** (Agaricus gilvus 59.) Er wächst im Herbst auf Heiden und in Wäldern. Der Hut ist gewölbt, fleischig, nachher flach, oft ohne bestimmte Gestalt, fahlgelb. Die Blätter sind dick und weißlichgelb. Der Stiel ist rund, gerade oder gebogen, unten dicker weiß. Anfangs sind die Lamellen mit einer Saamendecke überzogen, die aber bald verschwindet.

II. — — — — **abgestutzter** (Agaricus truncatus 60). Er wächst im Herbst auf waldigten Viehtriften. Der Hut ist anfangs stumpfconisch, oben abgestutzt, nachher wird er mehr gewölbt und flach, von dunkelziegelrother Farbe, öfters mit einem gelblichen Rande eingefaßt. Die Lamellen sind röthlich oder schmutzig weiß. Der Stiel ist kurz, dick und voll, oben weißlich, unten dicker und bräunlich.

Blät-

Pilei colore ſaturato, lamellis ſulphureis; ſtipite ſulphureo, ſuperne ſub pileo violaſcente. *Batſch*, elench. 45.

59) Agaricus (gilvus.) *Schaeff.* tab. 221. *Allion.* ped. 2686. Agaricus (aurantius) var. β. Pilei colore pallidiore verſus medium; lamellis cano rubellis; ſtipite albo. *Batſch*, elench. 45.

60) Agaricus (truncatus.) *Schaeff.* tab. 251. Agaricus (viſcidus) ſtipitatus pileo purpuraſcente-fuſco viſcido, lamellis fuſco-purpuraſcentibus. *Hudſ.* angl. 2. 614. Agaricus (aurantius) var. γ. colore pilei ſubhepatico, ſtipite brevi lamelliſque albis. *Batſch*, elench. 45.

Blätterschwamm, gerippelter (Agaricus punctatus 61). Er wächst im Herbst in bergichten Wäldern. Der Hut ist fleischicht gewölbt, gegen die Mitte zu kegelförmig und pomeranzenfarbenroth, am Rande gelb, und auf der Oberfläche körnigt. Die Lamellen sind auch gelb, am Grunde pomeranzenfarb. Der Stiel ist verlängert, rund, schmal, voll, gelb, mit etwas dunklerer Farbe gestrichelt. Der Ritter Lamarck führt folgende drey sehr nahe verwandte als Spielarten dieses Schwamms auf.

II. — — — — kuhfarbiger, (Agaricus vaccinus 62). Er wächst im Herbst in Wäldern. Der Hut ist fleischigt, anfangs kegelig, nachher gewölbt und flach, kuhfarb-braun, mit dunklern Flecken kreisförmig besetzt. Die Lamellen sind lichtbraun. Der Stiel ist rund, schmal, nach unten etwas dicker gleichfarbig mit dem Hut, und hier und da dunkler gefleckt.

II. — — — — goldgelber, (Agaricus aureus 63). Er wächst häufig in Wäldern. Der Hut ist anfangs rund, nachher gewölbt, oder etwas kegelähnlich, oft unförmlich, goldgelb, oder hochschwefelgelb, in der Mitte mit etwas Rothbraun untermischt, klein-

---

61) Agaricus (granulatus.) *Schaeff.* tab. 21. *Allion.* ped. 2680. Agaricus (rufo-livescens) var. α. Pileo conico laete fulvente. *Batsch*, elench. 85. Amanita (punctata.) *Lamarck*, encyclop. 105.

62) Amanita petiolo fistuloso (bey obigen ist der Stiel voll) annulato, pileo rufo, squamis et lamellis concoloribus. *Hall* hist. 2400. Agaricus (vaccinus.) *Schaeff.* tab. 25. Agaricus (rufo-livescens) var. β. Pileo umbilicato, obscure fulzo, maculis majoribus. *Batsch*, elench. 85. *Lamarck*, l. c. var. β.

63) Agaricus (aureus.) *Schaeff.* tab. 41. Agaricus (luteus.) sulphureus; pileo sulphureo-fulvoque mixto. *Batsch*, elench. *Lamarck*, l. c. var. γ.

kleinkörnig, wie mit Chagrin besetzt. Die Blätter, der runde, volle, unten knolligte Stiel, und die innere Substanz sind hellgelb, wie Buchsbaumholz.

II. **Blätterschwamm, rostfarbiger,** (Agaricus ferrugineus 64). Er wächst gegen den Herbst in Wäldern. Der Hut ist anfangs rund, oft kegeligt, nachher gewölbt; rostfarbig-braun, oder pomeranzenfarb, faserig gestrichelt. Die Lamellen sind etwas lichter, blaßbraun. Der Stiel ist etwas verlängert rund, voll, nach unten verdickt, gleichfarbig, oder blässer und schuppig.

II. — — — — **gestrichelter,** (Agaricus striatus 65). Er wächst häufig in Wäldern. Der Hut ist anfangs kugelrund, nachher gewölbt, fleischigt, kastanienbraun, am Rande heller, gestrichelt. Die Lamellen sind hellgrau. Der Stiel ist rund, kurz und dick, voll, oben weißlich, unten bräunlich geringelt.

II. — — — — **wachsartiger,** (Agaricus ceraceus 66). Er wächst im Herbst in Wäldern. Der Hut ist fleischigt, anfangs gewölbt, nachher flach, blaß ziegel-

64) Agaricus (aurantius.) *Schaeff* tab. 37. Agaricus (ferrugineus.) Pileo ferrugineo-fusco, fibroso striato; stipite subelongato, valido pallidiore, subsquamoso; lamellis pallide fuscis. *Batsch*, elench. 85. *Lamarck*, l. c. var. δ.

65) Agaricus (striatus.) *Schaeff.* tab. 38. Agaricus (patella.) Pileo castaneo; stipite albo, brevi, incrassato, fusco-squamoso; lamellis griseo-canis. *Batsch*, elench. 85. (Amanita petiolo bulboso; pileo hemisphaerico spadiceo; lamellis albis. *Hall.* hist. 2338.)

66) Agaricus (punctatus.) *Schaeff.* tab. 40. Agaricus (ceraceus.) Pileo pallide lateritio, lamellis olivaceis; stipite albo subaequali, basi plerumque fulvo. *Batsch*, elench. 41.

ziegelfarb, oder abgeschossen pomeranzenfarb, am Rande weißlicher, über und über gedippelt. Die Blätter sind bräunlich oder olivenfarb. Der Stiel ist rund, gleichbreit, weiß, unten weiß braunroth, etwas verdickt und gebogen, nach der länge gestreift, und innen hohl.

III. **Blätterschwamm, glockigter,** (Agaricus mollis 67). Der Hut ist conisch-eyrund, weißlich saffran-ochergelblicht, der Rand des Huts ist etwas blässer gefärbt. Der Stiel ist verlängert stark, gelblich, und blaßgrau. Er wächst in Wäldern im Monat August und September. Das ganze Fleisch des Schwamms ist weich.

III. — — — — **zimmtfarbiger,** (Agaricus Rudolphi 68). Er wächst auf magern Grasplätzen im September. Der Hut ist conisch-eyrund, abgestumpft, rauh, trocken, am Rande einwärts gerollt, und schön rostfarbig. Der Stiel ist wellig gebogen, nach unten zu etwas verdünnt, und daselbst braun und etwas fettig, ohne Glanz, wie der Hut, hoch schwefelgelb. Mehrere Schwämme wachsen gemeinschaftlich aus einer Wurzel.

III. — — — — **rauher,** (Agaricus subgranulatus 69). Er wächst zu Anfang des Herbstes auf der Erde. Der Hut ist braun, trocken, rauh, etwas ungleich

67 Agaricus (mollis.) Pileo glabro ochraceo, croceo albente, campanulato; stipite elongato valido, subconcolore, glauco. *Batsch*, elench. 45. fig. 15.

68) Agaricus (Rudolphi.) Pileo ovali-conico, obtuso, scabro, ferrugineo; stipite elongato, sublineari, lucide sulphureo.. *Batsch*, elench. 45. fig. 23.

69. Agaricus (subgranulatus.) Pileo obscuro, scabro; stipite subelongato valido, incrassato: basi bulboso, pallidiore; lamellis fuscis. *Batsch*, elench. 45. fig. 22.

ungleich gebildet, dick, am Rande schnell verdünnt und einwärts gerollt. Die Blättchen sind braun, haben einen ausgehöhlten Rand, die längsten sind angewachsen, die übrigen am innern Ende abgestußt. Der Stiel ist äusserlich trocken, fadenartig, gestrichelt, mit etwas ungleicher Oberfläche, dick, unten knollig, innerlich hohl, und an den Wänden flockig.

II. **Blätterschwamm, klebrigter,** (Agaricus glutinosus 70). Er wächst im Herbst in Wäldern. Der Hut ist anfangs halbrund, nachher etwas flach oder trichterförmig, schwarzbraun klebrigt. Die Blättchen sind schmierig weiß, oder grau schwärzlich, ästig, und an dem Stiel befestigt, auch herablaufend; anfangs mit einer klebrigten, gleichsam gläsernen Saamendecke überzogen. Der Stiel ist rund, voll, weißlich, unten etwas verdickt und bräunlich, oder auch oben und unten etwas schmäler.

II. — — — — **umberfarbiger,** (Agaricus umbrinus 71). Er wächst im Herbst in Wäldern. Der Hut ist anfangs kegeligt, nachher glockigt, oder gewölbt, umberfarben, mit bräunlichen Flecken haarig gestreift. Die Lamellen sind weiß. Der Stiel ist rund, voll und weiß, unten etwas verdickt, und öfters vielfach

---

70) Agaricus (glutinosus.) *Schaeff.* tab. 36. Agaricus (limacinus.) *Scop.* Carn. 2. 1471. Agaricus (fuscus.) Pileo nigro-fusco; lamellis cinereo-nigrescentibus; stipite valido, albido, basi flavente-fusco. *Batsch*, elench. 47. Agaricus glutinosus. *Bullard*, herb. 258?

71) Amanita petiolo farto gracili, pileo plano murino, sericeis lineis striato, lamellis albis. *Hall.* hist. 2381. Agaricus (terreus.) *Schaeff.* tab. 64. Agaricus (pullus.) Pileo obscuro livido-nigrescente, subpiloso striato, lamellis canis stipite niveo, valido, var. *α*. Pileo nigro-fuscescente, stipite crassiusculo. *Batsch*, elench. 47.

vielfach oder ästig. Als Spielarten scheinen hierher zu gehören: der

II. Blätterschwamm, graugelblicher, der graugelbliche Blätterschwamm, (Agaricus luridus 72). Er wächst im Herbst in Wäldern. Der Hut ist gewölbt, in der Mitte etwas conisch, grau mit gelb vermischt. Die Lamellen sind weißlich. Der Stiel rund, nach unten verdickt, innen voll, und gleichfarbig, und der:

II-III. — — — — vielgestaltiger, der vielgestaltige Blätterschwamm, (Agaricus multiformis 73). Er wächst im Frühjahr in Wäldern. Der Hut ist mehrentheils gewölbt, und in der Mitte conisch, von sehr verschiedener Größe und Gestalt, dunkel mausefarbig, auch blässer. Die Lamellen sind schmutzig weiß; der Stiel oft gebogen, voll, rund, weißlich, mit etwas braun.

I. — — — — mützenförmiger (Agaricus mitratus 74). Er wächst im Herbst in Wäldern. Der Hut ist anfangs birnförmig, oben rund und breit, unten nah an den Stiel verengert, nachher kegelicht oder glockenförmig, lichtgoldgelb, ins rostfarbene spielend, mit haarigen kleinen dicht neben einander stehenden zarten Fleckchen überall besetzt; schlaff aber doch fleischicht. Die

72) Agaricus (luridus.) *Schoeff.* tab. 69. *Batsch.* l. c. var. β. Pileo olivaceo-nigrescente, stipite crassiusculo.

73) Agaricus (multiformis.) *Schaeff.* tab. 14. *Batsch,* l. c. var. γ. Pileo fusco-nigrescente, stipite elongatiore.

74) Agaricus (giganteus.) *Schaeff.* tab. 84. Agaricus vellus.) Pileo sulphureo-ferrugineo, maculis pilosis parvis, confertis, undique conspersо, laxo, campanulato; lamellis fulvo-violaceis; stipite valido albo. *Batsck,* elench. 49.

Die Lamellen sind in Rücksicht des grossen Huts nicht sehr breit, an den Stiel nicht befestigt, violett rothbraun. Der Stiel ist stark, gewöhnlich von gleicher Breite, blaßgelb, bisweilen auch mit zarten Schuppen besetzt, innen und in der Mitte hohl.

II. **Blätterschwamm, gewässerter** (Agaricus undulatus 75). Er wächst zu verschiedenen Zeiten in Wäldern auf Viehtriften, Wiesen, Gärten, einzeln und in Büscheln. Der Hut ist stumpfconisch, weißgrau, mit dunklern ungleichen eckigten Flecken bestreuet, die queer aneinander gereihet sind. Die Lamellen sind schmutzig weiß. Der Stiel ist rund, kurz, weißlich, unten knollig.

II. — — — — **grauſtieliger** (Agaricus spadiceus 76). Er wächst zu Anfang des Herbstes in Wäldern. Der Hut ist klebrig, niedergedrückt, kastanienbraun. Die Lamellen sind braun, die längsten sind an den Stiel angewachsen, die äussersten sehr klein, alle haben aber keine ordentliche Bildung, sowohl ihrer Gestalt als ihrem Rande nach, doch sind die mittlern Blättchen meistens am innern Ende abgestutzt und länglich. Der Stiel ist stark, etwas verlängert und keulenförmig, hellgrau und seidenartig gestrichelt, weich und ohne Glanz, der unvollkommene Ring mehlig flockig.

II. Blät-

75) Amanita cinereus, petiolo craſſo et farto. *Hall.* hiſt. 2468. Agaricus (tigrinus.) *Schaeff.* tab. 89. Agaricus (fritillarius.) Pileo cano fibroſo, maculis fruſtiformibus obſcurioribus, extrorſis minoribus, et ſubfaſciato-ſeriatis conſperſo; ſtipite incraſſato lamellisque albidis. *Batſch*, elench. 49.

76) Agaricus (ſpadiceus.) Pileo caſtaneo, depreſſo; ſtipite valido, ſubelongato, cano, ſericeo-fibroſo, annulo ferrugineo pulverulento, lamellis fuſcis. *Batſch*, elench. 49. fig. 16.

II. Blätterschwamm, ocherfarbener (Agaricus ochraceus 77). Er wächst zu Anfang des Herbsts in Wäldern auf der Erde. Der Hut ist etwas glockenförmig, glänzend, ocherfarb, äusserst blaß gestrichelt, und am Rande blässer als in der Mitte. Der Stiel ist stark, wie der vorige etwas keulenförmig, verlängert, gleichfarbig mit dem Hut, seidenartig gestrichelt. Die Lamellen sind rostfarbig braun, schmal, so daß sie alle zusammen mit ihren untern Rändern eine hohle Fläche bilden.

II. — — — — zugespitzter (Agaricus fastigiatus 78). Er wächst im Herbst in Wäldern. Der Hut ist kegelförmig zugespitzt, dunkelgelb mit etwas braun vermischt, nach der Länge gestreift. Die Lamellen sind bräunlich. Der Stiel ist voll, rund, verlängert, gleichbreit und blaßgelb. Hierher scheint auch folgender zu gehören, den wir wegen seiner Aehnlichkeit hier anführen, da er vielmehr zu den Hautschwämmen zu rechnen ist.

II - III. — — — — kegelförmiger (Agaricus conicus 79). Er wächst im Herbst in Wäldern. Der Hut dieses Schwamms ist im Entwickeln hochroth, hernach mehr safrangelb, und endlich wird er mit dem ganzen Schwamm schwarz. Die Lamellen sind lichtgelb.

---

77) Agaricus (ochraceus.) Pileo ochraceo, pallido, subelongato, sericeo-fibroso, concolore; lamellis ferrugineo-fuscis. *Batsch*, elench. 51.

78) Agaricus (fastigiatus.) *Schaeff.* tab. 26. Agaricus (hyacynthus.) Pileo conico, umbonato, luteo, aurantio, vel sulphureo; stipite elongato valido lineari, recto; lamellisque pallidioribus. *Batsch*. elench. 81.

79) Agaricus (conicus.) *Schaeff.* tab. 2.

gelb. Der Stiel verlängert, gleichbreit, anfangs pomeranzenfarb, nachher lichtgelb, innen röhrig. Herr Prof. Batsch ziehet beyde zusammen, und rechnet seine hyazinthfarbenen (l. c fig. 28) dazu.

I. Blätterschwamm, breiter (Agaricus latus 80). Er wächst im September und Oktober an alten Baumstämmen und Wurzeln in England. Der Hut ist vier bis sieben Zoll breit, anfangs rund, nachher flachkonisch, mausfarb und bräunlich, von trockner weicher Substanz, wie wollen Tuch anzufühlen. Das Fleisch ist schwammicht und weiß. Die Lamellen stehen in dreyfachen Reihen, und sind sehr breit, zart, häufig, weiß, ins fleischfarbige spielend. Der Stiel ist rund, grade, fest, innen voll, ohngefähr fingersdick, vier bis fünf Finger hoch, schmierig, weiß von außen, innen glänzend wie Silber und faserigt; unten verdickt und faserig.

II. — — — — prächtiger (Agaricus pomposus 81). Er wächst im September und Oktober in den Wäldern Englands, um Hallifax. Der Hut ist anfangs rund, nachher halbkugelförmig gewölbt, am Rande etwas eingebogen und gelb, nach und nach orangefarb, gegen die Mitte tief orange oder scharlachfarben, zwey oder drey Zoll im Durchmesser. Das Fleisch ist fest, spröde und blaßgelb. Die Lamellen stehen in dreyfachen Reihen, sind schmal, zart und häufig, an den Stiel mit ihrem zugespitzten Ende befestigt, anfangs blaß-

80) Agaricus (latus) stipitatus, pileo convexo fusco, lamellis trifidis latissimis, carneo pallidis Bolton, hist. fung. 2. tab. 2.

81) Agaricus (pomposus) stipitatus, pileo rotundo coccineo, lamellis olivaceis, stipite inaequali. Bolton, fung. 5. tab. 5.

blaßgelb, in der Folge ins Olivengrün spielend: sie werden von einer spinnenwebigen, blaßgelben Saamendecke, die stückweise an dem Hutrande anhängt, und vor der Zerstörung des Schwamms verschwindet, bedeckt. Der Stiel ist drey bis vier Zoll hoch, nach oben etwas breiter, blaßgelb, unten schmäler, braun und mit weißgrauen Fasern dicht besetzt. Mit diesem kommt sehr überein der:

II. **Blätterschwamm, goldfarbiger, der goldfarbige Blätterschwamm** (Agaricus aureus 82). Er wächst im Juli, August in den Wäldern Frankreichs, und muß nicht mit dem goldgelben des Hrn Schäfers verwechselt werden. Der Hut ist anfangs rund, nachher gewölbt, goldfarbig, die Oberfläche ist trocken, und öfters mit kleinen Flecken bestreuet. Die Lamellen sind weißlich, häufig, in kleinere getheilt, mit einer bräunlichen Saamendecke überzogen, die an den Stiel hängen bleibt, nachher aber verschwindet. Der Stiel ist gleichfarbig, fest, unten zurückgebogen, das Fleisch häufig, fest, und vom Hut in den Stiel fortgesetzt.

II. — — — — **graublauer** (Agaricus caerulescens 83). Er wächst im August in den Wäldern Englands. Der Hut ist anfangs rund, nachher halbkugelförmig, zwey bis drey Zoll im Durchmesser, graublau, trocken und rauh anzufühlen, fest, hart, aber doch spröde, innen fleischig, weiß und dick. Die Lamellen stehen in drey Reihen, sind weiß und dick, aber nicht breit, und an den Stiel befestigt. Der Stiel ist grade, rund und fest, ohngefähr einen Schwanenkiel

 dick,

82) Agaricus (aureus.) *Bulliard*, herb. t. 92.

83) Agaricus (caeruleus) stipitatus, pileo hemisphaerico rugoso, lamellis trifidis albidis, stipite albo. *Bolton*, fung. 12. tab. 12.

dick, drey Zoll hoch, und von schmierig weißer Farbe, unten etwas verdickt und zusammengedrückt, mit lichtgrauen Fasern besetzt.

II. Blätterschwamm, sägeförmiger (Agaricus serratus 84). Er wächst in Wäldern Englands, im August. Der Hut ist anfangs kugelicht, nachher halbrund, drey Zoll ohngefähr breit, hell purpurfarb, weich und wollig, wenn schon mit keinen sichtbaren Haaren überzogen. Das Fleisch ist weiß und dick. Die Blätter stehen in dreyfachen Reihen, etwas entfernt, mit ihrem spitzen Ende an den Stiel befestigt, sie sind stark, und leicht zerbrechlich, goldgelb, und, was das merkwürdigste, an ihrem Rand, mit braunen sägeförmigen Zähnen versehen. Der Stiel ist grade, rund, voll und dick, drey Zoll hoch, und über einen Zoll breit, und dunkel. goldfarb, inwendig blaßgelb, schwammig und brüchig; unten stumpf ohne sichtbare Fasern. Die ganze Pflanze lößt sich nach drey Tagen in eine braune Gallerte auf.

I.II. — — — — zimmtbrauner (Agaricus cinnamomeus 85). Er wächst häufig in denen Wäldern um Hallifax. Der Hut ist anfangs gewölbt und am Rande wellenförmig, nachher waagerecht, zuletzt schlägt sich der Rand in die Höhe, und der Hut wird trichterförmig, mit einer konischen Erhöhung in der Mitte; die Oberfläche ist trocken und glatt wie Pergament, zimmtfarben. Der ganze Schwamm ist von zäher Substanz, und dauert mehrere Tage. Die Lamellen

84) Agaricus ferratus) stipitatus, pileo globoso, purpureo, lamellis croceis serratis. *Bolton*, fung. 14. tab. 14.

85) Agaricus cinnamomeus, stipitatus pileo convexo rufo lamellis flavescentibus, stipite longo flavo. *Hudf*. angl. 2. 615. *Bolton*, fung. 22. tab. 22.

mellen stehen in dreyfachen Reihen, sie sind blaßzimmtbraun, nach Verhältniß des Schwamms nicht sehr zahlreich, und von zarter lederhafter Substanz. Der Stiel ist rund, nach oben allmählig breiter, drey oder vier Zoll hoch, gelbbraun, anfangs voll, nachher hohl und faserícht, nach unten schmäler, zusammengedrückt, hart, mit braunen harten Fasern besetzt.

I. Blätterschwamm, elephantenmäßiger (Agaricus elephantinus 86). Er wächst in trocknen Wäldern um Hallifax im Oktober, und bey trockner Witterung dauert er einige Wochen. Der Hut ist anfangs kugelförmig, und umschließt die ganze Pflanze bis auf die Wurzelfasern; der Rand liegt so genau an der Unterseite des Stiels an daß er die Stelle von einer Hülle vertreten kann; in der Folge wird der Hut hemisphärisch, und ist mit einer zähen Feuchtigkeit überzogen, und von schmierig gelber Farbe; zuletzt wird der Hut waagerecht, trocken, am Rande zerrissen, und dunkelfarbig, wie verbrennt. Die Lamellen stehen in dreyfachen Reihen, sie stehen entfernt, sind breit und dick (oft eine Linie), spröde und blaß, oder wachsgelb. Der Stiel ist grade, rund, breit, oft sechs Zoll im Umkreiß, und vier Zoll hoch, weiß, von einer weichen, schwammigen und elastischen Substanz, der Figur nach eyrund, unten und oben enger, in der Mitte am breitsten. Wenn der Schwamm älter ist, so wird der Stiel cylindrisch, hart und dunkel, und innen hohl. Die Wurzel besteht aus wenigen Fasern. Dieses ist einer der schönsten und ausgezeichnetsten Schwämme.

86) Agaricus (elephantinus) stipitatus pileo crasso hemisphaerico subluteo viscido, lamellis trifidis crassis fragilibus, subalbidis, stipite albo crasso spongioso. Bolton, fung. 28. tab. 28.

II. **Blätterschwamm, polirter** (Agaricus politus 87) Er wächst in Fichten Wäldern Englands, auf abgefallenen Blättern oder Zapfen. Der Hut ist anfangs eyrund, nachher halbkugelförmig, zuletzt flach und am Rande zerrissen; drey bis vier Zoll breit, und von schöner blaugrüner, glänzender Farbe; mit einer gummichten Feuchtigkeit überzogen, die ihm, wenn er trocken ist, das Ansehen wie mit Firniß überzogen, mittheilt. Die Blätter stehen in doppelten Reihen, sind nicht an den Stiel befestiget, ziemlich breit, und angenehm rostbraun, zahlreich, dünn und biegsam. Die Saamendecke ist auf der äußern Seite blaß blaugrün, ins graue spielend, und scheint mit einem feinen rostfarbigen Staub bedeckt, innen aber mit denen Lamellen gleichfarbig; sie bleibt nach ihrer Zerreißung in Stücken auf eine kurze Zeit an dem Hutrande hängen. Der Stiel ist rund und voll, anderthalb Zoll hoch, dunkelbraun oder rostfarben, nach oben etwas schmäler, unten verdickt, und mit dünnen grauen Fasern besetzt.

II. — — — — **weicher** (Agaricus mollis 88). Er wächst in den Wäldern Englands, auf trocknen Stellen, auf Viehtriften. Der Hut ist anfangs länglicht, nachher mehr flach, aber immer gewölbt, und am Rande eingebogen; die Oberfläche ist weich und sanft anzufühlen, drey Zoll breit, und beständig von der Entwicklung des Schwamms an mausefarbig; das Fleisch ist trocken und bröcklich, wie Käse, mit dem es auch in Rücksicht der Farbe übereinkommt. Die Lamellen

87) Agaricus (politus) stipitatus pileo convexo viridi, lamellis fuscis bifidis, cortina glauco grisea, stipite brevi. *Bolton*, fung. 30. tab. 30.

88) Agaricus (mollis) stipitatus, pileo pulvinato griseo, lamellis trifidis angustis albidis, stipite bulboso crasso spongioso. *Bolton*, fung. 40. tab. 40.

mellen sind schmal, dünn und fein, blaßweiß, ein wenig ins blaßgelbe spielend, sie stehen in dreyfachen Reihen, wovon die dritte sehr kurze Lamellen enthält. Der Stiel ist weich und schwammig, bröcklich, daumenbreit, blaßweiß, rund und völlig grade, drey Zoll hoch, unten knollig und schwammig, mit dünnen kurzen Fasern, womit dieser Schwamm vorzüglich auf Eichenblättern festsetzt, umgeben.

II Blätterschwamm, gebackener, (Agaricus crustuliniformis 89). Er wächst im Herbst in Wäldern, auf Wiesen, in Frankreich. Der Hut ist gewölbt, an dem Rand wellenfömig, auf der Oberfläche durchsichtig und schlüpfrig, feucht, der ganzen Gestalt und Farbe nach, einem braunen ungleichen Gebackenen ähnlich. Die Lamellen sind an ihrem hinteren Ende frey und abgerundet, gleichfarbig; eine kleinere stehet allezeit in der Mitte von größern. Der Stiel ist gleichbreit, rund und voll, und filzig. Besonders merkwürdig ist die Art, wie dieser Schwamm wächst, sowohl an Baumstämmen als auf Wiesen. Eine ungeheure Menge steht in einem gebogenen, schmalen Kreiß von zwey bis dreyhundert Fuß in die Länge, und einen Fuß Breite, so daß nur fünf oder sechs Schwämme nebeneinander stehen, und das so nahe, daß man bey hunderten kaum einen Stiel wahrnehmen kann. Der Geschmack ist scharf und unangenehm.

I. — — — — gekraußter (Agaricus turbinatus 90). Er wächst im September und Oktober in den Wäldern Frankreichs. Der Hut stehet waagerecht, ist gewölbt, gelblicht, sechs bis acht Zoll breit, auf

89) Agaricus (crustuliniformis.) *Bulliard*, herb. tab 308.
90) Agaricus (turbinatus.) *Bulliard*, herb. tab. 11[illegible]

auf der Oberfläche trocken anzufühlen; öfters rollt sich das Oberhäutchen zurück; fleischig und in den Stiel fortgesetzt. Die Lamellen sind zahlreich und getheilt, mit dem Stiel nicht verwachsen und von blasser Holzfarbe. Der Stiel ist vier bis sechs Zoll hoch, fest und dick, unten knollig und wellenförmig krauß. Geruch und Geschmack sind nicht unangenehm.

IV. **Blätterschwamm, kugelschwammähnlicher** (Agaricus lycoperdonoides 91). Er wächst in Frankreich im September, Oktober aus andern faulen Schwämmen. Dem ersten Anblick nach ist er einen Staubschwamm völlig ähnlich. Der Hut ist rund, öfters nur einige Linien breit, aber in Verhältniß seiner Größe dick und fleischig, blaßgelb. Die Lamellen sind kurz, schwärzlich gelb. Der Stiel ist rund, kurz und fest. Die Oberfläche ist mit einem feinen vergänglichen Staub bedeckt.

II. — — — — **angelegter** (Agaricus contiguus 92). Er wächst im August und September in den Wäldern Frankreichs. Der junge Hut ist rund, am Rande eingerollt, und etwas filzig, gewölbt und schmierig gelb. Die Blätter sind gleichfarbig, und im jungen Schwamm so zusammen gefaltet, daß sie wie Röhrgen eines Löcherschwamms aussehen; sie bestehen alle aus einer Haut, die man von dem fleischigen Hut trennen und auswickeln kann. Der Stiel ist kurz und dick, in den Hut fortgesetzt, und mit ihm gleichfarbig. An Geschmack ist der Schwamm bitter und etwas säuerlich. An diesen gränzt:

II. Blät-

91) Agaricus (Lycoperdonoides.) *Bulliard*, herb. tab. 167.

92) Agaricus (contiguus.) *Bulliard*, herb. tab. 240.

11. **Blätterschwamm, eingerollter, der eingerollte Blätterschwamm** (Agaricus involutus 93). Er wächst vom Ende des Augusts, bis in die Mitte des Septembers, auf der Erde im Wege, oder auf faulen Holz. Der Hut ist gewölbt, rund, oben platt gedrückt, glatt, etwas klebrig, bräunlich, kastanienfarbig, ganz sanft in ein gelbliches Olivengrün fallend. Am Rande ist er so stark eingerollt, daß er die Enden der Blättchen verdeckt; mit einem grüngelblichen, etwas zottigen Filz überzogen, und so stark an die Blättchen angepreßt, daß ihre Eindrücke sehr deutlich in dem Filz zu sehen sind. Die glatte Oberfläche des Huts ist mit zarten, glattanliegenden Fasern überzogen. Die Blättchen sind blaßgelblich, dick, schmal und stehen dicht beyeinander; sie sind gleichsam an den Stiel angegossen, wiewohl sie nicht an ihm herablaufen. Sie zertheilen sich gabelartig, ja sie bilden zuweilen sogar Zellen, indem sie sich durch Seitenäste vereinigen. Einige werden zweymal, andere nur einmal gespalten, einige in der Mitte ihrer Länge, andere gegen das Ende. Bey verschiedenen geschiehet die Vertheilung nicht durch gleichförmige Gabeln, sondern durch Aeste, die an der Seite stufenweis hintereinander entspringen. Der Stiel ist mehr oder weniger dick, und am Grunde ein wenig knollig. Er hat eine blaßgelbliche Farbe, eine Oberfläche ohne Glanz und Glätte, auf welcher sanfterhobene Adern weglaufen, die sich schief durchkreutzen. Wenn man den Stiel oft mit den Händen berührt, so werden diese Adern oder Bündel von Hautgefäßen durch den Druck und das Wischen bemerkbarer, und zeigen sich mit einer dunklern

93) Agaricus (involutus.) Pileo spadiceo-fusco, glabro, margine valde involuto tomentoso; laminis angustis, crassiusculis, densis et ramosis, cum stipite brevi, flavo-pallentibus. *Batsch*, elench. cont. 39. fig. 61.

dunklern Farbe. Der Stiel wird fast ganz in das schmale und dicke Polster des Huts ausgebreitet, und kommt mit seiner Länge der Breite desselben gleich.

IV. **Blätterschwamm, kleinhutiger, der kleinhutige graue Fleischschwamm** (Agaricus libertatis 94). Er wächst im Oktober auf der Erde. Der Hut besteht größtentheils aus seiner hervorragenden Mitte, oder dem warzenförmigen Ende des Stiels, rund um dasselbe herum ist er flacher, weit zärter, und wird sogleich unterwärts umgerollt. Dieser umgerollte Rand ist blaßgrau ins weißliche fallend. Die Oberfläche ist eben und ohne Glanz. Die Blättchen sind halbdurchsichtig, hellgrau, sehr schmal und bogenförmig gekrümmt wie der Hut. Es sind ihrer etwa 32, sowol einfache, als gespaltne, zwischen denen hin und wieder einige kürzere eingeschaltet sind. Der Raum, den man unter dem Hute mit Blättchen besetzt sieht, ist sehr schmal; da der Stiel und der eingerollte Rand sehr dick sind. Der Stiel ist verlängert, im Aufsteigen leicht gebogen, gegen den Hut zu rechnen stark, am untern Ende etwas knollig aufgetrieben. Die Oberfläche ist glanzlos, etwas faserig, und ihre blaßgraue Farbe fällt etwas ins Fleischfarbne. Das Wesen ist voll, von der nemlichen Farbe, zähe, fleischig, über den Blättchen etwas schwärzlich, unter der Haut des Huts aber etwas bräunlich. Er ist dem nächstfolgenden im ganzen Ansehen und dem Bau der Blättchen stark verwandt, durch die Farbe und den Bau des Stiels weicht er aber von ihm ab.

---

94) Agaricus (libertatis.) Pileo obscuro fuscescente, umbonato, parvo: stipite elongato, cano, bulboso, solido; laminis angustis, crassis, paucioribus, densis, nonnulis bipartitis, et concoloribus. *Batsch*, elench. cont. 43. fig. 62.

ab. Beyde haben ein ganz eigenes Ansehen. Der Stiel ist bey ihnen stark, verlängert, der Hut klein, in der Mitte erhoben, rund herum schmal, flach und gleich, unterwärts eingerollt; unter ihm liegen wenige, schmale, dichtstehende, und hin und wieder zertheilte Blättchen.

IV. **Blätterschwamm, kleinhutiger, gelber**, der kleinhutige gelbe Fleischschwamm (Agaricus pileatus 95). Er wächst zu Ende Augusts in Wäldern. Der Hut ist rostgelb, glanzlos, trocken, und mit einem kaum merklichen blaßgrauen Filz überzogen, welcher an dem blässern Rand als ein zottiger Ueberzug deutlicher wird, bey verschiedenen ist der Hut flach gedrückt. Ueberhaupt ist er inwendig ganz fleischig. Die Blättchen stehen dicht aneinander, sind stark, meist einfach, und nur hin und wieder gespalten. Ihre Anzahl beläuft sich ohngefähr auf 40, welche alle wie bey dem vorigen vom Hutrande bis zum Stiel gehen, und sich an den letztern endigen. Der Stiel ist außen faserig, weich, von einem lockern Fleisch. Am untern Theil ist er inwendig hohl, und das innere Fleisch hängt daselbst gleichsam frey von dem obern vollen Theile des Stiels herunter. Das Verhältniß des Hutes, des Stiels und der Blättchen ist wie beym vorigen.

IV. — — — — **beschneyter**, der beschneyte Fleischschwamm (Agaricus nivosus 96). Er wächst

95) Agaricus (pileatus.) Pileo ferrugineo, umbonato, parvo, stipite elongato, flavente-albo, bulboso, intus cavo; laminis angustis, crassis, paucioribus, densis, nonnullis bipartitis ei concoloribus. *Batsch*, elench. cont. 47. fig. 63.

96) Agaricus (nivosus.) Niveus, margine pilei stipiteque toto furfuraceo-pruinato; pileo parvo convexo; stipite crasso

wächst zu Ende Oktobers in Kieferwäldern auf der Erde. Die Oberfläche des Huts ist glatt, aber der Hutrand und der Stiel ist ganz mit einem schneeweißen kleyigen Puder überstreuet. Der ganze Hut besteht, wie beym vorigen, aus dem Ende des Stieles, welches sich gegen den schmalen Rand des Hutes ausbreitet, und sogleich verdünnt. Die Blättchen sind etwas dunkler, als das Wesen des Stiels, und wie beym vorhergehenden schmal, dichtstehend, und an den Stiel angefügt. Die größern sind an der Zahl 48, zwischen welchen sehr oft kürzere eingeschaltet sind. Würklich gespaltene Blätter bemerkt man nicht. Der Stiel ist in Verhältniß des Huts lang und stark, unter dem Hute etwas angeschwollen. Sein Wesen besteht aus einem derbfaserigen Fleische, welches oben im Hute derber wird, und daselbst keine Fasern zeigt.

III. **Blätterschwamm, weißrandiger, der weißrandige Fleischschwamm** (Agaricus nimbatus 97). Er wächst mit dem vorigen an eben dem Ort und zu gleicher Zeit. Der Hut ist hellgrau, durch eine braune verdunkelt, auf der Oberfläche glatt, etwas feucht; sein Wesen ist steif, und gleichförmig vom Stiel nach dem Rande zu verdünnt. Unter der Haut ist es etwas bräunlich gefärbt. Am Rande ist der Hut mit einem weißern Streifen eingefaßt. Die Blättchen sind von einer weißen, doch etwas dunklern Farbe, als das Wesen des Stiels, und ziemlich breit. Die größern, deren an der Zahl etwa 40 sind, und welche an den Stiel ansto-

crasso, elongato, solido; laminis angustis, densis, crassis, longitudine diversis. *Batsch*, elench. cont. 49. fig. 64.

97) Agaricus (nimbatus.) Pileo glabro, obscuro-griseo, margine niveo; stipite niveo-furfuraceo; laminis latis concoloribus. *Batsch*, elench. cont. 50. fig. 65.

anstoßen, haben einen etwas hohlausgebognen Rand, die andern kürzern aber einen schiefen. Ueberhaupt sind sie dreyfach in ihrer länge verschieden. Der Stiel ist fleischig, und besteht aus einem derbfaserigen Wesen, ist durchaus weiß, und auf seiner Oberfläche mit einem ebenfalls schneeweißen kleyigen Pulver bestreuet.

IV. **Blätterschwamm, zwergartiger, der zwergartige Fleischschwamm** (Agaricus pusillus 98). Er wächst im Herbst auf dem Boden unter Reißig in Wäldern. Der Hut ist glatt, hellgrau, in der Mitte braun verdunkelt, am Rande weiß und angedrückt, herzförmig kegelartig, an den Seiten sehr dünn, bloß in der Mitte fleischig, und mit einem besondern Grundstück auf den Stiel aufgesetzt. Sein Wesen ist schmutzig weiß, graubräunlich, und unter der Oberhaut braun. Die Blätter sind breit, länglich und abgestumpft, und von einerley Farbe mit dem Fleische des Hutes. Der Stiel ist kurz, kegelartig, nur etwas verlängert, und vereinigt sich von außen genau mit dem Grundstück des Hutes. Die Oberfläche ist hellgrau, etwas ins bläuliche fallend und kleyig bepudert. Das Fleisch des Stiels ist äußerst schwarz, und durch diese Farbe genau vom Grundstück des Hutes unterschieden. Das untere Ende des Stiels ist mit strahlig auseinander gehenden durchsichtigen und langen Haaren von graulicher Farbe besetzt, welche in einer steifen horizontalen Richtung sich um selbiges ausbreiten. Gegenwärtige Art ist sehr ausgezeichnet; indem sie Kleinheit (der ganze Schwamm ist nur einige Linien hoch) und Dicke auf eine

98 Agaricus (pusillus.) Pileo glabro, griseo-fusco, margine albo; stipite griseo, subfurfuraceo; substantia pilei obscure albida, stipitis atra. *Batsch*, elench. cont. 51. fig. 66.

eine besondere Weise mit einander verbindet. Auch ist die Schwärze des Stiels ein sehr merkwürdiger Umstand.

IV. Blätterschwamm, körniger, (Agaricus tuberosus 99). Er wächst im Herbst, in Frankreich, auf andern faulen Schwämmen, in Wäldern. Ein kleiner, aber sehr merkwürdiger Blätterschwamm. Anfangs bemerkt man ein kleines, eyrundes, rothbraunes Körnchen. Dieses spitzt sich nach und nach zu, und verlängert sich endlich in einen dünnen fadenförmigen Stiel, der an der Spitze einen kleinen Hut, von der Größe eines Stecknadelkopfs, führt. Der Hut wird größer, acht bis neun Linien breit, gewölbt, am Rande etwas gestreift oder faltig; die Farbe des Huts und der Lamellen ist weißlich, letztere laufen bey dem jüngern Schwamm an dem Stiel herab, mit der Zeit entfernen sie sich aber davon. Der Stiel ist anfangs nur einige Linien hoch, erreicht aber in der Folge eine Höhe von ein bis zwey Zoll, er ist weißlich und dünn, nach unten knollig, voll, bräunlich, öfters gebogen, und mit einem zarten Filz überzogen. Der Geschmack kommt sehr mit der Wegwarte überein.

III. II. — — — — spindelförmiger, (Agaricus fusiformis 100). Er wächst im Juni und August, auch zur Herbstzeit in Wäldern. Der Hut ist anfangs rund, nachher gewölbt, von verschiedener Gestalt, ein bis zwey Zoll breit, am Rande eingebogen, von

99 Agaricus (tuberosus.) *Bulliard*, herb tab. 2,6.

100) Agaricus (fusiformis.) *Bulliard*, herb. tab. 76. *Schaeff.* (crassipes) tab. 87. *Batsch*, 47. Amanita (attenuata.) *Lamarck*, encyclop. 105. Agaricus (crassipes) stipitatus fuscus, pileo mutabili convexo inciso, lamellis fulcescentibus, stipite sulcato, basi tubulato, sursum crassiori. *Dickson*, Fasc. plant. cryptogam. brittan. 55. (*Dicksonii* descriptio sequentem potius indicat.)

von Farbe dunkelbraun. Die Oberfläche ist trocken, und das weißliche Fleisch zaseriat, in den Stiel fortgesetzt. Die Lamellen sind hellbraun und getheilt. Der Stiel ist spindelförmig, oben öfters gleichbreit mit dem Hut, nach unten zugespitzt, wo öfters mehrere miteinander verwachsen, voll und braun. Der Geschmack sowohl als der Geruch sind nicht unangenehm. Die mehresten haben zugleich folgenden damit verbunden, den aber sehr wohl Herr **Bulliard** davon absondert. Er nennt ihn:

III. **Blätterschwamm, korallenartiger,** (Agaricus corallinus 101 a). Er wächst in hohlen Baumstämmen. Der Hut ist klein, gewölbt, bräunlich, glatt. Die Lamellen stehen entfernt, sind klein, an dem Stiel ein wenig herablaufend. Der Stiel ist im Verhältniß mit dem kleinen Hut lang, in der Mitte verdickt, nach oben und unten schmäler. Es entspringen mehrere aus einer Wurzel, die an ihrer Basis kleine korallenähnliche, zahlreiche Körperchen führen, die nichts anders, als unentwickelte Stiele zu seyn scheinen.

I. II. — — — — **spindelfüßiger,** (Agaricus fusipes 101 b). Er wächst im Juli und August. Der

---

101[a]) Agaricus (coralloides.) *Scop.* diss. 1. 109. tab. 9. fig. F. Agaricus (coralloides) stipitatus aggregatus albidus, pileo convexo subfusco, stipite medio incrassato. *Dickson*, fasc. crypt. 56. Polymyces simplex phalliformis. *Batt.* fung. 51. tab. 9. fig. F.

101[b]) Agaricus fusipes.) *Bulliard*, herb. tab. 106. Agaricus crassipes. *Schaeff.* (fig. sup.) tab. 87 et 88. (Agaricus monstrosus. *Schaeff.* tab. 260. Agaricus luxurians.) Pileo superficie duobus orificiis, lamellosis. Pileo castaneo, conico-dilatato, stipite subelongato, valido, lamellisque fusco-flaventibus. *Batsch*, elench. 28. p. 49. Forsan varietas nostri fungi, ex sententia *Schaefferi.*)

Der Hut ist anfangs rund, und öfters nicht breiter, als der obere Theil des Stiels. Er wird flach, zwölf bis funfzehn Zoll breit, am Rande wellenförmig gebogen, auf der Oberfläche etwas trocken und rissig, hellbraun oder umberfarb. Die Lamellen sind gleichfarbig mit dem Hut, nicht sehr häufig, vom Stiel abstehend und ungleich abgestutzt. Der Stiel ist vier bis sechs Zoll hoch, in den Hut fortgesetzt, oben einen Zoll breit, nach unten allgemach zugespitzt.

II. **Blätterschwamm, langfüßiger,** (Agaricus longipes 102). Er wächst in Frankreich, im Herbst, in Wäldern. Der Hut ist conisch braunschwarz, oder rußig, im Alter am Rande aufwärts gebogen, weich anzufühlen, und nicht sehr fleischig, mit dem Stiel verbunden. Die Lamellen sind breit, ungleich, weißlich rußfarb, mit ihrem innern Ende ganz spitzig den Stiel berührend. Der spannenhohe Stiel ist gegen die Wurzel, wie eine Zwiebelschote aufgeblasen, gestreift, und zuletzt (mit dem Theil, womit er in der Erde festsitzt) lang und zugespitzt, braunrußig, innen voll, und im Alter gedreht.

II-III. — — — — **angeschwollener,** (Agaricus oedematosus 103). Er wächst im Frühjahr und Herbst in Wäldern. Der Hut ist conisch, in der Mitte zugespitzt, rothbraun, und gleichsam mehlig bestäubt. Die Lamellen sind blaß braunröthlich, schmal, und

102) Agaricus (longipes.) *Bulliard*, herb. tab. 232.

103) Agaricus (oedematosus,) caulescens, plerumque cespitosus, carnosus; pileo subconico, rufo pulverulento; lamellis rufescentibus; petiolo tereti, crasso, pleno, rufescente, pulverulento, basi attenuato; velo et annulo destitutus. *Schaeff.* tab. 259. Agaricus hepaticus.) *Batsch*, elench. var. α. 43. (exclusa figura propria.) Amanita (oedematosa.) *Lamarck*, encyclop. 105.

und mit dem Hutrande einwärts gebogen, an den Stiel befestigt, und ein wenig herablaufend. Der Stiel ist zwey, drey Zoll hoch, in der Mitte am dicksten, Zoll breit; nach unten und oben schmäler, rothbräunlich, voll und fleischigt. An diesen gränzt der folgende:

I-II. Blätterschwamm, steifer, (Agaricus rigidus 104). Er wächst in waldigten Gegenden in England, im Juli und August. Der Hut ist anfangs rund, nachher conisch, am Rande eingebogen, zunächst wellenförmig gebogen, zuletzt aufgerissen, und denn gewöhnlich bald abfallend. Die Farbe ist dunkel rothbraun. Das Wesen dick, weiß, mürbe und trocken. Die Blätter stehen in doppelter Reihe, sind schmal, blaßgelb, steif und zerbrechlich, von dem eingebogenen Rande kraus. Der Stiel ist gewöhnlich gebogen, fünf bis sechs Zoll hoch, unten in eine stumpfe Spitze geendigt, mit dünnen, schwarzen Zasern besetzt, gegen die Mitte am dicksten, einen Zoll und mehr, nach oben verschmälert, braungrau, fest, innen voll, im Alter röhrig und mürbe.

II-III. — — — — walzenförmiger, Lerchenbaum, (Agaricus laricinus 105). Er wächst in England auf der Rinde vom Lerchenbaum, vorzüglich im Herbst. Der Hut ist gewölbt, elastisch und weich anzufühlen, öfters nicht breiter, als der Stiel, fuchs-

104) Agaricus (rigidus) stipitatus, pileo fusco crasso, margine undulato rimoso, lamellis bifidis crassis pallidis, stipite longo fusco inaequali. Bolton, hist. fung. 43. tab. 43.

105) Agaricus (laricinus) stipitatus, pileo fulvo, angusto convexo, lamellis angustis crassis, stipite ramoso crasso spongioso fusco. Bolton. hist. fung. 19. tab. 19. Battar. tab. 11. B. C. F.

fuchsfarben. Die Lamellen stehen in doppelter Reihe, von ungleicher Länge, weiß, schmal, und nicht sehr zahlreich, unten mit einer gleichfarbigen, etwas zähen, schmalen Saamendecke überzogen. Die Wurzel besteht aus einer zähen, harten Substanz, die sich in den Rissen der Rinde festgesetzt hat, und nach oben in verschiedene Stämme zertheilt wird, wovon die mehrsten Daumens dick öfters wegen ihrer Nähe verwachsen und zusammengedrückt sind; die Farbe ist dunkelbraun, und die Substanz weich, schwammig und elastisch.

IV. **Blätterschwamm, bandförmiger** (Agaricus fasciatus 106). Er wächst zur Herbstzeit unter dem Moose in Wäldern, an den Wurzeln der Bäume. Der Hut ist gewölbt, etwas konisch, oft ungestaltet, nicht völlig einen halben Zoll breit, braunroth, fast rehfarb. Die Lamellen sind nicht zahlreich, klein und kurz, blaß purpurfarb. Der Stiel ist schmal, rund, gerade, oder auf mancherley Art gekrümmt, oft zerrissen und schuppig, unten dicker, bandförmig gestreift oder gefurcht, bräunlich, innen voll. Man könnte diese von 91 bis 106 beschriebene Schwämme unter eine besondere Abtheilung: **Fleischschwämme mit sehr dicken und im Verhältniß gegen den Hut unförmlich breiten Stiele**, fassen.

II. — — — — **röthlicher** (Agaricus rutilus 107). Er wächst im Herbst in dürren Wäldern. Der Hut

106) Agaricus (fasciatus.) *Schaeff.* tab. 223. Monomyces pusillus rigidus. *Batt.* 44. tab. 20. A. B. Agaricus (hepaticus) var. γ. Pileo parvulo; stipite elongato, valido incrassato, inferne crassiore, rugoso. *Batsch*, elench. 43.

107) Agaricus (rutilus). *Schaeff* tab. 55. Agaricus (hepaticus) var. β. Pileo pallidiore, plano vel excavato; lamellis in stipitem prolongatis. *Batsch*, elench. 43.

Hut ist anfangs konisch, nachher gewölbt, endlich flach, gestreift, in der Mitte vertieft, von veränderlicher Farbe, röthlich, weißlich erdfarb. Die Lamellen laufen an den Stiel herab und sind braun oder lichtröthlich. Der Stiel ist rund, unten oft gekrümmt oder zugespitzt, braunröthlich. Nicht selten bedeckt eine feine Saamenhaut die Lamellen.

II. **Blätterschwamm, leberfarbiger** (Agaricus hepaticus 108). Er wächst im Herbst in Wäldern. Der Hut ist gewölbt, fleischfarb, rothbraun, glatt, trocken, am Rande einwärts gerollt. Die Lamellen haben gleiche Farbe. Der Stiel ist blässer, mehr rostig ocherfarben, oberwärts unter dem Hut tiefer braunröth, trocken, ohne Glanz, gleichbreit, mit einer etwas ungleichen Oberfläche.

— — — — **hellgelber** (Agaricus flavidus 109). Er wächst im Herbst in Wäldern. Der Hut ist halbrund, in der Mitte oft zugespitzt, weißgelb. Die Lamellen weißlicht. Der Stiel rund, gebogen, nach unten dicker und bräunlich, oben blaßgelb, und öfters mit einer feinen Saamendecke versehen.

III-II. — — — — **hüglichter** (Agaricus tuberculosus 110). Er wächst in Wäldern auf alten

G 2 Baum-

---

108) Agaricus (hepaticus.) Pileo carneo-fulvo, glabro; lamellis concoloribus; stipite pallidiore, ochraceo-ferrugineo. *Batsch*, elench. 43.

109) Agaricus (flavidus) *Schaeff* tab. 35. Agaricus (unctus.) Pileo, lutescente, stipito elongato, valido, subconcolore sursum albente, deorsum fusco; volva nulla lamellis fuscescentibus. *Batsch*, elench. 83.

110) Agaricus (tuberculosus.) *Schaeff* tab. 79. Amanita cervinus, petiolo bulboso farto; per oram tuberculosus et

Baumstöcken und faulen Holz. Der Hut ist voll und fleischigt, halbrund oder flach, gegen den Rand mit kleinen Erhabenheiten besetzt und gestreift, dunkelgelb, oder goldgelb orangefarb. Die Lamellen sind kurz und breit, von verschiedener Länge, schwefelgelb, oder lichtbraungelb; der Stiel ist nach unten bald dicker, bald dünner, mit dem Hut gleichfarbig, gestrichelt, über den zurückgebogenen unvollkommenen Ring.

II. III. Blätterschwamm, bernsteinfarbiger (Agaricus chrysolithus 111). Er wächst an Baumstöcken und auf alten Holz. Der Hut ist kegelförmig, oder niedergedrückt, in der Mitte besonders erhöhet, entweder glatt oder getippelt, am Rande öfters eingerissen, zartgestrichelt, von dunkelgelber Farbe. Die Lamellen sind breit und kurz, von ungleicher Länge, fleischfarb, am Rande hellgelblich, zuletzt schmutzfarbig. Der Stiel ist verlängert, schmal, rund und voll, unten verdickt, gewunden gestrichelt, blaßgelb.

II. III. — — — — ziegelfarbiger (Agaricus lateritius 112). Er wächst an Zäunen und Wegen, wie auch

et striatus. *Hall.* hist. 2401. Agaricus (vitellinus.) Pileo luteo-aurantio, convexo; stipite lineari, valido, breviusculo incrassato, concolore, supra volvam reflexopatentem albo; lamellis sulphureis. *Batsch*, elench. 85.

111) Agaricus (leoninus.) *Schaeff* tab. 48. *Allion* pedemont. 2722. Agaricus (chrysolithus.) Pileo conico vel depresso, umbonato luteo; stipite elongato, pallidiore, albo, torto, basi subbulboso, lamellis concoloribus, subrubellis. *Batsch*, elench. 83.

112) Agaricus (lateritius.) *Schaeff* tab. 49. Agaricus (carneolus.) Pileo croceo s. ferrugineo-fulvo, margine luteo vel sulphureo; stipite elongato lineari, valido, luteo-croceo; lamellis cinereis, pallidissime fuscescentibus. *Batsch*, elench. 83. Agaricus (fascicularis) stipitatus, pileo

auch in Gärten. Der Hut ist anfangs rund oder konisch, nachher safranfarb oder rostig rothbraun, am Rande gold- oder schwefelgelb. Die Lamellen sind grau mit etwas gelblichen am Rande. Der Stiel ist verlängert, gleich breit, stark gold- oder safranfarben. Die Lamellen sind anfangs mit einer häutigen nachher spinnenwebigen Saamendecke überzogen.

II. III. Blätterschwamm, weißgelber (Agaricus pallidus 113) Er wächst an den Wurzeln der Bäume, und auf alten Baumstöcken. Der Hut ist konisch oder rund, sehr oft ungestaltet, fleischicht, weiß mit etwas gelblichen oder bräunlichen vermischt. Die Lamellen sind schmahl, getheilt und gleichfarbig mit dem Hute. Der Stiel ist kurz, rund, unten dicker voll, und von gleicher Farbe.

II. III. — — — — ungewisser (Agaricus incertus 114) Er wächst im Herbst in Wäldern. Der Hut ist voll, nicht sehr fleischigt, veränderlich; anfangs konisch, glockenförmig, nachher flach, feinschuppigt, kastanienfarb. Die Lamellen sind braungelblich, anfangs mit einer Saamenhaut bedeckt. Der Stiel verlängert sich keulenförmig, oben gelblich, unten rothbräunlich, mit zerstreuten Flecken wie der Hut besetzt.

leo convexo luteo, lamellis virescentibus, stipite flavo. *Hudſ.* angl. 2. 615.

113) Agaricus (pallidus) caulescens, solitarius et cespitosus; carnosus; pileo convexo, saepe deformi, pallide flavo; lamellis concoloribus; petiolo tereti, pleno, basi crassiusculo, concolore; velo et annulo destitutus. *Schaeff.* tab. 50.

114) Agaricus (incertus.) *Schaeff.* tab. 62. Agaricus (impuber.) Pileo castaneo, sparse squamulato, maculis pilosis; stipite elongato, subclavato, sparse squamuloso, albo flavente, deorsum fusco; lamellis pallidissime flavescentibus. *Batsch,* elench. 85.

II. III. **Blätterschwamm, blaßocherfarbiger** (Agaricus pallide umbrinus 115.) Er wächst auf der Erde in Kieferwäldern, zu Ende Oktobers. Der Hut ist gewölbt, blaßocherfarben, und auf seiner glatten ebenen und lederartigen Oberfläche mit einem äußerst häufigen klebrigen Schleim überzogen, so wie der **milchfarbige Blätterschwamm**, der Hutrand breitet sich nie ganz flach aus. Bei einigen ältern und größern Schwämmen ist der Hut zwei und mehrere Zoll breit. Die Lamellen sind locker vertheilt, stehen weit auseinander, haben eine ziemliche Breite, und legen sich mit dem innern Ende sehr an den Stiel an. Von diesen größern enthält der Hut etwa 36. Zwischen denselben stehen kürzere und zuweilen auch noch kleinere von der dritten Ordnung am Rande des Huts. Der freye Unterrand der Blättchen ist hohl ausgebogen, und oft von dem niedergebogenen Hutrande gleichsam wirklich gebrochen. Der Oberrand ist runzlich gewellt, und mit diesen hängen die Blättchen oft unter der Fläche des Huts zusammen. Die Größern fließen nicht selten in eine Gabel zusammen; die Farbe der Blättchen ist äußerst blaß, ochergelblich. Der Stiel breitet sich sehr stark in den größten Theil des Huts aus, und besteht aus einem derbfasrigen Fleische. Außen hat er am untern Theile die Farbe des Hutes, ist etwas glätter und fasriger bis zu dem schmalen und dürren Ring, welcher von dem ehemaligen Anhange des Hutrandes zurückgeblieben ist. Ueber demselben ist der Stiel weißlicher und glanzlos. Die Gestalt des Schwamms leidet viele Veränderungen, und

115) Agaricus (glutinosus) var. α. Albus, leniter in ochraceum vergens, pileo glutine copiosissime viscoso, stipite solido, sub pileo distincte albentiore; laminis latis alternantibus, sub pileo undatis et ibi saepe connexis. *Batsch*, elench. cont. 63. fig. 70.

und außer dem starken und vollen Ansehen, hat sie nichts gewisses. Es ist aber doch eine besondere und von den übrigen sehr abweichende Art. Mit dem folgenden, den Hr. Prof. Batsch als eine Abänderung desselben aufführet, hat er in Ansehung des Wesens, der Farbe, des äussern Ansehens, und der Gestalt der Blättchen viele Aehnlichkeit, und weicht von ihm blos in der Größe, dem Orte, den Stiel, und dem schleimigen Hut ab.

III.IV. **Blätterschwamm, durchsichtig ocherfarber** (Agaricus pellucide umbrinus 116). Er wächst in der Mitte des Oktobers auf der Erde. Der Hut ist anfangs konisch gewölbt, kaum einen halben Zoll breit, ocherartig weiß, auf der Oberfläche etwas feucht und fettig, am halbdurchsichtigen Rand mehr wässerig. Zuletzt wird der Hut flach, der dünne Rand begiebt sich aufwärts, er scheint von denen durchschimmernden Blättchen gestreift, und fließt für Feuchtigkeit sehr bald zusammen, indes die übrige Hutfläche bis zum Glänzen troknet. Die Blättchen haben die Farbe des Huts, und sind gegen die Kleinheit desselben sehr breit, stark, übrigens locker vertheilt. Die Größern an der Zahl 21 26 laufen an dem Stiel herunter, und werden oft, sowohl gegen den Stiel als gegen den Hutrand gespalten. Hin und wieder sind eben nicht selten einzelne kleine Blätterchen eingemischt. Die Blättchen sind ebenfalls anfangs winklich gebrochen, indem der dünne Hutrand, welcher das äußere Ende der Blättchen trägt, zu dieser Zeit an den Siel angepreßt ist. Der Stiel ist kurz, dick und voll, inwendig weiß, außen aber seidenartig gestreift.

 III.II.

116) Agaricus (glutinosus) var. β. 65. fig. 71. *Batsch*, l. c.

III. II. **Blätterschwamm, dottergelber** (Agaricus risigallinus 117). Er wächst zu Ende Augusts auf freien grasigten Plätzen, in Wäldern. Der Hut ist ausgebreitet, unregelmäßig gebildet, sowohl in Ansehung der Oberfläche als des Umfangs; er ist fast ganz, ausser in der Mitte, wo das fleischige Ende des Stiels hervorragt. Seine Farbe ist ocherfarben, etwas goldgelb, und ins schwefelgelb fallend. Die Oberfläche ist glatt und zartlederig. Die Lamellen sind breit, länglich, gegen den Hutrand etwas breiter. Es sind ihrer ohngefehr 96; bei allen ist die länge die nemliche, und sie gehen vom Hutrande bis zum Stiel. Sie haben eine schöne Isabellfarbe, und sind an ihrem Oberrande wellenförmig gebogen. Diese Runzeln oder Wellen stoßen oft an die benachbarten, und vereinigen sich mit ihnen. Der Stiel ist stark, kurz, glanzlos und weiß. Sein Inneres ist markig, von gleicher Farbe, unten etwas ausgefressen.

II. — — — — **vergrabner** (Agaricus defossus 118). Er wächst zu Anfang Septembers in Wäldern, sehr wenig über der Erde. Der Hut ist glatt, steif, erhaben gepolstert, und zartlederig anzufühlen, stark ocherfarben; Bröckchen von Erde liegen auf ihm, da er vorher unter der Erde versenkt war. Der Stiel breitet sich ganz in ihm aus. Die Blättchen sind wie im nächstfolgenden gebildet, etwas schmal, meist

117) Agaricus (risigallinus.) Pileo rigido, tenui, lato, ochraceo-lutescente; stipite albido; lamellis latiusculis, integris, lutescente-carneis, per rugulas crebras flexuosas sub pileo connexis. *Batsch*, elench. cont. 67. fig. 72.

118) Agaricus (defossus.) Pileo ochraceo saturato; stipite validiore, albo-lilacino, sericeo-fibroso, basi bulbosa, bulbo terrae semiimmerso; laminis ferrugineo-fulvellis. *Batsch*, l. c. 69. fig. 73.

meist von gleicher Länge, und nur zuweilen mit kleinern vermischt. Ihre Farbe fällt sanft in ein blaßgraues Lilla. Der Stiel ist in seiner Länge ziemlich von gleicher Stärke, und hat eine sehr zarte seidenartige Oberfläche. Er wird verschiedentlich von rostfarbigen spinnwebartigen Fäden bedeckt, welche von der vergänglichen Saamendecke hängen bleiben. Der Grund des Stiels bildet einen scharfrandigen Knollen, von dessen Rande aufwärts über der Erde zarte blasenartig dünne Läppchen entstehen, welche das Ansehen von getrockneten Schneckenschleim haben, und mit den rostfarbigen Fäden zusammenhängen.

II. Blätterschwamm, purpurfarber (Agaricus subpurpurascens 119). Er wächst mit dem vorigen zu gleicher Zeit, und an den nemlichen Ort, fast eben so in die Erde vergraben. Der Hut ist glatt, etwas klebrig, wie der vorige, auf der Oberfläche mit kastanienfarbigen schwachen Flecken und zarten Strichen, besonders am Hutrande überzogen, übrigens fleischig gepolstert, mehr auf den Stiel aufgesetzt, als durch seine Ausbreitung hervorgebracht, und nur erst am Rande verdünnt; die Farbe ist braun, etwas ins gräuliche fallend, am Rande mit kastanienbraunen zarten glattanliegenden Linien eingefaßt. Die Blättchen sind breit, die größern nehmen gegen den Hutrand an Breite zu, sind daselbst mit ihrem Unterrande hohl ausgebogen, hingegen nach den Stiel zu bogenförmig hervorstehend. Die Blättchen der folgenden Ordnung sind halb so groß, und am innern Ende abgestutzt, selten kommen sie der

119) Agaricus (sub-purpurascens.) Pileo cinereo-fuscescente, nitido; stipite sericeo-fibroso, lilacino, deorsum bulboso, bulbo semiimmerso; laminis furfureque a velo superstite ferrugineis. *Batsch*, elench. cont. 73. fig. 74.

Hälfte der größern völlig gleich, oder übertreffen sie. Die Blättchen der letzten Ordnung stehen am Hutrande, sind klein, länglich und nach dem Hutrande zu etwas breiter. So bald man das Wesen des Schwammes der freyen Luft aussetzt, so läuft es nach und nach mit einer violetten Purpurfarbe an. Ritzt oder wischt man die Blättchen, so zeigen sie wie beym vorigen eine violette Färbung. Der Stiel ist verlängert, nach unten dicker, und mit dem untern knolligen Ende halb in die Erde gesenkt. Die ganze Oberfläche ist gleichsam mit parallelen, lillafarbnen Fäden überzogen, der untere Theil des Stiels ist aber mit einem dunkelrostbraunen Pulver, welches die vergängliche Saamendecke zurückließ, überstreuet. Das Fleisch des Schwamms ist weiß, im Stiel derbfaserig, im Hut ohne Fasern, und dichter.

II. III. — — — — schmalgeringelter (Agaricus subannulatus 120). Er wächst zu Ende Oktobers auf der Erde in Kiefernwäldern. Der Hut ist blaßbraun, glänzend glatt, gleichsam zartfaserig geadert, mit einem stark gekrümmten Rande, der am äußersten Umfange filzig und ziegelfarbig ist. Der ganze Hut ist blos auf den Stiel aufgesetzt, sehr dick gepolstert, nur erst am Rande selbst verdünnt, und von runderhabner Form. Die Lamellen sind schmal, länglich, an beyden Enden etwas zugerundet, zart, dichtstehend, ocherartig fleischfarben, etwas dunkler als das Fleisch. Der größern sind etwa 70, hin und wieder stehen kleinere dazwischen, und zuweilen fließen einige miteinander zusammen.

120) Agaricus (subannulatus.) Pileo pallide spadiceo, glabro; stipite brevi bulboso, flavente, supra annulum spurium albo, laminis albentibus. *Batsch*, elench. cont. 75. fig. 75.

sammen. Der Stiel ist kurz und dick, wird nach und nach unterwärts dicker, und bekommt ein rundlichknolliges Grundstück Die Oberfläche ist unter dem Hute gleichsam weiß bepudert bis an den unächten Ring. Dieser ist das Ende der Haut, welche den übrigen Theil des Stiels überzieht, nach der Trennung vom Hute daselbst einen zurückgeschlagenen Kragen oder Ring bildet, und aus weichen blaßorangefarbenen, gelblichen Fasern besteht. Ganz am untern Ende des Stiels sieht man ein weißes wolliges Wesen, und eben daselbst keimen auch junge rostfarbig braunröthliche, wie bepuderte Schwämmchen hervor. Das Wesen des Stiels ist faserig, im Hut aber derber; in beyden Theilen weißlich, blaß fleischfarbig, und stark von Maden durchfressen.

II. Blätterschwamm, schwarzhaariger (Agaricus atricapillus 121). Er wächst in der Mitte Oktobers auf der Erde. Der Hut ist glatt, ohne Glanz von gräulicher Farbe, und ganz mit äußerst zarten haarförmigen, welligen und dunkel kastanienbraunen Linien überzogen, welche gegen den Hutrand in größere Bündel zusammenfließen. Das Wesen des Hutes ist derb und fleischig, fließt nur in der Mitte etwas mit dem Stiel zusammen, und wird erst am Hutrande dünner. Die Blättchen sind breit, etwas feucht, und in der Länge vierfach verschieden. Die Größern, deren Anzahl sich auf 60 = 70. beläuft, sind am innern Ende etwas rundlich abgestumpft, und vom Stiel entfernt. Die andern kleinern sind am innern Ende mehr recht-wink-

121) Agaricus (atricapillus) Pileo cinereo-fusco, fibrillis agglabratis decurrentibus nigro-spadiceis, quasi capillato; stipite cinereo-cano, venoso; laminis latis carneis, 4 plici ordine digestis. *Batsch*, elench. cont. 77. fig. 76.

winklich abgestutzt. Der Stiel ist weißlich, rauh, seidenartig, mit Fasern überzogen, welche verschiedentlich mit einander zusammenfließen, oder sich schuppenartig von einander trennen. Das Wesen des Stiels ist fleischig, aber fasriger.

III. II. **Blätterschwamm, rothbraungeflammter** (Agaricus impuber 122). Er wächst zu Ende Oktobers in Kiefernwäldern. Der Hut ist in der Mitte erhöht, wollig, und mit wolligen, weichen unregelmäßigen Schuppen besetzt, wovon die obern zuweilen ein wenig zurück gerollt sind. In jüngern Schwämmen hat der Hutrand ein besonderes Ansehen. Er ist mit einer dichten Wolle besetzt, und rundum mit bogenförmigen Ausschnitten versehen, welche durch ihr Zusammenstoßen Zähne bilden, und einwärts gleichsam dichte Falten hervorbringen. Bei ältern Schwämmen sind noch Spuren davon zu sehen, und am Rande noch größere wollige Flecken befindlich. Die Farbe fällt etwas ins kastanienbraune, bey jungen Schwämmen ist sie blässer, überhaupt aber allemal in der Mitte des Huts stärker. Das Wesen des Huts ist blos in der Mitte dick. Die Blättchen sind ocherartig nußfarbig, blaß, äußerst wenig ins braunröthliche schielend, etwas breit, noch breiter gegen das innere Ende, woselbst der Rand bogig zugerundet ist. Sie stehen locker auseinander in einer zwei- drei- und vierfachen Ordnung. Dreißig sind ohngefähr am längsten. Der Stiel hat die Farbe des Huts, ist aber blässer und etwas faserig, sein Fleisch ist hohl, äußerst blaß in die nemliche Farbe fallend,

122) Agaricus (impuber,) ſiccus; pileo lanato, carneo-fulvo, ſquamis lanatis mollibus obſeſſo, margine repando; ſtipite pallidiore, cavo; lamellis ſubcarneis. *Batſch*, elench. cont. 155. fig. 116.

fallend, und wird beim Trokneu etwas angenehmer röthlich. Der Schwamm hat einen eignen süßlichen Geruch. Er wird von Hrn. Prof. Batsch als eine Spielart des Ag. incertus, No 114. betrachtet, von dem er aber nach unserer Meinung, auch ausser dem weniger knolligen Stiele und der Saamendecke, die hier fehlt, immer noch sehr verschieden ist.

II. III. Blätterschwamm, zartschuppiger (Agaricus squamulosus 123). Er wächst bey dem vorigen. Der Hut ist runderhaben, oder in der Mitte erhöht, dunkelgoldgelb, und ganz mit zarten tiefbraunen zottigen Schüppchen bedeckt, welche in der Mitte dichter beisammen liegen, als gegen den kerbig geschlitzten Rand. Sie sind an die Oberfläche angedrückt, und durch ähnliche Fasern, die aus dem Mittelpunkte des Huts auslaufen, mit einander vereinigt. Die Oberfläche des Huts ist trocken und lederartig; das Fleisch aber schwefelgelb und voll, gleichförmig gegen den Rand zu verdünnt, und unter der Haut des Huts bräunlich schwarz. Die breiten Blättchen sind nach außen etwas schmähler, und stehen in einer regelmäßigen dreifachen Ordnung, wovon die größern 30 bis 36 an den Stiel angefügt, die übrigen aber von einer schiefbogenförmigen Bildung sind. Der Stel ist blaß goldgelblich, und wie der Hut etwas ins grünliche spielend, seidenartig faserig, und hin und wieder mit tiefbraunen Faden, die vielleicht Ueberbleibsel der vergänglichen Saamendecke sind, übersponnen. Inwendig ist er schwefelgelb, unter-

123) Agaricus (squamulosus,) siccus; pileo obscure luteo, squamulis villosis tenerrimis, brunneis densissime obtecto; stipite luteo-pallente, sericeo-fibroso, fibris brunneis rarioribus, supertexto; laminis lutescente-ferrugineis. *Batsch*, elench cont. 159. fig. 117. An Agaricus (croceus.) *Schaeff.* tab. 4?

unterwärts mehr goldgelb, faserig schwammig und voll; wenn ihn nicht etwa Insekten ausgehöhlt haben. Etwas besonderes und zugleich beständiges an ihm ist, daß er oberwärts aufschwillt, und über dieser Geschwulst erst die Blättchen an ihm angefügt werden. Sein Unterende ist bald mehr bald weniger gekrümmt, und fest mit Moos und Gesträde verbunden.

III. **Blätterschwamm, wagerechter** (Agaricus horizontalis *) Er wächst im November auf faulen Holz, unter Moos. Der Hut ist gewölbt, nicht völlig halbkugelförmig, voll und fleischig, brauneisengrau, in der Mitte heller. Die Lamellen stehen wagerecht, im Verhältniß des Huts ziemlich breit, der Größern sind 18 = 22. mit kürzern darzwischen stehenden untermischt, ihre Farbe ist weiß, spielt aber dabey in das Holzfarbe. Der Stiel ist gleichfarbig, gestreift, oben mit einen zurückgebogenen, kleinen, blässern und zart gefurchten Ringe umgeben, innen röhrig.

5) Blätterschwämme mit mehr oder weniger trichterförmigen oder schiefen Hut.

I. — — — — **trichterförmiger** (Agaricus infundibuliformis 124). Er wächst im September an

---

*) Agaricus (horizontalis) pileo convexo subhemisphaerico; lamellis horizontalibus; stipite fistuloso annulato: annulo reflexo sulcato. Tab. nostr. V. fig. 1.

124) Fungus infundibuliformis, maximus, albus. *Buxb.* cent. 4. 1. tab. 1. Agaricus albus, acris, pileolo turbinato, centro depresso, lamellis angustis undatis, ramosis et saepius conjunctis. *Gled.* meth. 99. 10. b? Amanita maximus, albus, infundibuliformis. *Hall* hist. 2339. Agaricus albus, pileo concavo, exsucco, lamellis ramosis, stipite nudo cylindraceo brevi. *Scop.* carn. n. 36. h. Aga-

an schattigten Orten. Dieser Schwamm kommt sehr mit dem Pfeffer Schwamm an Gestalt überein, nur daß dieser geritzt eine weisse scharfe Milch von sich giebt, der trichterförmige gegentheils trocken und saftlos ist. Er gehört unter die größten Blätterschwämme. Der Hut mißt oft einen Schuh im Durchmesser, und ist anfangs ganz weiß, gegen das Alter hin wird er aber gelblich oder röthlich, und einem hohlen tiefen Trichter vollkommen ähnlich. Die weißen Lamellen auf der Unterseite färben sich etwas im Alter, und sind von ungleicher Länge. Der Stiel ist kurz und stark, weiß, innen fest, öfters einen halben Fuß hoch.

I. **Blätterschwamm, löffelförmiger** (cochleariformis 125). Er wächst im Herbst, nach Regen auf Weiden und in Wäldern. Der Hut ist flach, in der Mitte eingetieft, oder auch trichterförmig, öfters einen Fuß breit, weiß, gelblich weiß, gräulich, am Rande wellenförmig gebogen, etwas gestreift, ganz glatt, oder mit kleinen haarigen häufig stehenden Flöckchen besetzt. Die Lamellen sind dick, ästig, weißlich. Der Stiel ist schief, kurz und dick, innen voll, und auch weiß. Er giebt

---

Agaricus (giganteus) stipitatus, pileo maximo albo, in medio depresso, umbonato, stipite brevissimo. *Leys.* hal. 2. 1213. *Wild.* berol. 1106.

125) Fungus esculentus, acris, albus, pileolo turbinato, ad oras angulato, et subtus repando. *Mich.* gen. 142. Fungus albus, perniciosus, instar fungi lutei chantarelle dicti se contorquens. *Buxb* cent. 4. 21. tab. 32. Agaricus albus, acris, pileolo turbinato, anguloso, in centro depresso et in margine striato; lamellis ramosis, undulatis, saepius conjunctis. *Gled.* meth. 99. c. Amanita albus, oris repandis et laceris. *Hall.* hist. 2340. Agaricus (candidus.) *Schaeff* tab. 225. *Allion.* ped. 2663. Agaricus (submaculatus) var. α. Maculis parvis, creberrimis, pilosis; lamellis cano-fulvellis. *Batsch*, elench. 87.

giebt keine Milch, und ist wie der vorige im Alter scharf an Geschmack.

I. II. Blätterschwamm, fellartig gefleckter (Agaricus flammeus 126). Er wächst auf faulen Holz, zumahl an Weidenstöcken. Der Hut ist rund erhoben oder flach vertieft, öfters ohne bestimmte Gestalt, voll und hartfleischig, auf der Oberfläche zerrissen und schuppig; die Schuppen sind blaßgrau, ins bräunlich fleischfarbene spielend, manchmahl dunkler, flammenförmig, oft zurückgerollt. Die Lamellen sind gleichfarbig, oft zusammengewachsen, am Rande gezähnelt. Der Stiel ist insgemein sehr unförmlich, schuppig gestreift, von gleicher gelbbrauner Farbe mit dem Hut, innen voll.

II. — — — — trompetenförmiger (Agaricus tubaeformis 127). Er wächst auf alten Holzstöcken. Der Hut ist flach, oder ausgehöhlt vertieft, blaß goldgelb oder braunröthlich. Die Lamellen laufen an

126) Agaricus (squamosus.) *Schaeff* tab. 29. 30. Agaricus (squamosus) stipitatus, pileo convexiusculo flavescente, lacerato-squamoso, lamellis albidis crenatis, stipite brevi solido pallido. *Hudſ.* angl. 2. 614. *Relhan*, cantab. 1037. Agaricus (floccosus.) Pileo convexo vel foveolato, cano-pallido, carneo-fuscescente, maculis paulo obscurioribus flammiformibus, saepe squarrosis imbricato; stipite subsquamoso vel squarroso, valido; lamellisque crenulatis concoloribus. *Batsch*, elench. 87.

127) Agaricus (tubaeformis.) *Schaeff.* tab. 248. 249. Agaricus (serpentiformis.) Pileo plano vel excavato, pallidissime croceo-fulvente; stipite concolore subnebuloso, valde elongato, valido fusiformi, inferne sublineari ascendente arcuato, superne aequaliter versus pilei marginem incrassato, nutante; lamellis albis, pallidissime fulvellis, a pilei margine in supera stipitis parte longe decurrentibus. *Batsch*, elench. 89. Agaricus (tubaeformis stipitatus, stipite recurvo, pileo infundibuliformi lamellisque pallide aureis. *Dicks.* fasc, crypt. 55.

an den Stiel herab, sind einfach, ein wenig gezähnt, weiß, äusserst blaßrothbräunlich. Der Stiel ist rund und lang, gleichfarbig, nebelich schattirt, stark, spindelförmig, am untern Theil fast gleich breit und aufsteigend gebogen, am obern nach dem Rande des Huts zu verdickt, und herunterwärts gebogen. Sein Wesen ist korkig-holzartig.

II. **Blätterschwamm, füllhornähnlicher** (Agaricus cornucopioides 128). Er wächst in schattigen Wäldern um Hallifax in England. Der Hut ist 3-4 Zoll breit, und am Rande verschieden lappig. Der Lappen sind vier oder fünf an der Zahl, wellenförmig gebogen am Rande, nicht fleischig, aber von einer zähen elastischen Substanz, und dunkelzimmetbrauner Farbe. Die Lamellen stehen entfernt in drei oder vierfachen Reihen, sie sind schmahl, stark und dunkelbraun, am Stiel beynah bis zur Wurzel schneckenförmig herablaufend. Die Wurzel ist zäh, irregulär, mit zahlreichen wolligen rothbraunen Fasern dicht besetzt. Ohngefehr zwei oder drei Zoll höher theilt sie sich in verschiedene Stämme von dunkelbrauner Farbe, und von einem zähen lederartigen Wesen. Nach oben werden sie breiter, und erscheinen wie zusammengedrehte Stricke von denen herablaufenden Lamellen. Es wachsen oft 4-5 aus einer Wurzel, vier bis fünf Zoll hoch, von brauner Farbe. Der Schwamm könnte auch unter denen Aderschwämmen stehen.

III. — — — — **becherförmiger** (cyathiformis 129). Er wächst in den Wäldern Frankreichs,

128) Agaricus (cornucopioides,) stipitatus, pileo lobato, lamellis trifidis decurrentibus, stipite tortuoso. *Bolton*, fung. 8. tab. 8.

129) Agaricus (cyathiformis.) *Bulliard*, herb. tab. 248.

reichs, auf Moos an schattigen Orten. Der Hut ist trichterförmig, weißlich oder blaß umberfarben, ohngefehr Zoll breit. Die Lamellen laufen an den Hut herab, sind schmahl in kleinere zertheilt, auch weißlich. Der Stiel anderthalb Zoll hoch, gleichfarbig voll, und in den Hut fortgesetzt. Hr. Bulliard hat drei nicht sehr abweichende Spielarten abgebildet.

II. III. **Blätterschwamm, eingetiefter** (Agaricus impressus 130). Er wächst in Frankreich an alten Baumstöcken im Juni, Juli. Der Hut sieht anfangs einem umgekehrten Kegel ähnlich, grau braun, in der Mitte vertieft; mit einem abwärts gebogenen faltigen Rand; das Fleisch ist nicht sehr fest, und die Oberfläche läßt sich abschälen. Die Lamellen sind zahlreich, wenig kleine darzwischen, grünlich von Farbe. Der Stiel ist nach unten verdickt, manchmahl auch gleich breit, von der Stärke eines Gänsekiels, in den Hut fortgesetzt, innen voll. Anfangs schmeckt noch riecht der Schwamm unangenehm, im Alter verbreitet er aber einen aashaften Geruch.

I. — — — — **blutrother** (Agaricus sanguineus 131). Er wächst in Frankreich in Wäldern, im August, September. Der Hut ist anfangs rund gewölbt, in der Folge trichterförmig eingetieft, und ganz blutroth. Die Lamellen sind einfach an der Spitze gespalten, weißlich, zerbrechlich, und mit dem Stiel verwachsen. Der Stiel ist voll, im Alter innen schwammigt und angefressen, in den Hut fortgesetzt, zwey Zoll hoch, und Zoll breit, gleichfarbig mit dem Hut. Der

130) Agaricus (mollis.) *Bulliard*, herb. cah. 10. tab. 2. vel in serie tab. 38. *Lamarck*. encyclop. 107. Amanita (mollis.) An *Vaill*. tab. 14. fig. 1-3? non repugnat.

131) Agaricus (sanguineus.) *Bulliard*, herb. tab. 42.

Der ganze Schwamm gehört unter die scharfen, aber milchlosen. Im Alter riecht er unangehm.

I. 11. **Blätterschwamm, umgekehrt kegelicher** (Agaricus inverse conicus 132). Er wächst im Oktober, September, in den Wäldern Frankreichs, auf faulen Blättern, die die Wurzeln des Schwamms ganz durchdringen. Der Hut ist trichterförmig, zwey bis acht Zoll breit, maußfarb, am Rande wellenförmig gebogen. Die lamellen stehen in doppelten Reihen, die innern laufen an den Hut herab, und sind an beiden Enden zugespitzt. Der Stiel ist voll, zwei bis vier Zoll hoch, nach oben erweitert, in den Hut fortgesetzt, gleichfarbig. Die lamellen sind ein wenig blässer. Der Geschmack und Geruch ist nicht unangenehm. Er kommt sehr mit dem Agar. cornucopioides des Hrn. Bulliard, und dem Agar. infundibuliformis des Hrn. Bolton überein, von denen er aber doch verschieden ist.

— — — — **gabelichter** (Agaricus furcatus 133). Er wächst im Juni, Juli in den Wäldern Frankreichs an trocknen Stellen. Der Hut ist anfangs rund gewölbt, im Alter eingetieft und ausgehöhlt, mehlicht, aschgrau ins grüne spielend. Die lamellen sind an der Spitze gabelicht getheilt, auch öfters dreimahl gespalten, an den Stiel angewachsen. Der Stiel ist stark und voll, schwammig trocken, immer weiß und käsigt, im Alter hohl. Der Geschmack ist salzig bitter.

132) Agaricus (infundibuliformis.) *Bulliard*, herb. tab. 286.
133) Agaricus (bifidus.) *Bulliard*, herb. cah. 7. tab. 2. Amanita (furcata.) *Lamarck*, encyclop. 105.

I. Blätterschwamm, schwarzrauher (Agaricus atrotomentosus 134). Er wächst im Oktober an abgestutzten Baumstämmen. Der Hut ist rund erhaben, schief aufgesetzt, in der Mitte flacher, fleischig, trocken, rostfarben braun, zart rauh, am Rande einwärts gerollt. Die Lamellen sind verlängert, am innern Ende schnell geschmählert, haben einen geraden, wenig gebogenen Rand; die längsten hängen am innersten Ende mit welligen Falten auf den Seiten zusammen, sind blaßochkerfarb und laufen nicht an den Stiel herunter. Der Stiel ist kurz, dick walzenförmig, etwas gebogen, mit einem bräunlich-tief schwarzen dichten, starr und rauhen Filz bedeckt, der bis an die Lamellen geht. Das Wesen des Schwamms ist fleischig korkig.

II. — — — — fleischfarbrauher (Agaricus carneo-tomentosus 135). Er wächst in Wäldern auf abgestutzten Bäumen. Der Hut ist trichterförmig ausgehöhlt, am Rande einwärts gerollt, glatt und zart auf der Oberfläche, braunröthlich oder rosenfarbig fleischfarb, und mit überaus blassen, dichtstehenden und gleichsam an einander gereihten dunklern Flecken geschuppt. Die Lamellen sind blaßochkerartig fleischfarb, die längsten gehen fast bis an das knollige Ende des Stiels herun-

134) Agaricus (atrotomentosus. Pileo ferrugineo-fusco, subscabro, convexo; stipite brevi, crasso, cylindrico, subcurvato, fusco-atro, tomento denso scabro; lamellis pallide-ochraceis, distincte adnatis. *Batsch*, elench. 89. fig. 32.

135) Agaricus (carneo-tomentosus.) Pileo carneo-fulvello, glabro, infundibuliformi-cavato, margine involuto; stipite crasso, basi infra lamellas concolore, griseo-tomentoso, sursum versus pilei marginem dein ampliato fere usque ad radicem lamellis ochraceo-carneis, pallidis decurrentibus, obtecto, var. α. Pileo roseo-carneo. *Batsch*, elench. 91. fig. 33.

herunter, und verschwinden in diesem Laufe nach und nach; die übrigen sind verlängert, am innern Ende auf einmahl geschmählert und abgestutzt. Der Stiel ist dick, gleichfarbig, unter denen Blättchen mit einem gräulichen Filz besetzt, oberwärts in den Hut erweitert, und fast bis an die Wurzel mit Lamellen bedeckt, unten knollig. Das Wesen des Schwamms ist fleischig-korkartig. Als Spielart gehört hierher der

II. **Blätterschwamm, fleischfarbgelber** (Agaricus carneoluteus 136). Er wächst zur Herbstzeit in Tannenwäldern an den Wurzeln und Stöcken der umgeworfenen und abgehauenen Bäume. Der Hut ist becherförmig, dem Pfifferling oder Rehgeiß ähnlich, am Rande etwas übergeschlagen, wellenförmig, auch zuweilen gespalten, von Farbe abgeschossen goldgelb, fleischfarb, mit länglichen Punkten gestrichelt. Die Lamellen sind blaß, ästig, am Stiele herablaufend. Der Stiel ist rund, kurz und voll, von mittlerer Farbe.

III. — — — — **verunstalteter** (Agaricus degener 137). Er wächst an den Wurzeln der Bäume unter dem Moose und an faulen Holzstöcken. Der Hut ist fleischfarbig bräunlich, nicht sehr fleischig, flach trichterförmig, am Rande lappig und aufwärts gebogen, mit tiefer gefärbten koncentrischen Streifen umzogen.

136) Agaricus (cyathiformis.) *Schaeff.* tab. 252. Agaricus (carneo-tomentosus.) var. β. Pileo carneo-fulvente. *Batsch*, l. c.

137) Agaricus (degener.) *Schaeff.* tab. 243. *Allion.* ped. 2732. Agaricus (pseudo-deliciosus.) Pileo carneo-fulvello, fasciis saturatioribus fasciato, plano, marginibus acutis, arrecto-patentibus; stipite subelongato, lineari, valido, sursum in pileum ampliato, concolore; lamellis pallidis, carneo - ochraceis, decurrentibus. *Batsch*, elench. 91.

zogen. Die Lamellen sind blaß, ocherartig fleischfarb, am Stiele anliegend und herablaufend. Der Stiel ist verlängert gleichbreit stark, oberwärts in den Hut ausgebreitet, gleichfarbig.

III. Blätterschwamm, bleyfarbiger (Agaricus livescens 138). Er wächst zu Ende Augusts zwischen abgefallenen Laub in Wäldern. Der Hut hat einige Steifheit, ist zart und ausgebreitet, in der Mitte ein wenig erhöht, zuletzt aber hohl und mit dem Rande aufwärts gekehrt. Seine Färbung ist bleyfarb graulich, etwas neblich, und es sieht aus als wenn solche wolkige und feuchte Stellen durch die Oberhaut durchschimmerten. Die Oberfläche ist weder fett noch klebrig, sondern feucht wie im Reizker und verschiedenen andern, sowohl dem Gesicht als Gefühl nach. Der ganze Schwamm ist etwas feucht, und hat ein markiges, brüchiges, keinen Milchsaft von sich gebendes Fleisch. Die Blättchen gehen gröstentheils vom Hutrande bis zum Stiel, sind etwas breit, verlängert, nahe am Stiel zugerundet, und legen sich nicht mit einem schmahlen Ende an ihm an. Dieser Blättchen sind etwa 100 = 120, und zwischen ihnen stehen kürzere sehr sparsam zerstreuet, so daß im ganzen Hut nicht mehr als 16 mögen eingeschaltet seyn. Die Blättchen fallen in eine sehr blaß gelbliche Farbe. Der Stiel ist etwas verlängert, auf der Oberfläche trocken, eben und etwas unordentlich faserig; die Farbe ist beinah wie beym Hut. Das innere Fleisch besteht wie aus einem körnigen oder mehligen Mark. Die Rinde ist weiß wie das Mark, aber

138) Agaricus (livescens.) Pileo cinereo-livido, rorido, foveato; stipite elongato, subfibroso, laminisque, plerumque integerrimis, contiguis, subconcoloribus. *Batsch*, elench. cont. 55. fig. 67.

aber unter der Oberfläche grau. Der Stiel ist öfters unterwärts hohl ausgefressen, oberwärts breitete er sich in den Hut aus, welcher aber sehr bald dünner wurde.

III. **Blätterschwamm, hirschgrauer** (Agaricus cervinus 139). Der Hut ist ohngefehr Zollbreit, schief trichterförmig in der Mitte der Vertiefung flach, am Rande etwas wellenförmig gebogen und zurückgeschlagen, hirschgrau von Farbe, fleischig, auf der Oberfläche trocken anzufühlen. Die Lamellen sind an den Stiel angewachsen, und steigen vom Hut, an denselben in ziemlich gleicher Entfernung herab; sie sind schmal, nicht völlig 1 $\frac{1}{2}$ Linie breit, und von dreyfacher Länge: Die erstern reichen an den Stiel, die andern sind von verschiedener Kürze und stehen zwischen jenen; weißlich von Farbe, je mehr sie sich aber dem Hut nähern, um so mehr spielen sie auch in seine Farbe. Der Stiel ist dick und fleischig, nach aben in den Hut ausgebreitet, nach unten etwas knollig, und mit einem weißlichen zartfaserigen Filz, wodurch er mit Moosen zusammenwächst, überzogen, in der Mitte etwas gedreht oder gewunden, innen weiß und voll, ohne daß eine Verschiedenheit zwischen dem Fleisch und der Haut zu bemerken wäre. Er wächst im Oktober in waldigen bergichten Gegenden.

IV. — — — — **korallförmiger**, (Agaricus neptuneus 140). Er wächst in Waldungen zu

139) Agaricus (cervinus,) stipitatus, stipite in pileum infundibuliformem oblique reflexum dilatato, cervino, subtus tuberoso, tomentoso; lamellis angustissimis albis, inaequaliter decurrentibus. Tab. nostr. II. fig. 2. Amanita infundibuli forma, cervinus, lamellis albis. *Hall.* hist. 2359.

140) Agaricus (neptuneus.) Ochraceo-carneus, glaber; pileo confluente cum stipite subelongato; laminis distantibus,

Ende Oktobers. Der Hut ist irregulär, am Rande aufwärts gebogen, krauswellig, er fließt mit dem verlängerten Stiel zusammen, und ist ocherartig fleischfarbig. Die Lamellen stehen unordentlich, entfernt, wechseln in der Länge, sind schmahl und am Ende oft gespalten. Der Stiel ist so lang als der aufsteigende Hut, oder noch etwas größer. Ein sehr übereinkommendes Ansehen mit diesem hat folgender.

Blätterschwamm, zartlederiger (Agaricus alutaceus 141). Er wächst zu Anfang Septembers in grasigen Wegen von kleinen Wäldern. Der Hut ist in der Mitte vertieft, auf der Oberfläche glatt, zartlederig, etwas klebrig und fettig. Das Fleisch ist weißlicher, voll, und fließt nach und nach vom Hutrande gegen den dicken Stiel, mit diesem zusammen, welcher gleich unter denen Blättchen wieder schmal wird, und eine unbeträchtliche Länge erreicht. Die Blättchen sind verlängert, etwas breit, und die längsten fließen an den Stiel an. Sie sind in der Länge vielfach verschieden, an den Seiten des Huts, woselbst sie kürzer sind, nicht häufig. Der Schwamm kommt mehr oder weniger groß, regelmäßig oder schief gebauet vor.

II. III. — — — — **wedelförmiger** (Agaricus flabelliformis 142). Er wächst an Holzstöcken. Der Hut

tibus, angustis, saepe bifidis. *Batsch*, elench. cont. 161. fig. 118.

141) Agaricus (alutaceus,) pallide carneus, glaber; stipite erga pileum brevi et angusto; laminis latiusculis. *Batsch*, elench. cont. 163. fig. 119.

142) Agaricus (flabelliformis.) *Schaeff.* tab. 43. 44. *Allion.* ped. 2714. Agaricus (mesentericus.) Pileo dilatato, margine lobato-repando, varie voluto et crispato, acuto, fulvello, luridove; stipite brevi cylindrico, valido, in pileum

Hut ist verschieden gebogen, zerrißen und zerlappt, braun, rothbräunlich mit gelb und fleischfarb abwechselnd. Die Lamellen sind hin und wieder verwachsen, schmutzig weiß, und wellenförmig ausgeschweift. Der Stiel ist kurz und stark, walzenförmig, in den Hut ausgebreitet, und gleichfarbig mit denen Lamellen. Folgende zwey Arten die als Spielarten dieses Schwamms können angesehen werden, machen den Uebergang zu einer besondern Unterabtheilung der

6) Blätterschwämme, mit halben mehrentheils flachen Hut und einem kurzen Stiel an der Seite: Halbschwämme.

III IV. Blätterschwamm, kleingestielter (Agaricus semipetiolatus 143) Er wächst zu Ende Herbsts und zu Anfang Winters auf Balken, an Zäunen und halbverfaulten Bäumen. Der ganze Schwamm ist bräunlich, ocherartig safranfarben, etwas fleischfarben, der Hut ist dünn, häutig, mit lichtern und dunklern Streifen umzogen, am Rande wellenförmig ausgeschweift, öfters auch mit weißlichen Körnern bestreut. Die Lamellen sind blässer bräunlich, ästig. Der Stiel ist schmal und voll, etwas gebogen und umgekehrt kegelartig.

III. — — — — sulziger (Agaricus tremulus 144). Er wächst im Herbst in Wäldern unter Mooß und

---

pileum diffluente; lamellis subrepandis, albentibus, distincte adnatis, var. α. Magnus, pileo fusco-fulvente, carneo, flavove vario; stipite albo. *Batsch*, elench. 91.

143) Agaricus (semipetiolatus.) *Schaeff.* tab. 208. var. β. Pileo ochraceo-croceo subcarneo, subfasciato, stipite concolore; lamellis pallidioribus. *Batsch*, l. c.

144) Agaricus (tremulus.) *Schaeff* tab. 224. var. γ. Pileo nigro-fusco, lurido fasciato; stipite lamellisque concoloribus pallidis. *Batsch*, l. c.

und an alten Baumstöcken. Der ganze Schwamm ist weich und zitternd. Der Hut ist trichterförmig eingetieft, oft blumenartig zerrissen und ungestaltet graubraun, bleyfarbig, mit Streifen umzogen. Die Lamellen sind schmutzig weiss. Der Stiel grau, rund, kurz und voll, seitwärts stehend, und in den halben Hut nach oben erweitert.

II. **Blätterschwamm, halbrunder** (Agaricus dimidiatus 145). Er wächst in Wäldern an Baumstämmen. Der Hut ist einige Zoll breit, erhoben, veränderlich, halbrund, schuppig, fleckenförmig, röthlich blaßbraun. Die Lamellen sind blaßschwefelgelb. Der Stiel kurz, nach oben dicker, weißlich, an der Seite des Huts.

I. — — — — **zusammengehäufter, Eichhaase** (aggregatus 146). Er wächst zu Ende des Sommers an den Stämmen und Wurzeln der Bäume unter dem Moose. Der Schwamm hat eine ungewisse Figur, mehrere, die oft ästig mit einander verbunden sind, wachsen zusammen. Der Hut ist bald flach, bald in der Mitte vertieft, auf verschiedene Art am Rande gekraust, gebogen und zerlappt, von Farbe rothbräunlich. Die Lamellen sind ästig, laufen etwas an den Stiel herab, und sind röthlich. Der Stiel ist dick, voll, gebogen, unförmlich, mehrere Zoll lang, von Farbe

145) Agaricus (dimidiatus.) *Schaeff.* tab. 233. Agaricus (submaculatus) var. β. Maculis latis, rubellis, squamiformibus; lamellis pallide-sulphureis. *Batsch*, elench. 89.

146) Agaricus (aggregatus,) caulescens cespitosus, saepius ramoso-connatus, carnosus; pileo planiusculo, fusco, centro saepe concavo, margine lobato crispo; lamellis ramosis rufescentibus; petiolo crasso, curvo, pleno, saepe deformi albido; velo et annulo destitutus. *Schaeff.* tab. 305, 306.

Farbe bräunlich weiß, und nicht in der Mitte des Huts, öfters an der Seite desselben befestigt und in denselben fortgesetzt. Er ist nicht giftig, und könnte auch in die vorige Abtheilung versetzt werden.

I. II. **Blätterschwamm, handförmiger** (Agaricus palmatus 147). Er wächst an lebendigen oder abgestorbenen Baumstämmen, in Wäldern, gewöhnlich in einer Höhe von 60 = 80 Fuß, ganz wagerecht, und ist in Frankreich einheimisch. Es wachsen mehrere Schwämme neben und übereinander. Der Hut ist irregulär, schief, oder halbrund, wagerecht, rothbraun, oder dunkel holzfarben, gewölbt, von einem trocknen, fleischigen und weichen Wesen. Die Lamellen sind gleichfarbig, von ungleicher Länge, am Rande wellenförmig gebogen; die längsten sind nicht an den Stiel, sondern an einen eigenen häutigen Ring angewachsen. Der Stiel ist weißlich, in den Hut fortgesetzt, unten ein wenig verdickt, innen voll, schief an den Hut, nur selten in der Mitte befestigt, oft so kurz, daß der Hut an den Baum ganz angewachsen erscheint. Der Geschmack ist zuckerartig, zuletzt bitter.

II. — — — — **blumenblattförmiger** (Agaricus petalodes 148). Er wächst im September, Oktober an trocknen Stellen der Waldfuhrwege, in Frankreich. Der Hut ist halbrund, oben eingetieft, am Rande wellenförmig gebogen, violett braun, von einer trocknen und gleichsam mehlichten Oberfläche. Die Lamellen stehen dicht, laufen an den Stiel herab, sind gelblich Der Stiel sitzt an der Seite, und erweitert sich in den Hut, zolllang, weißlich, voll. Das Fleisch ist

147) Agaricus (palmatus.) *Bulliard*, herb. tab. 216.
148) Agaricus (petalodes.) *Bulliard*, herb. tab. 226.

ist fest, wenn schon der ganze Schwamm nicht sehr fleischigt ist, der einem Blumenblatt (petalo ungui o-lato) mit seinem Nagel vollkommen ähnlich siehet. Geschmack und Geruch sind nicht unangenehm.

I. II Blätterschwamm, muschelförmiger (Agaricus conchatus 149) Er wächst im Herbst an Baumstämmen in der Höhe von 18 = 20 Schuhen, in Frankreich. Der Hut ist halbrund, muschelförmig gebogen, am Rande zurückgeschlagen, 9 10 Zoll breit, von weichen Fleisch, und blaß zimmt= oder holzfarben. Die Lamellen sind gleichfarbig, die längern laufen an den Stiel beinah bis zu Ende herab, kürzere stehen zwischen diesen. Der Stiel ist bogenförmig gekrümmt, mehr oder weniger lang, voll in dem Hut, womit er gleichfarbig ist, erweitert, und an der Seite befestigt.

III IV. — — — — täuschender (Agaricus fallax 150). Er wächst im Frühling und Herbst an Baumrinden. Dieser kleine Halbschwamm überzieht oft ganze Aeste. Der Hut erscheint beim ersten Anblick ganz festsitzend, halb zirkelrund, einen halben Zoll und weniger breit, pomeranzenfarb ins bräunliche spielend, nicht sehr dick fleischigt. Die Lamellen sind im Verhältniß des kleinen Schwamms ziemlich breit, zwischen zwey längern, die den Stiel erreichen, aber nicht mit ihm verwachsen sind, stehen jedesmahl drey kleinere von gleicher Farbe mit dem Hut. Der Stiel ist kurz, und stehet in der Mitte des Schwamms, er ist aber so wagerecht gebogen, daß man beym ersten Anblick glaubt, einen stiellosen Schwamm zu sehen, vorzüglich bey ältern, wo die Lamellen vorspringen und den Stiel verstecken.

149) Agaricus (conchatus.) *Bulliard*, herb. tab. 298.
150) Agaricus (horizontalis.) *Bulliard*, herb. tab. 324.

stecken. Die Farbe des ganzen Schwamms ist völlig einerley.

III. Blätterschwamm, zusammenziehender (Agaricus stipticus 151). Er wächst zur Herbstzeit an Baumstämmen, und ist in Frankreich einheimisch. Der Hut ist halbrund, flach, mit einem eingebogenen Rand, einem Ohr etwas ähnlich, umberfarbig. Die Lamellen stehen kreisförmig, sind von gleicher Farbe mit dem Hut, und lassen sich leicht vom Fleisch, das vertrocknet sich aufbewahren läßt, trennen. Der Stiel ist kurz, an der Seite des Schwamms befestigt, und nach oben in denselben erweitert. Der ganze Schwamm ist nur zollbreit, und von einem zusammenziehenden Geschmack wie Alaun oder Vitriol.

IV. — — — — hellgrauer (Agaricus glaucus 152). Er wächst im September auf der bloßen Erde an Fahrgleisen, an senkrechten Flächen in Wäldern. Der Hut ist hellgrau, hat eine undurchsichtige Oberfläche, ist seidenartig faserig, und von zartem Bau. Mit dem Hinterrande steht er auf dem Stiele auf, und fließt mit ihm daselbst zusammen. Die Blättchen stehen locker und weit auseinander, sie sind einigemal in der Länge verschieden. Der Stiel ist kurz, mehr weißlich, bepudert, und an der Seite des Huts ansitzend und aufrechtstehend.

IV. Blät=

151) Agaricus (stipticus.) *Bulliard*, herb. tab. 140.

152) Agaricus (glaucus) griseus, substipitatus: pileo sericeo; stipite albentiore, pruinato, brevi, laterali; lamellis rarioribus, crassiusculis, longitudine alternantibus. *Batsch*, elench. cont. 170. fig. 123.

IV. Blätterschwamm, Flurstedtischer (Agaricus flurstedtiensis 153). Er wächst auf der Rinde der Weidenbäume im September. Hr. Prof. Batsch hat ihn zuerst bey Flurstedt bemerkt. Der Hut ist blaß-ocherfarb, weißlich; die Blättchen haben dieselbe Farbe, fallen aber etwas ins bräunliche. Der Stiel ist kurz am hintern Rande angesetzt, wo er mit dem Hute durch eine filzige Ausbreitung angeheftet ist.

II. III. — — — — Klagenfurther (Agaricus clagenfurtensis 154). Herr Abt von Wulfen hat diesen Blätterschwamm zuerst im September zu Klagenfurth in Kärnthen an einen sehr großen Stamm eines abgestorbenen Baums entdeckt. Er wächst wagerecht. Der Hut ist länglich, umgekehrt eyrund, wedelförmig, gegen sein hinteres Ende in einen kurzen aber dicken und starken Stiel verengert. Oberwärts gewölbt, glatt, mit einem sehr feinen am Ende sich abschuppenden Häutchen überkleidet, ocherfarbig, fleischig, innen weiß. Die lamellen sind weich und dünn, weißlich, am Rande graulich, zuletzt mit dem Hut selbst gleichfarbig, oder ochergelb. Sie vereinigen sich alle in den kurzen Stiel, so wie bey Seemuscheln die Streifen gegen die hintere Erhöhung über den Schluß.

7) Blät-

153) Agaricus (flurstedtiensis) substipitatus, ochraceo-pallens; stipite brevi marginali, postrorso, margineque adjacente, lato tomentoso pede adnatis. *Batsch*, elench. cont. 171. fig. 124.

154) Agaricus (ochraceus) acaulis, flabelliformis; supra pulvinatus ochraceus; lamellis albidis, margine cinerascentibus. *Jacq.* misc. 2, 110. tab. 16. fig. 2. *Linn.* syst. veg. 977.

7) Blätterschwämme, die geritzt einen Saft oder eine Milch von sich geben: Milchschwämme.

II. Blätterschwamm, leckerer (Agaricus deliciosus 155). Eßbarer Hirschling oder Reizker; Tännling, Milchschwamm. Er wächst im Monat August in Wäldern und auf Heiden. Der Hut ist anfangs halbrund, und in der Mitte etwas eingedrückt, am Rande gewölbt, ganz ziegelfarb, auch blaßziegelfarb ins grünliche spielend, mit abwechselnden hellern oder dunklern concentrischen Streifen. Nach und nach wird er beynah trichterförmig. Die Lamellen sind von ungleicher Länge, kürzere stehen zwischen denen längern, die am Stiel ein wenig herablaufen. Der Stiel ist walzenförmig, ziegelfarb gefleckt, öfters in der Erde versteckt. Der Schwamm ist fleischig, durchschnitten oder eingeritzt giebt er einen rothen Saft von sich. Dieser Schwamm ist eßbar, wenn schon seine rothe Milch scharf schmeckt, und er wird unter die Leckerbissen gerechnet. Er scheint der beste und sicherste unter allen übrigen Arten, und der berühmte Boletus der Römer zu seyn. Die Italiener nennen ihn novolo. Sein Saft ist saffrangelb, und färbt die Brühen in denen er gekocht wird, gelb. Er wird in Baumöhl aufbewahrt, und so verschickt. Genua soll auf die Art diesen Schwamm häufig versenden. Bey der Einsammlung muß man aber sehr vorsichtig seyn, um nicht eine giftige

155) Agaricus (deliciosus) pileo testaceo: succo lutescente. *Linn.* syst. veg. 975. Sp. pl. 1641. Fl. suec. 2, 1211. *Hudſ.* angl. 2, 613. *Schaeff.* tab. 11. *Scop* carn. 2, 1552. *Kerner*, Schwämm. 27. tab. 6. fig. 1. Amanita (sanguinaria.) *Lamarck*, encyclop. 104. Agaricus (deliciosus) stipitatus, pileo vertice depresso luteo fuscescente, lamellis luteis subdecurrentibus, succo luteo farctis. *Wild.* berol. 1119.

tige Art mit diesem zu verwechseln. Die Synonymen sind hier um so unsicherer, da verschiedene Schriftsteller eßbare und schädliche Reizker unter den Agaricus deliciosus als Spielarten gesetzt haben. Wir wollen sie nach den Schäferischen Abbildungen auseinander setzen und nahmhaft machen.

II. **Blätterschwamm, giftiger** (Agaricus torminosus 156). **Birken-Reizker, wilder Hirschling.** Er wächst den ganzen Herbst durch auf Heiden und in Wäldern. Dieser Schwamm, der schädlich ist, und Durchfälle verursacht, unterscheidet sich von dem vorhergehenden: durch seinen am Rande haarigen gestrichelten Hut, durch eine blässere Farbe, einen hitzig beißenden Geschmack. Das Fleisch ist weniger locker, manchmahl löcherig. Er hat eine haarige Saamendecke. In allen übrigen kommt er aber mit dem eßbaren Reizker überein. An diesen schließt sich der folgende an:

II. — — — — **tödtender** (Agaricus necator 157). Er wächst mit dem vorigen im Herbst auf Heiden und in Wäldern. Der Hut ist rund und gewölbt, nachher eingetieft, am Rande abwärts gebogen und faserig, umberbraun von Farbe, mit abwechselnden Lamellen von blässerer Farbe. In der Mitte zeigt der Hut auch concentrische Streifen. Der Stiel ist voll, und

156) Agaricus (torminosus.) *Schaeff.* tab. 12. Amanita (perniciosa.) *Lamarck*, encyclop. 104. Agaricus (deliciosus) var. η. Pileo pallido ochraceo-fulvente, lamellis concoloribus; stipite valido crassiusculo, albidiore, pileo fasciato piloso. *Batsch*, elench. 43. (exclusa cit. tab. 11. *Schaeff.*)

157) Agaricus (necator.) *Bulliard*, herb. cah. 4. tab. 13. Amanita (venenata.) *Lamarck*, encyclop. 104.

und besteht aus einem festen Fleisch. Er giebt eine weißliche höchst scharfe Milch von sich, und ist sehr giftig.

II. **Blätterschwamm, kreisförmiger** (Agaricus zonarius 158). Er wächst im Herbst auf Wiesen und Viehtriften, auch in Wäldern. Der Hut ist gewölbt flach, in der Mitte endlich eingetieft, am Rande unterwärts etwas wellenförmig gebogen, röthlich braun, mit lichtern und dunklern Kreisen durchlaufen. Die Lamellen sind weißlich. Der Stiel weißlich ins braune spielend, kurz, voll und rund. Er ist wie die Lamellen mit dem Fleisch des Huts verwachsen. Die Oberfläche ist trocken und rauh anzufühlen. Die Milch, die der Hut und Stiel von sich geben, ist scharf. Es giebt eine Abänderung mit blässern Hut, manchmahl ganz unkenntlichen oder nicht sehr häufigen Streifen.

III. — — — — **süßmilchiger** (Agaricus lactifluus dulcis 159). Er wächst im August und September in Wäldern. Der Hut ist anfangs gewölbt, in der Mitte mit einer Warze versehen, er wird

158) Agaricus (zonarius.) *Lamarck*, fl. franc. 1281-10. Agaricus (lactifluus zonarius.) *Bulliard*, herb. tab. 104. Agaricus (fuscus.) *Schaeff* tab. 235. Amanita zonaria.) *Lamarck*, encyclop. 105. Fungus lignosus (fasciatus.) *Vaill.* Bot. paris. tab. 12. fig. 7. Agaricus (deliciosus.) var. α. Pileo livide fulvo, vel fulvente, fasciis circularibus obscurioribus; lamellis albentibus; stipite crasso, albo. *Batsch*, elench. 41.

159) Agaricus (lactifluus dulcis.) *Bull* herb. 224. An Agaricus (rubescens.) *Schaeff* tab. 73? Agaricus (deliciosus,) var. γ. Pileo carneo-fulvente, margine varie figurato et colorato; stipite elongatiore, concolore; lamellis pallidioribus, pallide subflaventibus. *Batsch*, elench. 41?

wird aber in der Folge hohl und trichterförmig, und ist mit concentrischen Streifen innen überzogen, völlig schmutzig roth, das Fleisch aber innen weiß. Die Lamellen sind zahlreich, gleichfarbig am Hut und Stiel ein wenig herablaufend. Der Stiel ist bald fest bald hohl, unten nicht selten gebogen in das Fleisch des Huts fortgesetzt; Er bricht aber leicht an der Stelle seiner Befestigung ab, und giebt so wie der Hut eine weiße süße Milch wie von Mandeln, von sich. Er kommt sehr mit dem röthlichen Hirschling oder Wiesenreizker des Hrn. Schäfers überein, es bezieht sich auch Hr Bulliard dahin, nur die scharfe Milch dieses letztern hindert die sichere Vereinigung von beiden. An diesen gränzt der folgende.

III. Blätterschwamm, gelbmilchiger (Agaricus lactifluus luteus 160). Er wächst in England in den Wäldern um Hallifax, im Oktober. Der Hut ist am Rand ein wenig wellenförmig und jung abwärts gebogen, nachher wagerecht, zuletzt in der Mitte genabelt, von Farbe hell orangefarb, zuletzt braun. Die Lamellen sind dünn und schmahl, in dreifachen Reihen, wovon die zweyte und dritte von ungleicher Länge sind; ihre Farbe ist blaßbräunlich, ihre Substanz mürbe, zerbrochen tropfen sie einen milchartigen Saft von gelber Farbe aus, an Geschmack ein wenig scharf. Der Stiel ist voll, mürbe, von der Dicke eines Schwanenkiels, ohngefähr zwey Zoll hoch, innen weiß, und nicht in Fasern theilbar, im Alter hohl; unten stumpf mit kleinen dünnen braunen Fasern besetzt. Durch seine Scharlach- oder Orangefarbe, durch seine Größe und gelbe Milch ist er von ähnlichen verschieden.

II. III.

160) Agaricus (deliciosus.) *Bolton*, fung. 9. tab. 9. (exclus. syn. *Linn.*) Agaricus (rufus.) *Scop.* carn. 1553.

II. III. Blätterschwamm, narbichter (Agaricus scrobiculatus 161) Er wächst im Herbst in Wäldern. Der Hut ist gewölbt gelb, über und über haarig, in der Mitte etwas vertieft, am Rande gewölbt. Die Lamellen sind ästig, etwas blässer. Der Stiel ist rund und dick, kurz, und mit Narben oder Gruben besetzt; inwendig hohl, an der Basis schmutzig gelb. Die Milch ist anfangs weiß, aber bald hernach schwefelgelb. Als Spielart dieses Schwamms kann folgender angesehen werden.

II. III. — — — — zottichter (Agaricus crinitus 162). Er wächst bey dem vorigen. Der Hut ist gewölbt zottig-haarig, röthlich grau, in der Mitte vertieft, am Rande gewölbt und einwärts gebogen. Die Lamellen sind ästig gleichfarbig. Der Stiel rund, kurz, innen voll, ohne Masern und Narben. Hr. Prof. Batsch verbindet beyde.

— — — — milchfliessender (Agaricus lactifluus 163). Der Brötling, Brädling, Brätling, Breitling. Er wächst in denen Monathen August und September häufig in Wäldern, und gehört unter die leckerhaftesten Schwämme. Er ist manchen Abänderungen unterworfen, die zum Theil genießbar, zum Theil für den Genuß unsicher und schädlich sind. Hr. von Krapf hat diese Art so wie die Täublinge sehr gut auseinander gesetzt. Er vertheilet die Abarten in den Gold- den braunen- und Silber-

161) Agaricus (scrobiculatus.) *Scop.* carn. 2, 1551. *Schaeff.* tab. 227.

162) Agaricus (crinitus.) *Schaff.* tab. 228. *Allion.* ped. 2692. Agaricus deliciosus var. ζ. Pileo luteo, crinito toto, margine villoso; lamellis albentibus; stipite crassiusculo albo, basi tavente. *Batsch*, elench. 42.

Brätling. Die Hauptkennzeichen des Brätlings sind folgende: er ist ein gestielter von süßem Milchsaft an allen Theilen, in welchen er verletzt wird, strotzender Blätterschwamm, ohne Saamendecke, Geburtshaut und ohne Ring, mit ins Braune fallendem festen Hut, gelblichen oder fleischfarbigen leicht zerbrechlichen Blättern, festen schwammigen runden vollen Stiel, süßen Fleisch, davon der Geruch und Geschmack angenehm, und diesem Schwamme so eigen ist, daß man ihn blos daraus genugsam erkennen kann a). Die eßbaren Arten sind von denen uneßbaren durch kein sichereres Kennzeichen als durch ihr süßes Fleisch, eine wenig scharfe Milch und einen angenehmen Geruch zu unterscheiden. Folgende Abarten sind vorzüglich merkwürdig:

I. II. **Blätterschwamm, rothbrauner** (Agaricus lactifluus fulvens 163). **Der rothbraune Brätling.** Er wächst häufig im August, September, in Wäldern. Der Hut ist fleischig, flach gewölbt, tief gefärbt, rothbraun, oder safran farbig braunroth, oft bemerkt man dunkle Ringe von einerley Mittelpunkt. Die Lamellen sind weißlich ocherfarb. Der Stiel dick, voll, keulenförmig, fast von gleicher

---

a) von Krapf Beschreibung der eßbaren Schwämme ꝛc. 2tes Heft, S. 6.

163) Agaricus (testaceus.) *Scop.* carn. 2, 1558. Agaricus (lactifluus stipitatus, pileo plano carneo-lactescente, lamellis rufis, stipite longo carneo. *Linn* Syst. veg. 975. Spec. pl. 1641. Fl. lapp. 484. *Hudſ* fl. angl. 2, 614. *Schaeff.* tab. 5. *Allion.* ped. 2719. Agaricus (fulvens.) Pileo saturate croceo-fulvo; lamellis ochraceo-albis; stipite crasso ochraceo-albente, deorsum sanguineo-fulvente. *Batſch*, elench. 43. Amanita lactiflua.) *Lamarck*, encyclop. 104. *Bolton*, 3. tab. 3. Der braune eßbare Brätling, von Krapf, 2. Heft, S. 6. Kerner, Schwämme, Taf. 11. Fig. 1.

gleicher Farbe, unten blutfärbig braunroth. Er giebt einen milchartigen süßen Saft von sich, und ist vor andern genießbar. Das Fleisch ist zarter als bey folgenden.

Blätterschwamm, goldfarbiger (Agaricus lactifluus aureus 164). Der gute oder eßbare Goldbrätling. Er wächst gemeiniglich in hohen und schattigen Buchwäldern, aber fast allezeit auf feuchten, mit Moos bewachsenen Plätzen. Er ist nach Hrn. von Krapf einer von den schönsten aus den übrigen, und erhält seinen Namen von der Goldfarbe, welche vorzüglich an den Blättern sich auszeichnet. Der Hut ist an seiner Oberfläche am Grunde saffrangelb, und gleichsam mit dunkelrothbrauner Farbe, und dazwischen gemischten schwarzen Flecken überzogen. Die Blätter sind saffrangelb, in den Seitenflächen bleicher, am Rande aber schön goldfarb. Das Fleisch ist nicht so zart und saftig, wie in dem braunen und Silberbrätling, kommt aber an Geschmack und Geruch beiden gleich. Bey der Durchschneidung ist es anfangs weiß, wird aber bald hernach, sonderlich am Rande bräunlich, nach und nach rothbraun, sonderlich wenn der Schwamm seine Entwicklung erreicht hat, und schon anfängt dürre zu werden.

— — — — silberfarbiger (Agaricus lactifluus argenteus 165). Er wächst in jungen Buch- und Birkenwäldern, etwas selten in schattigen mit hohen Bäumen bewachsenen Orten. Weil diese Art von eßbaren Brätling die meiste Zeit über eine weiße Farbe hat, so wird er auch der weiße Brätling, der Silber-

164) Der gute eßbare Goldbrätling, von Krapf, 2. Heft, Pl. 1. Fig. 1 = 3. Kerner, Taf. 10. Fig. 1 = 2.

165) Der Silberbrätling, von Krapf, 2. Heft, S. 6. Kerner, 42. Taf. 11 Fig. 2.

Brätling genennt. In seinem Alter ändert er diese Farbe in das Bleichgelbe, und gegen den Rand hin ins Bräunliche. Der Stiel ist hie und da gleichsam mit einem weißen Ringe überzogen, der sich aber bey dem Absterben des Schwammes verliert. Dies ist der schmackhafteste Brätling nach Hrn. v. Krapf, besonders wenn er noch jung ist, wo er viele Milch giebt, und das Fleisch noch nicht von Würmern angefressen ist. Dies sind die gewöhnlichern eßbaren Arten von Brätlingen. Die Zubereitung derselben ist nach Hrn. von Krapf folgende: Man säubert den Schwamm von allen Unreinigkeiten, schneidet den Stiel, der gewöhnlich am ersten wurmstichig und ausgefressen ist, bis an den Hut weg; der gesäuberte Hut wird gesalzen, mit klein gehackten Petersilien, geriebenen Semmel, und gestoßenen Pfeffer bestreuet, sodann in einem Dreyfuß, oder einem andern schicklichen Geschirr mit Schmalz oder guten Oel nur so lange geschmort, bis er vom heißen Schmalz ganz durchdrungen worauf er denn als ein Leckerbissen aufgestellt wird. Andere legen ihn blos mit der Oberfläche auf einen eisernen Rost, bestreuen ihn auf der Blätterseite mit dem erst genannten Gewürz, begießen ihn mit Butter, Schmalz oder Oel, und braten ihn so lange, bis ihn das heiße Fett ganz durchdrungen hat. Das Landvolk in Unterösterreich, pflegt nach der Bemerkung des Hrn. v. Krapfs den gesäuberten Schwamm vorher in Schmalz zu dünsten oder zu dämpfen, nachher mit Essig, Lorbeerblätter, Pfeffer, Knoblauch, Salz, in einer sauren Suppe, so wie saures Fleisch zuzubereiten. Die Speise ist nicht unschmackhaft, uud wenn man diese Schwämme jung und frisch, indem sie noch von Milchsaft strotzen, sammelt, so sind sie am besten zu kochen. So unschädlich dieser Schwamm auch ist, so kann er doch, wenn er in großer Menge gegessen wird, besonders von solchen, welche

welche schwache Mägen haben, Beängstigung, Blähungen, Magen- und Bauchschmerzen, Brechen und Durchfälle verursachen, wie Hr. v. Krapf an sich selbst erfahren hat. Auch der junge zarte und saftige Schwamm verliert durchs Kochen, Dünsten oder Braten, wie andere Schwämme, seine leichte Zerbrechlichkeit, schwillt auf, wird zähe und lederhaft, reitzt zugleich durch sein schleimiges Wesen, welches er in Menge besitzt, die empfindlichen Nerven des Magens und der Gedärme, verursacht dadurch ungewöhnliche und schmerzhafte Bewegungen in diesen Theilen, wodurch der Schwamm stückweis entweder durch Brechen, oder durch Durchfall, mit Gewalt von der Natur fortgeschaft wird. Die giftige Arten sind in nichts mit Sicherheit von den eßbaren zu unterscheiden, als durch ihr scharfes Fleisch, durch ihre scharfe Milch und durch den Mangel des guten Geruchs; hieher gehört nach Hrn. von Krapfs Beobachtungen der uneßbare braune Goldbrätling (2. Heft. S. 9.) Hr. von Krapf führt folgendes Beispiel seiner Schädlichkeit an: Den 18. Heumonath 1778. frühe Morgens bey nüchternem Magen kostete ich ein kleines Stück eines frischen von Milch noch strotzenden wilden braunen Brätlings, es war so scharf, daß ich es nicht lange im Munde zu erdulden vermochte. Ich kochte darauf den ganzen Schwamm, von dem ich das kleine Stück gekostet hatte, in einem viertel Maas Wasser eine Viertelstunde, der Dunst den der siedende Schwamm anfangs von sich gab, war scharf, machte Niesen und reitzte Thränen aus den Augen, wurde aber am Ende so gelind, daß ich am Ende davon keine Schärfe mehr empfand; das Wasser war auch süß, und ohne alle Schärfe, und der Schwamm ganz geschmacklos. Den 28. des nemlichen Monaths kostete ich wieder ein kleines Stück von einem wilden zehn Tage schon in freyer luft gehangenen braunen Brätling, der fast schon gänzlich dürre war, und nachdem ich es etwas im Munde zerkauet hatte, so verschluckte ich es. Eine halbe Stunde darnach empfand ich einen zwickenden Schmerz, der demjenigen beinahe gleichkam, welchen starke Purganzen, wenn sie zu wirken anfangen, verursachen. Es läst sich also hieraus der Schluß machen: wenn ein kleines Stück eines schon dürren wilden braunen Brätlings ein Zwicken im Bauche verursacht, was für eine starke und schmerzhafte Wirkung würde nicht ein frischer und ganzer solcher Brätling verursachen können, wenn er roh, wie der gute Brätling pflegt genossen zu werden, gegessen würde. Im Jahr 1782. den 23. Herbstmonath kostete ich einen braunen wilden Brätling, der schon drey Wochen dürre ausser dem Fenster gelegen war. Ich fühlte zwar im Zerkauen nicht gleich eine Schärfe; bald darauf empfand ich aber ein ziemlich starkes Brennen auf der Zunge, welches zwey bis drey Minuten anhielt. Ich ließ hernach zwey dergleichen dürre Schwämme, nachdem ich sie vorher eine Viertelstunde gesotten, und das Wasser womit sie angesotten waren, wohl ausgedrückt hatte, mit etlichen süßen frischen Brätlingen in einer sauren Suppe zubereiten, aß davon einen beträchtlichen Theil, und hatte davon keine andere Ungelegenheit, als daß mir diese Speise nicht zum besten schmeckte. Ein armes Weib zu Triest aß mit ihrer zehnjährigen Tochter Brätlinge, welche mit Essig, Oel und Pfeffer zubereitet waren, und wurde noch den nemlichen Tag mit ihrer Tochter so krank, daß die Tochter den zweyten nach einem vorhergegangenen starken Erbrechen starb, die Mutter aber nach vielem Brechen und heftigen Bauchschmerzen kaum bey leben blieb. Eine ansehnliche Frau in Wien aß mit ihrem Schwager süße Brätlinge. Sie wurden von ihrer Köchinn auf gewöhnliche Art mit Butter gebraten.

braten. Ihr Schwager wurde noch am nemlichen Tag mit heftigen Magenschmerzen befallen, welche Brechen verursachten, und sich mit einem Durchfall ohne weitere üble Folgen endigten. Die Frau blieb diesen Tag ausser einer kleinen und unbeträchtlichen Bangigkeit um die Magengegend von andern übeln Zufällen frey. Den folgenden Tag überfiel sie aber mit vorhergegangener und begleitender Brängstigung ein sehr heftiges Erbrechen, daß man ihres Lebens sehr besorgt war. Ihr Arzt erkannte bald aus denen weggebrochenen Stücken der Schwämme die Ursach der Krankheit, und stillte vermittelst angemessener Mittel, das Brechen, und endlich den Durchfall. Die Frau siegte aber beynah ein ganzes Jahr, fiel vom Fleisch, so daß man glaubte, sie würde ohne Rettung an einer Auszehrung sterben. Unverhoft fiel sie aber in einen heftigen Schweiß, welcher in ein grünes Pulver in solcher Menge austrocknete, daß sie es von ihren Hemden und Leintüchern abstäuben konnte. Hierauf befand sie sich zusehend besser, nahm an Fleisch und Kräften zu, und befand sich bald wieder so gesund als vorher." Die Mittel wider die Schädlichkeit der Brätlinge, die Hr. von **Krapf** empfiehlt, sind die nemlichen, die wir schon bey denen giftigen Täublingen angeführt haben. Hr. von **Krapf** führt mehrere Abänderungen von giftigen Brätlingen an: als den **braunen Brätling**, den **wilden Silberbrätling**, (2tes Heft, Taf 5. Fig. 5.), den **gelbbraunen wilden Brätling** (Taf. 3. Fig. 5.), den **schwarzen wilden Brätling** (Taf. 5. Fig. 5.), den **grünen wilden Brätling** (Taf. 4. Fig 8. 9. Taf. 5. Fig. 1. 2.), den **graublauen wilden Brätling** (Taf. 5. Fig. 8.), den **Schmierling, stinkenden Täubling** (Taf. 6. Fig. 4 : 9.), die nur in Rücksicht ihrer Farben abweichen, in ihren giftigen Eigenschaften aber, und denen davon angegebenen Kennzeichen übereinkommen. Hierher gehört auch folgender.

I. **Blätterschwamm, bleyfarbiger** (Agaricus lactifluus plumbeus 166). Er wächst im September, Oktober in Wäldern. Der jüngere Hut ist gewölbt, nachher in der Mitte vertieft. Die Oberfläche ist trocken, rauchig, schwärzlich, oder bleyfarb, und das Oberhäutchen leicht davon abzuschälen. Das Fleisch weiß und weich. Die Lamellen laufen an den Stiel herab, sind zugespitzt, holzfarbig, und von dreyfacher Ordnung. Der Stiel ist rund und voll, innen schwammig, nach oben manchmal etwas dicker, im Alter ein wenig gebogen, und in der Mitte hohl, von gleicher Farbe mit denen Lamellen. Eingeritzt geben Blätter und Stiel eine äusserst scharfe Milch, die oft in Tropfen geronnen an den Schwamm hängt.

II. — — — — **thränender** (Agaricus ichoratus 167). Er wächst zu Ende Augusts in Wäldern. Der Hut ist in der Mitte eingetieft, am Rande gekrümmt erhaben; in der Dicke nimmt er gleichförmig ab; die Oberfläche ist zart, trocken, ohne Glanz, aber wie gespannt und härtlich, und von allen Unebenheiten befreyet; die Farbe ist ocherfarbbraunröthlich, in der Mitte stärker, am Rande saffranfarben. Die Blättchen sind von verschiedener Länge, am Rande des Huts gabelförmig gespalten; der größern, welche vom Hutrande bis zum Stiel reichen, sind etwa 90; ihre Farbe ist blaßocherfarb. Der Stiel ist gleichfarbig, ocherfarb;

166) Agaricus (lactifluus plumbeus.) *Bulliard*, herb. 282.

167) Agaricus (ichoratus.) Pileo foveato, ochraceo-fulvello, plus minus croceo-fulvo; lamellis ochraceis, ad marginem pilei saepe bifidis; stipite concolore, subelongato. *Batsch*, elench. fung. cont. 37. fig. 60.

farb; seine Oberfläche ist der Oberfläche des Huts ähnlich, aber minder geebnet, das Fleisch desselben ist innen in Querlagen abgetheilt. Das Wesen des Schwamms wird, nachdem man es der freyen Luft ausgesetzt hat, nach und nach von selbiger in der Farbe verändert. Es ist weiß, aber nachher wird es schmutzig bräunlich. Der angeritzte Schwamm giebt einen molkigen Saft von sich, der kaum etwas weißliches enthält, und außer einem gelinden Zusammenziehen, kaum einigen Geschmack bemerken läßt.

III. Blätterschwamm, wanzenartigriechender (Agaricus cimicarius 168). Er wächst zu Ende Augusts in Wäldern. Der Hut ist rostfarbig rothbraun, und hat eine glanzlose etwas feuchte und ungleiche Oberfläche; Er ist trichterförmig vertieft, mit ungleich ausgeschnittenem Rande, dessen vorstehende Theile erhaben gepolstert sind. Die Lamellen sind breit, braunröthlich ocherfarb, blässer als der Stiel, und von dreyfach verschiedener Länge. Die innern Enden derselben biegen sich bald auf die, bald auf jene Seite, und hängen sich so an die benachbarten an. Die oberen Ränder, welche an dem Hut festsitzen, werden sehr oft durch Queerrunzeln verbunden. Der Stiel ist glanzlos, mehr oder weniger stark gefärbt, rundlich, inwendig hohl, mit einer an den Wänden löcherigen Höhle. Er breitet sich oben in den fleischigen Hut aus, und sein Fleisch ist weich, trocken, zart und etwas zähe; die Farbe ist etwas blasser als bey den Blättchen. Der angeritzte Schwamm

168) Agaricus (cimicarius,) ferrugineo-fulvus: pileo alte foveato, margine inaequaliter pulvinato; stipite subelongato, cavo lamellisque alternantibus, per rugulas crebro connexis, subconcoloribus. *Batsch*, elench. cont. 59. fig. 69.

Schwamm giebt einen klaren molkigen Saft von sich, der nur wenige weisse Theilchen enthält, und keinen Geschmack hat. Für sich hat der Schwamm keinen starken Geruch, wird er aber zerbrochen, oder sonst zertheilt, so riecht er ungemein stark nach Wanzen, welcher Umstand diesen Schwamm vor andern auszeichnet.

III Blätterschwamm, dunkelgrauer (Agaricus opacus 169. Er wächst zu Anfang Septembers in Wäldern auf der Erde. Das Wesen des Schwamms ist voll, fleischig und weiß. Der Hut ist am Rande gekrümmt, in der Mitte vertieft, steif, etwas härtlich, auf der Oberfläche ein wenig feucht und klebrig; die Farbe ist bräunlich grau, und um den Mittelpunkt herum mit etlichen dunkeln, aber nicht allzudeutlichen Bändern im Kreise umzogen. Die Lamellen sind breit, und an beyden Enden geschmälert. Sie folgen der Beugung des Huts, und die größern legen sich sehr an die Seiten des Stiels an; in der Länge dreyfach verschieden ocherartig fleischfarben. Der Stiel ist stark, und hat eine zarte trockne, glanzlose weißliche Oberfläche. Er breitet sich in den Hut aus, welcher nach und nach gegen den Rand zu an Dicke abnimmt. Der angerißte Schwamm giebt eine weiße Milch überall von sich, welche stark gepfeffert schmeckt.

I. II. — — — — Batschischer gepfefferter (Agaricus piperatus Batschii 170). Er wächst im Gebüsch

169) Agarici (deliciosi varietas vel affinis species.) Pileo fusco-cinereo, subrorido, obsolete fasciato; stipite albente, opaco; laminis trium ordinum latiusculis, pallentibus, ochraceo-carneis. *Batsch*, elench. cont. 57. fig. 68.

170) Agaricus (piperatus) totus albus opacus, pileo foveato; laminis angustis, bifurcato-ramosis, parallelis, densissimis. *Batsch*, elench. cont. fig. 59.

büsch auf der Erde zwischen abgefallenen Blättern, in Wäldern, zu Ende Augusts. Die Farbe des ganzen Schwamms ist schmutzigweiß, blaßgraulich und schwach ins ochergelbliche fallend. Die Blättchen sind nur um etwas mehr ocherfarbig. Die Oberfläche ist weder glänzend, noch klebrig, sondern lederig, etwas hart anzufühlen, und ungleich gepolstert. Das Wesen ist steif und fleischig, in der innern Mitte des Stiels schwammig und ziemlich in Querlagen abgetheilt; der Hut ist starr, flach gepolstert, am Rande umgebogen, und in der Mitte vertieft. Die Blättchen sind gegen die Stärke des Stiels sehr schmal, fast gleichbreit, und gegen dem Rande in ein sehr zartes Ende verdünnt. Sie stehen sehr dicht, und laufen alle daher in einer gleichen Richtung miteinander, die nur einen äußerst spitzigen Winkel bildet. Ihrer sind etwa 130, wenn sie sich etwas von dem Stiel entfernt haben, theilt sich ein jedes gabelartig, oft zu einigen mahlen, doch ohne gewisse Ordnung. Die Gabel bildet bey ihrem Ursprung einen länglichen Zwischenraum, worauf die Schenkel derselben sogleich wieder parallel fortlaufen. Diese Vertheilungen wechseln im ganzen sehr artig ab, und folgen eben nicht sehr dicht hintereinander. Am Rande des Hutes bemerkt man keine weitere Vertheilung der Blättchen. Der Stiel ist stark, nicht allzu sehr verlängert, und hat dieselbe Oberfläche wie der Hut. Wenn man den Schwamm verletzt, so giebt er einen milchartigen Saft von sich, der einen äußerst brennenden Pfeffergeschmack im Munde verursacht, doch erst einige Minuten nachdem man ihn gekostet hat. Dieser Saft fließt wie bey ähnlichen Schwämmen, nicht aus dem innern Wesen des Schwamms, sondern aus der äussern Rinde desselben, und wenn man eine Stelle oft verwundet hat, so giebt der Schwamm weit um dieselbe herum keine Milch weiter von sich, nachdem man

man vorher allen Saft durch diese Stelle abgeleitet hat. Die Milch gerinnt bald zu einem weissen käsigten Rahm.

I. Blätterschwamm, Boltonischer, gepfefferter (Agaricus piperatus Boltonii 171). Er wächst in den Wäldern um Hallifax. Der Hut ist weiß, glatt und fest anzufühlen, und leichtzerbrechlich; anfangs gewölbt und am Rande abwärts gebogen, nachher wagerecht, zuletzt in der Mitte eingetieft. Die Lamellen sind zahlreich und irregulär, die kürzern sind mit denen längern ohne Ordnung verwachsen, mit ihren äußersten Ende zirkelförmig an den Stiel befestigt; sie sind schmal und leicht zerbrechlich, blaß milchfarben. Der Stiel ist weiß, unten und oben schmähler, in der Mitte einen Zoll und darüber im Durchmesser dick, fest und stark, innen voll; spröde; unten endigt er sich in eine stumpfe Spitze, mit einigen kurzen Fasern besetzt. Hut, Blätter oder Stiel geben verwundet eine scharfe gepfefferte Milch von sich, deren unangenehmer scharfer Geschmack noch einige Stunden nach dem Versuch auf der Zunge zurück bleibt.

I. — — — — Bulliardischer, gepfefferter (Agaricus piperatus Bulliardi 172). Er wächst im September, Oktober in den Wäldern Frankreichs. Der Hut ist anfangs gewölbt, in der Folge eingetieft, am Rande wellenförmig gebogen, und sehr fein eingekerbt, die Kerben sind mit denen darunter stehenden Lamellen in Verhältniß; glatt, er spielt aus dem Braunen

171) Agaricus (piperatus,) stipitatus, pileo planiusculo lactescente, margine deflexo, lamellis ramosis pallidis. *Bolton*, fung. 21. tab. 21. Agaricus (lactifluus acris.) *Bulliard*, herb. tab. 200. An (piperatus) *Linn.*?

172) Agaricus (piperatus.) *Bulliard*, herb. tab. 292.

nen in das Blaßzimmtfarbe. Die Lamellen sind von doppelter Größe, die breitern aber kürzern stehen zwischen denen längern und schmählern. Der Stiel ist walzenförmig, dick, innen nicht selten hohl, und von den Schnecken angefressen, die ihn ohnerachtet seiner Schärfe sehr lieben. Das Fleisch ist weich und wässerigt. Der Geschmack wie der schärfste Pfeffer. Hr. Bulliard gedenkt keiner Milch. Der ganze Schwamm ist von einerley Farbe, nicht sehr fleischig in Rücksicht seiner Größe, da er oft zehn bis zwölf Zoll im Durchmesser hat.

II. **Blätterschwamm, Schäferischer, gepfefferter** (Agaricus amarus 173). Bitterer Täubling, händiger Täubling, Pfefferschwamm. Er wächst im September und Oktober auf Wiesen, Viehtriften und in Wäldern. Der ganze Schwamm ist weiß mit etwas wenigem gelblichen vermischt, der Hut anfangs flach, denn in der Mitte vertieft, am Rande wellenförmig gebogen. Die Lamellen sind ästig, gelblich. Der Stiel ist rund, dick und voll, mit dem Hut gleichfarbig. Verwundet giebt der Schwamm allenthalben eine scharfe bittere Milch von sich. Alle diese Pfefferschwämme sind als Arten verschieden, und scheinen mit einander verwechselt worden zu seyn. Daher es kommen

173) Agaricus (amarus) caulescens, plerumque solitarius, carnosus; succo lactescente acri, amaro; pileo planiusculo, cum flavedine albo, demum infundibuliformi, margine repando; lamellis rectiusculis, ramosis, connexis, flavidis; petiolo tereti, crasso, pleno, cum flavedine albo; velo et annulo destitutus. *Schaeff.* tab. 83. Agaricus (deliciosus.) var. β. Pileo lamellisque albentibus, pallidissime ochraceo-fulventibus, stipite valido albo. *Batsch*, elench. 41. Amanita piperata.) *Lamarck*, encyclop. 104. *Kerner*, Schwämm. 39. tab. 9. fig. 1.

men mag, daß einige den Pfefferschwamm für giftig, andere für eßbar erklären.

8) Blätterschwämme, deren Blättchen runderhaben, aderförmig, oft in Aeste vertheilt (Merulii *Hall. Scop.*); Aderschwämme.

11. **Blätterschwamm, eyergelber** (Agaricus chantarellus 174). Chantarelle, gelber Champignon, Pfiffer, Pfifferling, der gemeine gelbe Pfifferling, Reiß oder Rehgeiß, Eyerschwamm. Er wächst häufig in Wäldern vom Juli bis in den September. Der ganze Schwamm ist dottergelb, voll und fleischig; der Hut ist anfangs gewölbt, oder rund, nachher in der Mitte eingetieft, am Rande wellenförmig gebogen, lappig, eingeschnitten. Die Lamellen sind gleichfarbig, ästig, aderig, etwas krauß, und am Stiele herablaufend. Der Stiel ist voll, rund, in den Hut erweitert, von Farbe auch dottergelb. Vom Geruch ist er sehr angenehm, wenn er noch frisch ist. Er gehört unter die eßbaren und unschädlichsten Schwämme. Man hackt ihn klein, vermischt ihn mit Butter, Salz, Essig, auch Zwiebeln und Petersilien, und läßt ihn in seiner eigenen Brühe langsam schmoren. Er wird

174) Agaricus (chantarellus.) *Schaeff.* tab. 82. *Kerner,* 56. tab. 13. fig. 1-2. Agaricus (cantarellus) stipitatus, lamellis ramosis decurrentibus. *Linn* Syst. veg. 974. Sp. pl. 1639. Fl. suec. 2, 1207. *Huds.* angl. 2, 609. Fl. dan. 264. Merulius chantarellus.) *Scop.* carn. 2. 1581. Merulius flavus, oris contortis et laceris. *Hall* hist. 2326. *Leys.* hal. 2, 1221. *Wild* berol: 1118. Agaricus (deliciosus) var. δ. *Batsch,* elench. 41. varietas hujus fungi est: Fungus angulosus et velut in lacinias dissectus. *Vaill.* paris. tab. fig. 14-15. Agaricus (chantarellus.) *Bulliard,* herb. tab. 62.

wird auch mit Fleischbrühe gekocht, oder als Beisatz an andere Gerichte genossen. Oefters hat der Schwamm einen breitern eckigten und sehr krausen Hut, der auf einem gleichbreiten Stiel stehet, welches die unten angegebene Spielart ist. Hierher gehören auch folgende vier Arten:

III. **Blätterschwamm, eingebogener** (Agaricus inflexus 175). Er wächst im August, September in Wäldern auf faulen Holz. Anfangs ist der Schwamm mit einem kleinen runden in der Mitte eingetieften Hut versehen; Der Stiel ist einige Zoll hoch, in der Mitte dicker, nach oben dünner, goldgelb. In der Folge wird der Hut trichterförmig, eingebogen, am Rande krauß, von schöner gelber Farbe. Die lamellen sind aderförmig braungelblich am Stiele herablaufend. Er hat den nemlichen beißenden Geschmack wie der vorige.

III. — — — — **krauser** (Agaricus crispus 176). Er wächst mit dem vorigen zu gleicher Zeit. Er scheint nur vom vorigen eine Spielart. Der jüngere Schwamm hat einen kleinen Hut aber gleichbreiten Stiel. So wie der Schwamm größer wird, so wird der Rand mehr nach oben zurückgebogen, und völlig kraus. Die lamellen sind aderförmig gewunden; der Stiel in den Hut erweitert. Die ganze Farbe ist so wie bey dem vorigen, womit er auch in dem Geschmack überein kommt.

II. Blät-

175) Agaricus (infundibuliformis.) *Scop.* carn. 2, 1583. Agaricus cespitosus, luteus, pileo plicato, lobato; lamellis venosis, ramosis; stipite procero. Fl. carn. 1, 32. (b). Fungus minimus, flavescens, infundibuli forma. *Vaill.* paris. tab. 11. fig. 9-10.

176) Fungus pileolo per maturitatem instar Agarici intybacei, laciniato. *Vaill.* paris. tab. 11. fig. 11-13.

II. Blätterschwamm, hahnenkamm-förmiger (Agaricus alectorolophoides 177) Er wächst mit dem gewöhnlichen Champignon in Wäldern, und ist nicht minder genießbar. Er unterscheidet sich von dem Pfifferling durch die dunkler goldgelbe Farbe des Huts, die graden Lamellen, und durch den mehr zerlappten getippelten Hut.

II. I. — — — — runzlichgelber (Agaricus luteolus 178). Er wächst zu Ausgang des Augusts in Wäldern auf der Erde. Der Hut ist vertieft häutig, zartlederig, weich, etwas feucht, von einer gelblich fleischrothen Farbe angelaufen, und in der Mitte oft weißer als am Rande. Das Fleisch ist blaß, schwefelgelb, unter der Rinde gelber gefärbt, und überhaupt derber als im Stiel. Dieser hat ein sehr verschiedenes Verhältniß, und sein seidenartiges, fasriges Wesen erstreckt sich fast bis unter die Haut des Huts. Die Adern oder runzelförmigen Blättchen haben mehr die Blättchensgestalt, als bey denen verwandten, stehen dicht beisammen, und sind nur hie und da durch schiefe Runzeln mit einander verbunden. Die Farbe des Schwamms ist zart, goldgelb und fleischroth, das Fleisch und die Oberfläche ist zart und weich, leztere ist glatt, auf den Adern aber bereift. Von dem vorhergehenden unterscheiden ihn der dünne Hut, die Blättchen und die Oberfläche.

II. I.

177) Agaricus (alectorolophoides) *Schaeff.* tab. 206. Alectorolophoides costulis rectis. *Battar* fung. 39. tab. 14. c. Agaricus (pseudo-unctuosus.) *Batsch,* elench. 93. fig. 36. (Hujus loci esse videtur.)

178) Agaricus (luteolus.) Stipitatus, luteus: pileo latiusculo, tenui, rugis densis laminiformibus, angustis, parallele ramosis, rarius et vage coalitis subtus instructus. *Batsch,* elench. cont. 163. fig. 120.

II. 1. Blätterschwamm, ausgebreiteter (Agaricus explicatus 179). Man findet diesen Schwamm auf Bergen, auf der Erde, sowohl im Schatten als im Freien. Der Hut ist ausgebreitet, oben flach und gleichförmig, nach dem Rande zu verdünnt, ausgeschweift, beinah zerlappt, ocherartig fleischfarben. Die Adern sind dicht stehend, hängen gegen den Hutrand hin miteinander selbst unter spitzigen Winkeln zusammen; sie sind flach gebogen ästig, und durch Querrunzeln verbunden. Mit dem innern Ende laufen sie an dem Stiel hinab. Der Stiel ist in dem Rand des Huts eingefügt, kurz, dick, kaum merklich, nach den Seiten und vorwärts überall in den Hut ausgebreitet, von gleicher Farbe. Der ganze Schwamm ist undurchsichtig, und hat eine zarte Oberfläche, von weichem Ansehen.

III. — — — — bereifter (Agaricus pruinatus 180). Er wächst auf nassen Moosboden. Der Hut ist flach oder aufwärts gebogen, fettig und sein Rand zart gekerbt, von Farbe braungrau. Die Blättchen sind aderförmig, ihre innere Enden reichen bis auf den Stiel, sie sind mit einem zarten und dichten, graubräunlichten Puder überzogen. Der Stiel ist goldgelb, etwas fettig und gerunzelt, verlängert, stark und gleichbreit. Dieser Schwamm gränzt sehr nahe an die

179) Agaricus (cantarellus.) Pileo dilatato, magno, subrepando-lobulato, carneo-ochraceo; lamellis crebris, ramosis, leniter flexuosis, rugis transversis anastomosantibus; stipite brevi, crasso, vix ullo, omnibus concoloribus. *Batsch*, elench 95. fig. 34.

180) Agaricus (pruinatus.) Pileo fusco-cinereo, plano; lamellis pileo propriis, cinereo-gryseis, pruinatis; stipite lineari, elongato, valido, luteo. *Batsch*, elench. 93. fig. 35.

Faltenschwämme (Elvelas Linn.) womit die Aderschwämme sehr viel übereinkommendes haben, jedoch sind bey erstern keine Adern, vielmehr nur undeutliche Runzeln zu bemerken.

II. Blätterschwamm, Bulliardischer füllhornähnlicher (Agaricus cornucopioides Bulliardi 181). Er wächst zu Ende Sommers in schattigen Orten und Wäldern. Er ist in Frankreich einheimisch. Der ganze Schwamm ist holzfarb. Anfangs ist der Hut klein, der Stiel aber sehr dick, nach und nach wird er grösser und becherförmig am Rand geschweift; die Eintiefung erreicht den dritten Theil des Stiels. Die Lamellen sind aderförmig ästig, am Stiele herabgeführt und mit ihm verwachsen. Der Stiel ist röhrig, nicht völlig rund, und in die Eintiefung des Huts fortgesetzt. Er darf nicht mit dem gleichnahmigen, Boltonischen verwechselt werden.

II. — — — — Boltonischer trichterförmiger (Agaricus infundibuliformis Boltonii 182). Er wächst im Oktober in Wäldern, und ist in England einheimisch. Der Stiel ist ohngefähr zwey Zoll lang von der Wurzel an bis zu denen Lamellen, öfters breit gedrückt, und nach der Länge runzlich, innen hohl, bis zur Wurzel, von daher erweitert er sich allmählig in den Hut, wie die Röhre eines Convolvels in den Blumenrand, so daß der ganze Schwamm von gleicher Substanz und Farbe ist, von seiner Oberfläche bis zur Wurzel. Die Substanz ist dünn, faltig, zäh und elastisch, die Oberfläche grau mausfarb und weich anzufühlen.

---

181) Agaricus (cornucopioides.) *Bulliard*, herb. tab. 208.

182) Agaricus (infundibuliformis) stipitatus, pileo infundibulo murino, lamellis sessilibus ramosis griseis. *Bolton*, hist. fung. 34. tab. 34.

zufühlen. In einigen jüngern Schwämmen überzieht eine Haut die Oefnung des Huts. Die lamellen sind aderig, von gleicher Höhe, ästig, wie in dem gemeinen Pfifferling, silberfarb. Dieser Schwamm scheint zwischen dem Agaricus cantarellus und der Peziza cornucopioides innen zu stehen.

Zweite Abtheilung.

Blätterschwämme mit glatten häutigen wenig fleischigen Stiel und Hut, letzterer ist undurchsichtig, halbdurchsichtig, ganz durchsichtig, glatt, rauh, faltig oder gestreift.

1) Blätterschwämme mit lederhaften Hut und Blättern, Lederschwämme.

III. **Blätterschwamm, honiggelber** (Agaricus melleus 183). Er wächst im Herbst häufig an Holzstöcken und an Baumwurzeln. Der Hut ist blaßschwefelgelb oder rostfarben, gewölbt, in der Mitte ein wenig erhöht und abgestutzt, am Rande blasser und gestreift, oft unmerklich. Die Blättchen sind weißlich. Der Stiel verlängert rund schmahl, gleichbreit, am Ende ein wenig verdickt, innen hohl, wachsgelb.

183) Agaricus (melleus.) *Schaeff.* tab. 45. *Allion.* ped. 2706. An Agaricus (aquosus.) *Bulliard*, herb. tab. 22? Amanita viscidus, pileo flavescente, laminis albis. *Hall.* hist. 2363. Agaricus (flavens.) Pileo albo-sulphureo, ochraceo, ferrugineo; stipite elongato, lineari, basi subbulbosa; validiusculo, concolore; lamellis albidioribus. *Batsch*, elench. 75.

III. Blätterschwamm, nägeleinartiger (Agaricus caryophyllaeus 184). Nägelschwämmchen. Er wächst im Juli, August, in Wäldern. Der Hut ist abgeschossen goldgelb, in der Mitte ocherfarbig rostbraun, am Rande etwas kraus und gekerbt, gewölbt, in der Mitte erhoben. Die lamellen sind blaß zimmtfarb. Der Stiel gelblich schmal, rund, voll, unten etwas zugespitzt. Er hat einen gewürzhaften Geruch wie Nelken.

III. — — — — weißgelblicher (Agaricus niveo-flavens 185). Er wächst in Wäldern an Baumwurzeln, unter Moos. Der Hut ist gewölbt, glockigt, blaßschwefelgelb, am Rande ocherartig rostfarb. Die lamellen sind rehfarb. Der Stiel ist verlängert, hellweiß, unten verdickt, innen voll; oben mit einem abfallenden Ring und einer unbeständigen Saamendecke umgeben.

III. — — — — stempelförmiger (Agaricus lacrimalis 186). Er wächst auf freien Grasplätzen. Der Hut ist ocherfarb oder bräunlich, etwas glänzend und niedergedrückt, entweder kegelförmig oder runderhaben, in der Mitte vertieft, mit einem ganz glatten oder gestreiften Rand. Die lamellen sind ocherfarb

184) Agaricus (caryophyllaeus.) *Schaeff.* tab. 77. Agaricus (caryophyllatus.) Pileo albo-sulphureo, ochraceo-ferrugineo, margine crispo crenulato; stipite elongato, superne paululum crassescente, validiusculo, lamellis concoloribus. *Batsch*, elench. 75.

185) Agaricus (niveo-flavens.) Pileo albo-sulphureo, ochraceo-ferrugineo; stipite elongato, sublineari, inaequali, niveo, pallidissime flavente, lamellis cinereo-fuscis. *Batsch*, elench. 75. Agaricus (cereolus.) *Schaeff.* tab. 51.

186) Agaricus (lacrimalis.) Pileo ochraceo vel fuscescente, depresso, stipite lineari, elongato; basi bulboso, obscuriore; lamellis ochraceo-fuscis. *Batsch*, elench. 75. fig. 7-8.

farb braun, die längsten haben einen grablinigen, die übrigen einen runderhabenen Rand. Der Stiel ist entweder durchaus gleichfarbig, oder weißlich gestrichelt, gleichbreit, verlängert, am untern Ende knollig, dunkler gefärbt.

IV. Blätterschwamm, goldhaariger (Agaricus auricomus 187*) Er wächst in Wäldern, und Grasplätzen. Der Hut ist niedergedrückt, etwas rund erhaben, mit einer dunklen Erhöhung in der Mitte, glatter und trokner Oberfläche; der Hut ist mit goldgelben, aus der Mitte strahlenförmig auslaufenden braunen Linien haarig gestreift. Diese Strahlen reichen aber nicht vom Rande bis an die Erhöhung. Die länglichen Blättchen haben einen runderhabenen Rand, und die längsten sind am innern Ende zugerundet. Sie sind von zweyerley Länge und braungrau. Der Stiel ist gleichbreit, kurz, halbdurchsichtig, blaßbräunlich, und breitet sich etwas in die Mitte des Huts aus.

III. — — — — abgebleichter (Agaricus dealbatus 187). Er wächst auf faulen Holzstöcken, und unter dem Moose. Der Hut und Stiel sind staubig weiß. Ersterer ist äusserst blaß ocherfarb, in der Mitte gelblich und glatt, kegelförmig niedergedrückt; die Blättchen sind verblichen braun oder erdfarb, etwas röthlich. Der Stiel ist verlängert, gleichbreit, stark,

K 4 weiß-

187*) Agaricus (auricomus.) Pileo luteo, lineis fuscis radiatim pilofo; ftipite lineari, valido, albo; lamellis fufco-cinereis. *Batfch*, elench. 75. fig. 21.

187) Agaricus (dealbatus.) Pileo albo, pallidiffime ochraceo, conico depreffo; lamellis obfolete fufco-fulventibus; ftipite elongato, lineari valido, albo, fubcorneo, bafi bulbofo. *Batfch*, elench. 76. Agaricus (farinulentus.) *Schaeff*. tab. 205.

weißlich, halbdurchsichtig, am untern Ende knollig. Nach der Beschreibung des Hrn. Sup. Schäffers gehört dieser Schwamm vielmehr unter die Wasser- oder Nuß- als lederschwämme Die lamellen sind mit einem schwärzlichen Pulver bestreuet, und zerfließen am Ende.

III. **Blätterschwamm, weißbrauner** (Agaricus niveo-brunneus 188). Er wächst im Frühjahr in Wäldern, auf Wiesen und Aeckern. Der Hut ist gewölbt und in Vergleich mit den Schwämmen dieser Abtheilung sehr fleischig, blaßocherfarb oder gelblich, etwas schleimig und glänzend. Die lamellen sind von brauner Farbe. Der Stiel ist gleichbreit, weiß, voll, unten verdickt, oben mit einem gleichfarbigen Ring, und anfangs mit einer faserigen Saamenhaut umgeben.

III. — — — — **weißnabligter** (Agaricus albo-umbilicatus 189). Er wächst im Herbst in Wäldern an den Baumwurzeln, nach Regenwetter. Der ganze Schwamm ist gelblich oder bräunlich weiß. Der Hut ist gewölbt oder flach, in der Mitte nabelförmig eingetieft, und etwas gelblich. Die lamellen sind in der Farbe nicht verschieden, etwas an dem nach oben erweiterten Stiel herablaufend. Der Stiel ist rund und voll.

III.

188) Agaricus (niveo-brunneus.) Pileo albo, pallidissime ochraceo, convexo, lamellis obsolete fusco-fulventibus; stipite elongato, lineari, valido, annulato. *Batsch*, elench. 77. Agaricus (candicans.) *Schaeff.* tab. 217.

189) Agaricus (umbilicatus.) *Schaeff.* tab. 207. Agaricus (umbilicatus) pileo et lamellis albidis, tota planta coriacea. *Bolton*, hist. fung. 17. tab. 17?

III. Blätterschwamm, herablaufender (Agaricus decurrens 190). Er wächst anfangs Herbsts in Wäldern. Der ganze Schwamm ist von einerley gelblich weißen Farbe. Der Hut ist gewölbt, flach, in der Mitte nabelförmig vertieft, am Rande faltig gestreift. Die Lamellen laufen hier sehr weit an den Stiel herab, zwischen ihnen liegen kleinere. Der Stiel ist verlängert rund, innen hohl. Er hat sehr viel ähnliches mit vorigen, doch trennen beyde der hohle oder feste Stiel, und die mehr oder weniger herablaufende Lamellen. Hr. Prof. Batsch verbindet beyde unter dem Namen des trompetenförmigen Lederschwamms.

III. — — — — helldunkler (Agaricus albido-fuscescens 191). Er wächst im Herbst in Wäldern. Der Hut ist runderhaben, braun, oder licht und braun gemischt. Die Lamellen sind leibfarb oder blaßbraunröthlich. Der Stiel ist rund hohl, gleichbreit, nach unten etwas verdickt, blaß von Farbe, oder hellweiß.

III. — — — — Herbstwiesen- (Agaricus collinus 192). Er wächst zur Herbstzeit auf Wiesen, Angern,

190) Agaricus (niveus.) *Schaeff.* tab. 232. Agaricus (tubiformis.) Pileo albo, pallidissime ochraceo, plano vel foveato; stipite lineari, subelongato, valido, lamellisque a stipite versus marginem decurrentibus adnatis, concoloribus. *Batsch*, elench. 77. Agaricus (ericeus.) *Bulliard*, herb. tab. 188.

191) Agaricus (spadiceus.) *Schaeff.* tab. 60. *Allion.* ped. 2724. Agaricus (fuscescens.) Pileo convexo cinerascente-fusco, pallido; stipite lineari, subelongato, valido, niveo fuscescente; lamellis pallidis, fusco-fulventibus. *Batsch*, elench. 77.

192) Agaricus (collinus.) *Schaeff.* tab. 220. Agaricus (pratensis) stipitatus, pileo convexiusculo pallide lutescente

Angern, Rainen. Der Hut ist runderhaben, in der Mitte hervorragend, weiß, blaßocherfarben, in der Mitte etwas gelbbräunlich oder graulich, seidenartig glänzend glatt, und etwas gestrichelt. Die Lamellen sind graulich weiß. Der Stiel ist verlängert, oberwärts dünner, halbdurchsichtig, gleichfarbig, aufrechtstehend, oder gelinde gekrümmt, innen röhrig, nach unten ein wenig verdickt.

II. III. **Blätterschwamm, federbuschähnlicher** (Agaricus cristatus 193) Er wächst im September in Gärten, und ist in England und Frankreich einheimisch. Der Hut ist anfangs konisch, nachher wagerecht, und am Rand eingerissen, ohngefähr zwey Zoll breit, und seidenartig; die Grundfarbe ist blaßmilchweiß, auf seiner ganzen Oberfläche aber mit kleinen büschelförmigen Schuppen von rothbrauner Farbe bedeckt. Es sind keine Ueberreste einer Hülle, sondern sie entstehen aus der Substanz des Schwamms. Die Lamellen stehen in drey Reihen, sind zart und weiß, nach dem Stiel hin am breitsten, an dem sie aber nicht anhängen. Wenn die Pflanze noch jung ist, so umzieht sie eine feine weiße unbeständige Saamendecke. Der Stiel ist rund, hohl, ungefähr zwey Zoll hoch, von der Dicke eines Gänsekiels, blaßbraun, und in seidene Fasern theilbar, unten ist er hart und braun, und mit feinen braunen

---

cente lamellis stipiteque concoloribus. *Hudſ.* angl. 2, 616? Agaricus (pratensis.) Pileo convexo, umbonato, albo, pallide ochraceo, griseoque; stipite elongato, subsubulato, concolore, pallidiore; lamellis griseo-albis. *Batſch*, elench. 77.

193 Agaricus (cristatus) stipitatus, pileo lacerato plumoso, lamellis trifidis stipite fistuloso. *Bolton*, hist. fung. 7. tab. 7. Agaricus (tigrinus.) *Bulliard*, herb. tab. 70. Amanita (tigrina.) *Lamarck*, encyclop. 107.

braunen Fasern besetzt. Der unten angeführte Bulliardische Schwamm, scheint von diesem nur sehr wenig verschieden. Der Hut ist bey jenen anfangs rund, in der Mitte vertieft, alsdenn abwärts gebogen, weiß mit braunen Flecken besetzt, weich aber nicht zerbrechlich; die Blätter sind weiß, länger und kürzer, die nächsten an den Stiel sind mit ihm verwachsen. Der Stiel ist schief gebogen und auch braun gefleckt. Er ist an Geschmack und Geruch angenehm, und findet sich oft ganz ohne Flecken.

III. Blätterschwamm, kastanienbrauner (Agaricus castaneus 194.) Er wächst im Oktober in den Wäldern Englands und Frankreichs. Der Hut ist anfangs konisch, mit einer abgerundeten Spitze, in der Folge halbkugelrund oder flach. Die Oberfläche ist glatt, seidenartig und schön kastanienbraun. Die Lamellen stehen in drey Reihen, die dritte ist sehr kurz, und an der jungen Pflanze kaum bemerklich, sie sind zart und blaßröthlich braun. Anfangs sind die Lamellen mit einer sehr feinen Saamendecke überzogen, diese reißt in der Mitte und bleibt stückweise einige Zeit an den Hutrand hängen, zuletzt verschwindet sie ohne eine Spur an dem Stiel zurückzulassen; sie ist weiß. Der Stiel ist gleichbreit, weiß und von der Dicke eines Gänsekiels, innen röhrig, aber nur mit einer ganz feinen Höhlung; die Substanz ist fest, elastisch, und läßt sich in seidenartige Fasern trennen. Die untere irreguläre Verdickung des Stiels, ist mit einigen harten braunen Fasern besetzt. Nach der Beschreibung des Hrn. Bul-

194) Agaricus (castaneus,) stipitatus, pileo subconico castaneo, lamellis trifidis, stipite albo fistuloso, cortina alba. *Bolton*, hist. fung. 10. tab. 10. Agaricus (castaneus.) *Bulliard*, herb. tab. 268.

Bulliard, der einen vollkommen ähnlichen Schwamm anführt, ist der Hut violett kastanienfarb, am Rande öfters weißlich, im Alter am Rande zerrissen, und mehr flach oder vertieft als gewölbt. Ein spinnenwebiger Ring bleibt noch von der Saamendecke am Stiel zurück, so wie jene am Hutrande. Die Lamellen sind gleichfarbig mit dem Hut, nicht zahlreich, die innern stehen vom Hut ab. Der Stiel ist voll.

II. III. Blätterschwamm, irregulärer (Agaricus irregularis 195). Er wächst auf trocknen Weiden im August, September um Hallifax. Der Hut ist schmutzig, rothbraun, klebrig, ohngefähr zwey Zoll im Durchmesser breit, am Rande wellenförmig gebogen, und sehr irregulär ausgeschweift, in der Jugend auch eben so unordentlich abwärts gebogen, in der Mitte aber beständig ein wenig erhöhet. Die Lamellen stehen in dreyfacher Reihe, ziemlich breit und entfernt, von einer zähen lederhaften Substanz, und von Farbe dunkel fleischfarb; sie werden anfangs von einer grauweißen und feinen Saamendecke, die noch früher verschwindet als sich die Pflanze völlig entwickelt hat, überzogen. Der Stiel ist rund, glatt, röhrig, und blaßgrau, in schmale Fasern zertheilbar, unten abgerissen, hart, und mit dunkeln schimmelartigen Fasern besetzt.

III. — — — — elastischer (Agaricus elasticus 196). Er wächst auf trocknen Grund unter alten Eichen im Oktober, und ist in England einheimisch. Der

195) Agaricus (irregularis,) stipitatus pileo fusco lobato undulato, lamellis trifidis profundis carneo pallidis, stipite fistuloso griseo. *Bolton*, hist. fung. 13. tab. 13.

196) Agaricus (elasticus,) stipitatus, pileo convexo ferrugineo, lamellis trifidis remotis, rigidis, cortina elastica albida, stipite inaequali. *Bolton*, hist. fung. 16. tab. 16.

Der Hut ist gewölbt, ohngefähr zollbreit, braunrostfarben, ein wenig rauh anzufühlen, wie ein ausgestopftes Haarkissen. Das Fleisch ist weiß, schwammig und elastisch, nicht unangenehm anzufühlen. Die ganze Pflanze ist zäh und lederhaft, sie trocknet aus und verwelkt. Die Lamellen stehen in drey Reihen, sie sind ziemlich breit, zäh, und entfernt, mit ihrem schmalen Ende an den Stiel befestigt und von dunkel weißer Farbe. Die Saamendecke ist blaßweiß, zäh, sie reißt sich vom Hutrande los und bleibt einige Zeit in Gestalt eines beweglichen Rings an den Stiel hängen. Der Stiel ist an Dicke ungleich, am breitsten nach unten, stufenweise nach oben schmäler; fest, voll, elastisch, rothbraun oder rostfarben, innen weiß, und in dünne Fasern theilbar, nach unten verdickt und hart, und mit zahlreichen braunen Wurzeln besetzt, vermittelst welcher, mehrere zusammen fest in der Erde befestigt sind.

III. Blätterschwamm, befiederter (Agaricus plumosus 197). Er wächst im August in kleinen Wäldern um Hallifax. Der Hut ist halbrund gewölbt, anderthalb Zoll breit, mausfarb und völlig mit kleinen wolligen Schüppchen bedeckt, die von gleicher Farbe mit dem Hut aus ihm entspringen; auch der Rand ist damit wie mit Franzen eingefaßt. Die Substanz ist leicht, trocken und biegsam; zuletzt welkt der Hut ab. Die Lamellen stehen in drey Reihen, breit, und mit einer krummen Spitze nach den Stiel hin befestigt, den sie aber kaum berühren; sie sind zahlreich, sanft, biegsam, weiß, und von trockner leichter Substanz. Der Stiel

197) Agaricus (plumosus,) stipitatus, pileo hemisphaerico plumoso murino, lamellis trifidis albidis stipite longo plumoso. *Bolton*, hist. fung. 33. tab. 33.

Stiel ist hart und fest, gleichbreit, öfters wellenförmig gebogen, von der Dicke eines Federkiels und ohngefähr vier Zoll hoch, und über und über mit kleinen federichen Schüppchen bedeckt; von Farbe wie der Hut. Die Wurzel ist dunkelbraun hart, und mit einigen langen zähen Fasern besetzt.

III. **Blätterschwamm, schwarzzottiger** (Agaricus nigro-villosus 198). Er wächst im Herbst an faulen Baumstöcken, und ist in Frankreich einheimisch. Der junge Hut ist rund, mehr oder weniger regulär, älter wird er kappenförmig, am Rande ungleich. Die Oberfläche ist schwärzlich, feucht anzufühlen, und zottig, die Haut läßt sich leicht davon abschälen, das Fleisch ist weiß, in den weißen gleichbreiten festen Stiel fortgesetzt. Die Lamellen stehen vom Stiel ab, und sind gegen diesen zu breiter als gegen den Rand, anfangs weiß, im Alter röthlich. Der Geschmack ist etwas gepfeffert, aber nicht unangenehm.

III. — — — — **zerschlizter** (Agaricus fissus 199). Er wächst in den Wäldern um Hallifax. Der Hut ist ohngefähr ein oder zwey Zoll breit, am Rande gestreift, wo er von einer Dunkelolivenfarbe, an der Spitze aber braun. Die Lamellen sind breit, zahlreich, dünn und biegsam, von einer Orangefleischfarbe; sie stehen in dreyfacher Reihe. Der Stiel ist von der Dicke eines Schwanenkiels und vier bis fünf Zoll hoch, röhrig und breitgedrückt. Er scheint von einer blaßgrauen Farbe zu seyn, betrachtet man ihn aber genauer, so siehet man, daß er aus feinen langen Streifen zusammengesetzt ist, die wechselsweise mausfarb oder silberfarb, und so fein wie ein Haar sind.

---

198) Agaricus (villosus.) *Bulliard*, herb. tab. 214.

199) Agaricus (fissus,) stipitatus, pileo conico, margine undulato, striato, lamellis trifidis aurantio-carneis, stipite fisso, longo, minute striato. *Bolton*, hist. fung. 35. tab. 35.

sind. Es ist auch an diesem Schwamm merkwürdig, daß, wenn der Stiel vollkommen entwickelt ist, so springt oder schlitzt er seiner ganzen länge nach auf, so daß die beiden Hälften sich an beyden Seiten aufrollen und wie zwey hohle Röhren den Hut tragen. Die Wurzel ist eine runde harte Erhöhung von brauner Farbe, mit kurzen braunen Fasern besetzt.

II. Blätterschwamm, durchsichtig rother (Agaricus rubens 200). Er wächst im Oktober in Wäldern, um Hallifax. Der Hut ist anderthalb Zoll breit, undurchsichtig, und von schöner dunkelrother Farbe, er fühlt sich weich und sanft an, er ist aber nicht wollig. Die lamellen stehen in drey Reihen, sehr ordentlich, sind breit, aber zart und durchsichtig, gegen das licht gehalten lebhaft rubinroth. Der Stiel ist voll und hart, ein wenig gebogen, nach unten verdickt, niemalen völlig gleichbreit, vier oder fünf Zoll hoch, schön roth, so wie die ganze Pflanze, an der Wurzel mit kurzen dunklen Fasern besetzt.

III. — — — — baumästiger (Agaricus ramealis 201). Er wächst auf abgestorbenen und abgefallenen Aesten verschiedener Bäume und Sträucher, und ist in Frankreich einheimisch. Der Hut ist anfangs gewölbt und abgerundet, ohne Streifen oder Zähne, nachher eingetieft, ganz weiß, in der Mitte blaßroth oder braun. Die lamellen sind zahlreich, in kleinere zertheilt, weißlich; die innern sind an ihren Ende spitzig und berühren den Stiel; wenn der Schwamm älter wird, so stehen sie aber von ihm völlig ab, und hängen nur untereinander zusammen. Der Stiel ist voll, rund, weißlich, und in den Hut fortgesetzt.

II. Blät-

---

200) Agaricus (rubens,) stipitatus, pileo convexo, lamellis trifidis profundis, stipite longo, tota planta ruberrima. *Bolton*, hist. of fung. 36. tab. 36.

201) Agaricus (ramealis.) *Bulliard*, herb. tab. 336.

II. Blätterschwamm, schwarzstieliger (Agaricus nigripes 202). Er wächst in Wäldern im November, December, wenn es nicht sehr kalt ist, auch auf faulen Holz; er ist in Frankreich zu Hause. Es wachsen gewöhnlich mehrere beisammen. Der Hut ist vollkommen rund gewölbt, ohngefähr drey Zoll breit, von einer glatt anzufühlenden Oberfläche, die sich leicht abschält; er ist nicht sehr fleischig, von gold- oder hochgelber Farbe. Die Lamellen sind blaßzimmt- oder holzbraun, gegen den Stiel hin breit, abgerundet, kleinere stehen zwischen denen größern, letztere sind nicht an den Stiel befestigt. Der Stiel ist röhrig, unten ganz schwarz und filzig, oben aber feuergelb, in den Hut fortgesetzt. Wenn der Schwamm zerkaut wird, so schmeckt er wie arabisches Gummi.

II, — — — — hellblauer (Agaricus ardosiaceus 203). Er wächst im September, Oktober auf der feuchten Erde, in Frankreich. Der Hut ist anfangs halbrund, hellblau (couleur d'ardoise), öfters in der Mitte eingetieft, und kreißförmig gestreift, nicht sehr fleischig. Die Lamellen sind breit, vom Stiel entfernt, zwischen zwey längern stehen gewöhnlich fünf kleinere, sie sind holzfarben. Der Stiel ist röhrig, unten weiß und verdickt, oben hellblau.

III. — — — — fortkriechender (Agaricus repens 204). Er wächst im September, Oktober in Wäldern, gewöhnlich auf faulenden Blättern, von denen er sehr vorsichtig muß loßgemacht werden, wenn nicht die zusammenhängende Schwämme von ihren Stie-

202) Agaricus (nigripes.) *Bulliard*, herb. tab. 344.
203) Agaricus (ardosiaceus.) *Bulliard*, herb. tab. 348.
204) Agaricus (repens.) *Bulliard*, herb. tab. 90. Amanita (repens.) *Lamarck*, encyclop. 108.

Stielen sollen getrennt werden. Der Hut ist ohngefähr zollbreit, gewölbt, in der Mitte flach, oder ein wenig vertieft, gelblich. Die Lamellen sind zertheilt, gleichfarbig und reichen kaum an den Stiel. Der gemeinschaftliche Stiel ist kriechend, öfters hohl, ästig, faserig, aus ihm entspringen mehrere kleine Stiele, die von Farbe roth sind Der Schwamm ist in Frankreich einheimisch. Geschmack und Geruch sind nicht unangenehm.

II. **Blätterschwamm, safranfarbiger** (Agaricus croceus 205). Er wächst im September, Oktober, in trocknen Gegenden, und in Frankreich einheimisch. Der Hut ist von keiner bestimmten Gestalt, abgestumpft konisch, an der Spitze mit einer Warze versehen, safrangelb, am Rande geschweift und zerrissen, die Oberfläche ist glatt und trocken. Die Lamellen sind fest und nicht sehr zahlreich. Der Stiel ist gelblich, walzenförmig, voll, seltener im Mittelpunkt des Huts befestigt. Der ganze Schwamm ist nicht sehr fleischig, aber ziemlich fest, im Alter weicher und faserig. An Geschmack und Geruch nicht unangenehm. Hierher gehören auch die zwey folgenden, vielleicht als Spielarten.

III. — — — — karmesinrother (Agaricus coccineus 206). Er wächst im Herbst in Wäldern, auf

205) Agaricus (croceus.) *Bulliard*, herb. tab. 50. Amanita (viscida.) *Lamarck*, encyclop. 108. Agaricus (conicus.) *Schaeff.* tab. 2?

206) Agaricus (coccineus.) *Schaeff* tab. 302. *Bulliard*, herb. tab. 202. Amanita (viscida.) var. γ. *Lamarck*, encyclop. 108. Agaricus (coccineus) stipitatus, pileo hemisphaerico stipiteque subfistuloso coccineis; lamellis aurantiacis. *Linn* syst. veg. 975. *Jacq.* misc. 2, 106.

auf bergichten Wiesen und Viehtriften. Der Hut ist flach konisch (etwas feucht) nicht viel fleischig, am Rande abgerundet und ein wenig gestreift, hoch karmesinroth und gelb untereinander schattirt. Die Lamellen sind safrangelb, vom Stiele abstehend, ein wenig gezähnt. Der Stiel ist anfangs voll und rund, im Alter hohl und gebogen, nach unten gewöhnlich verdickt und gelb, oben meist karmesinroth, innen pomeranzenfarb. Geschmack und Geruch sind nicht unangenehm. An feuchten Orten verliert nach der Bemerkung des Hrn. Bulliard der Schwamm sehr leicht seine Farbe und wird grau und unförmlich.

III. **Blätterschwamm, papageifarbiger** (Agaricus psittacinus 207). Er wächst zur Herbstzeit auf kräuterreichen grasigten Boden, unter Gras und Moos. Der Hut ist flach konisch, hochgrün und goldgelb, schleimig und glänzend. Am Rande ein wenig gestreift. Die Lamellen sind zitrongelb, am Rande gezähnt. Der Stiel ist rund und schmahl, etwas gebogen, innen hohl, oberwärts hochgrün, unten goldgelb, selten verdickt.

III. — — — — **hyacinthfarbiger** (Agaricus hyacynthus 208). Er wächst im Herbst in hohlen Weiden. Der Hut ist kegelförmig, häutig, gelb- oder grünlichbraun. Die Lamellen sind von blässerer Farbe, die längsten sind nicht an den Stiel angewachsen.

207) Agaricus (psittacinus) caulescens, solitarius et cespitosus, non carnosus; pileo primum subconico, planiusculo, viridi-aureo, viscido, centro fastigiato, margine substriato; lamellis basi dentatis, citrinis; petiolo tereti, gracili, curvulo, fistuloso, superne viridi, inferne aureo; velo et annulo destitutus. *Schaeff.* tab. 301. Amanita (viscida) var. β. *Lamark*, encyclop. 108.

208) Agaricus (hyacynthus.) *Batsch*, elench. 81.

sen. Der Stiel ist verlängert, ohngefähr drey Zoll hoch, stark, gleichbreit, gerad, innen bis an den Hut hohl. Er scheint von denen Schwämmen, womit ihn Hr. Prof. Batsch verbunden hat (*Schaeff.* tab. 2-26.) und die bereits unter der ersten Abtheilung sind aufgeführt worden, allerdings verschieden.

II. **Blätterschwamm, weinartiger** Agaricus (vinosus 209). Er wächst im September, Oktober in Wäldern, an sandigen Stellen. In Frankreich einheimisch. Der Hut ist tellerförmig flach, in der Mitte warzig, die Oberfläche trocken, mit einem feinen Häutchen überzogen, das bey der geringsten Berührung losgeht, am Rande ist der jüngere Hut abgerundet, im Alter wird er aber unförmlich; das Fleisch ist fest Die Lamellen sind häufig, am Stiel mit einer Spitze befestigt. Der Stiel ist voll, unten verdickt, in den Hut fortgesetzt. Der ganze Schwamm ist braun, ausgenommen die Spitze und den Rand, die eine lichtere Farbe haben. Der Geschmack weinartig und etwas scharf, der Geruch nicht unangenehm.

III. — — — — **wahrsagerischer** (Agaricus hariolorum 210). Er wächst auf faulen Blättern im July, Juny. Der Hut ist tellerförmig, flach, trocken, nicht sehr fleischig und fest, weißlich, in der Mitte wässerig, braungelb, und ein wenig eingedrückt. Die Lamellen sind weißlich, von doppelter Länge, ein wenig gebogen, die längern berühren nur mit ihren spitzigen Ende den Stiel Der Stiel ist gleichbreit, anfangs fest, nachher hohl, in den Hut fortgesetzt. Er ist ohne Geruch, der Geschmack aber angenehm. Der Schwamm wächst in Frankreich

 an

209) Agaricus (vinosus.) *Bulliard*, herb. tab. 54. Amanita (vinosa.) *Lamarck*, encyclop. 107.

210) Agaricus (hariolorum.) *Bulliard*, herb. tab. 56.

an trocknen erhabenen Stellen, und das abergläubische Volk fürchtet diesen Schwamm als ein böses Zeichen zu zertreten.

II. III. **Blätterschwamm, zerästelter** (Agaricus ramosus 211.) Er wächst in Frankreich im Herbst, auf alten getrockneten Holz oder Blättern. Der Hut ist sehr gleichformig rund, am Rand ein wenig gewölbt, trocken anzufühlen, festfleischig, ganz milchweiß. Die Lamellen sind auch weiß, gegen den Stiel zu breit, nur wenig kleinere stehen zwischen denen längern. Die Stiele der Schwämme entstehen aus einem gemeinschaftlichen Stamme, sie sind voll und gebogen, sechs bis acht Zoll hoch, gleichfarbig, sie werden in den Hut fortgesetzt. Es giebt eine kleinere Spielart. Der Geschmack ist bey den jüngern vorzüglich angenehm, in ältern bitterlich.

IV. — — — — **pillenförmiger** (Agaricus piluliformis 212). Er wächst im Oktober, September auf Moosen von Baumstämmen, in Frankreich. Der Hut ist kaum den dritten Theil eines Zolls breit, kugelrund, in der Jugend pillenförmig, mit einer Saamendecke überzogen, bräunlich, am Rande weißlich, auf der Oberfläche trocken, fleischig und fest. Die Lamellen sind getheilt, weiß, und an den Stiel angenähert. Der Stiel ist nur einen halben Zoll hoch, weißlich, röhrig, nach oben verdickt.

III. — — — — **gedrehter** (Agaricus contortus 214). Er wächst büschelweise, im July, Juny, an

211) Agaricus (ramosus.) *Bulliard*, herb. tab. 102. Amanita (ramosa.) *Lamarck*, encyclop. 108.

212) Agaricus (piluliformis.) *Bulliard*, herb. tab. 112.

214) Agaricus (contortus.) *Bulliard*, herb. cah. 9. tab. 4. vel in serie tab. 36. Amanita (contorta.) *Lamarck*, encyclop. 108.

an Baumstämmen, in Frankreich. Der Hut ist gewölbt, rund, vorzüglich an jüngern Schwämmen, in der Mitte mit einer Warze versehen; die Oberfläche ist trocken, umberbraun. Die Lamellen sind weißlich, zerbrechlich, und bilden einen Ring um den Stiel, an dem sie befestigt sind. Der Stiel ist weißlich, selten hohl, aber immer schraubenförmig gedreht. Geschmack und Geruch sind nicht unangenehm.

III. II. Blätterschwamm, bitterer (Agaricus amaricans 215). Er wächst im Juny, July in den Wäldern, in Frankreich. Der Hut ist rund und gewölbt, in der Folge flach oder ein wenig niedergedrückt, nicht sehr fleischig; auf der Oberfläche trocken schmierig gelbgrün. Die Lamellen sind beständig grün, einige kleine stehen zwischen den längern, die sich mit einer Spitze in einiger Entfernung vom Stiel endigen, so daß immer ein Zwischenraum zwischen ihnen und dem Stiel sichtbar verbleibt. Der Stiel ist ein wenig gewunden und röhrig, mit dem Hut gleichfarbig. Der Geruch ist angenehm, der Geschmack aber äußerst bitter, so daß der Schwamm niemahlen von Insekten angefressen wird.

III. — — — — kornblumenblauer (Agaricus cyaneus 216). Er wächst in Wäldern, öfters mehrere zusammen, oder auch einzeln. Der Hut ist rund, in der Mitte warzig, blaßbraun, übrigens ganz dunkelblau, am Rande mit weißen häutigen schuppigen Stückchen, die von der abgerissenen Saamendecke entstehen, besetzt. Die Lamellen sind umberfarben, getheilt,

---

215) Agaricus (amarus.) *Bulliard*, herb. cah. 8. tab. 2. vel in serie tab. 30. Amanita (amara.) *Lamarck*, encyclop. 105.

216) Agaricus (cyaneus.) *Bulliard*, herb. tab. 170

theilt, und berühren kaum den Stiel. Der Stiel ist gleichfarbig mit dem Hut, gleichbreit, drey bis vier Zoll hoch, fest, etwas zottig, innen weiß, in den Hut fortgesetzt. Die Oberfläche ist schmierig und läßt sich abschälen.

III. II. Blätterschwamm, starkriechender (Agaricus odorus 217). Er wächst im August, September auf faulen Blättern in Frankreichs Wäldern. Der Hut ist flach (3 - 4 Zoll breit) sehr schön seegrün, die Oberfläche ist trocken und läßt sich leicht abschälen, das wenige Fleisch ist innen weiß; die Lamellen sind zahlreich, getheilt, mit einer Spitze an dem Stiel verwachsen, weißlich, der Stiel ist gleichbreit (von der Dicke einer Gansfeder) fest, weißlich. In der Farbe spielt der Schwamm, bald mehr in das Weiße oder Dunkelblaue, manchmahl ist er in der Mitte mit einer Warze versehen, oder am Rande wellenförmig gebogen. Der Geschmack ist nicht unangenehm, aber der Geruch sehr stark, wie Moschus, vorzüglich wenn er trocken ist.

III. — — — — schwefelgelber (Agaricus sulphureus 218). Er wächst im September, Oktober in Wäldern auf faulen Holz, in Frankreich. Der Hut ist ein wenig konisch, (ohngefähr 1 - 2 Zoll breit), in der Jugend warzig, nachher ein wenig eingedrückt, auf der Oberfläche trocken. Die Lamellen stehen in dreyfacher Reihe, zahlreich, die längern berühren nur den Stiel, oder hängen sehr wenig an ihm. Der Stiel läuft in den Hut fort, ist fest, faserig, auch sind diese Fasern öfters gebogen. Der ganze Schwamm ist durch-

217) Agaricus (odorus.) *Bulliard*, herb. tab. 176. Amanita (odora.) *Lamarck*, encyclop. 107.

218) Agaricus (sulphureus.) *Bulliard*, herb. tab. 168.

durchaus schwefelgelb. Jung riecht er nicht unangenehm, im Alter aber aashaft.

II, III. Blätterschwamm, seegrüner (Agaricus Beryllus 219). Er wächst im Herbst in bergichten Waldungen. Der Hut ist kegelförmig rund, hellgelb, nach den Rand hin blaugrünlicht und faserig. Die Lamellen sind ungleich blaßröthlich. Der Stiel ist verlängert gleichbreit, blaßgelb, oben mit einem schwärzlichen Ring, von der zerrissenen faserichten Saamendecke umgeben. Dieser Schwamm gehört wegen seinen wenigen Fleisch und häutigen Wesen eher hieher als in die vorige Abtheilung.

III. — — — — olivenblättricher (Agaricus olivaceus 220). Viele dieser Schwämme wachsen aus einer Wurzel, mit auseinander gesperrten, bogenförmig aufsteigenden Stielen im Oktober. Der Hut ist runderhaben kegelförmig, ganz glatt und unzertheilt,

 in

219) Agaricus (Beryllus.) Pileo convexo-conico, pallido sulphureo, versus marginem aquamarino; stipite elongato, lineari, valido, albo, subsquamuloso; volva membranacea brunneo-fulva; lamellis albis pallidissime fulvellis. *Batsch*, elench. 83. Agaricus (viridulus.) *Schaeff.* tab. 1. Agaricus (virens.) *Scop.* carn. 2, 1407. Agaricus (viridis) stipitatus pileo convexo viridi, lamellis albidis, stipite longo virescente. *Hudſ.* angl. 2, 614. (quoad fig. cit. Sch.) Amanita (viridula.) *Lamarck*, encyclop. 112.

220) Agaricus (jenensis.) Pileo convexo-conico, luteo, medio ferrugineo; stipite elongato, lineari, valido, concolore, subsquamuloso; volva pulverulenta, striata, adnata, brunnea; lamellis olivaceis. *Batsch*, elench. 83. Fungus parvus, ex uno pede multiplex, pileolo in medio saturate croceo, ad latera vero diluto, subtus lamellis sulphureis, pediculo cylindrico, fistuloso, concolor *Mich* gen. 199. tab. 80. fig. 7.

in der Mitte dicker, und oben etwas abgestumpft, goldgelb, in der Mitte rostfarb, bey den mehrsten ein wenig auf die Seite geneigt. Die Blättchen stehen dicht beisammen, haben einen ausgehöhlten Rand, und werden nach dem Ende des Huts zu nach und nach schmähler. Am innern Ende sind sie abgestumpft, ihre länge ist fünffach verschieden, und in einem einzigen Hut kann man oft 708 Blättchen zählen; von Farbe sind sie olivengrün. Der Stiel ist verlängert, gleichbreit, blässer als der Hut, doch nach unten mehr gelber, mit blassen braunen Fleckchen besetzt, nicht in den Hut ausgebreitet, und inwendig hohl, etwas geschuppt, mit einem tiefbraunen streifigen mehlartigen Ringe versehen.

III. **Blätterschwamm, abgekürzter** (Agaricus abbreviatus 221). Er wächst zur Herbstzeit auf faulen Holz, unter Moos und abgefallenen laub. Der Hut ist abgekürzt kegelförmig, beynah eyformig, rostfarben, oder bräunlich schwarz. Die lamellen sind weißlich oder blaßgelblich. Der Stiel ist verlängert stark, anfangs voll, nachher innen hohl, manchmahl nach unterwärts dicker, schmutzig weiß, etwas gelblich oder bräunlich.

III. — — — — **nußbrauner** (Agaricus subcorneus 222). Er wächst im Herbst auf bergichten Wiesen.

---

221) Agaricus (pullus.) *Schaeff* tab. 250. Agaricus (aethiops.) Pileo conico, obtuso, fusco-nigro; lamellis albentibus; stipite elongato, valido, sensim deorsum crassiore, albo. *Batsch*, elench. 71. et Agaricus (chrysophaeus.) *Schaeff.* tab. 253. Agaricus (crocatus.) Pileo conico, obtuso, ferrugineo; lamellis stipiteque elongato, valido, sensim deorsum crassiore, albo-flaventibus. *Batsch*, elench. 71. Amanita (abbreviata.) *Lamarck*, encyclop. 108.

222) Agaricus (subcorneus.) Pileo conico, depresso, castaneo, margine lutescente; stipite elongato, lineari valido, lamellisque luteo-sulphureis. *Batsch*, elench. 83.

Wiesen. Der Hut ist kegelförmig, niedergedrückt, kastanienfarb, am Rande pomeranzenfarb oder goldgelb. Die Lamellen sind von ungleicher Länge, dick und hellergelb. Der Stiel ist verlängert, gleichbreit, stark, gebogen, innen hohl, mit denen Lamellen gleichfarbig. Der ganz junge Schwamm führt eine Saamendecke.

III. **Blätterschwamm, pomeranzenfarber** (Agaricus aurantiacus 223). Er wächst im Oktober in Tannenwäldern an Baumstämmen, in Kärnthen. Der Hut ist anfangs gewölbt, nachher rund und flach, in der Mitte ein wenig nabelförmig eingetieft, saftlos und wenig fleischig, auf der Oberfläche trocken und pomeranzenfarb, im Alter blässer; einen bis zwey Zoll breit. Die Lamellen sind zart, wie Papier, angehäuft, zwey oder dreymahl getheilt, röthlich pomeranzenfarb. Der Stiel ist nur Zoll hoch, schmahl, rund, gleichbreit, saftlos, voll, mit denen Lamellen gleichfarbig. Dieser Schwamm wächst gesellschaftlich, und sieht einigermaßen dem Champignon gleich. Er gehört aber unter die uneßbaren Schwämme.

III. — — — — **blutfarbiger** (Agaricus sanguinolentus 224). Er wächst im Oktober in waldigten Gegenden, in Kärnthen. Der Hut ist gewölbt, glatt und durchaus dunkel blutroth. Die Lamellen sind getheilt, und von Farbe noch etwas dunkler. Der Stiel ist rund, gleichbreit, voll, oben mit einem faserigen pomeranzenfarbenen Ring umgeben, der von der Saamendecke,

223) Agaricus (aurantiacus) stipitatus, pileo supra aurantiaco, lamellis teneris ex aurantio rubris. *Linn.* Syst. veg. 975. *Jacq.* misc. 2, 101. tab. 14. fig. 3.

224 Agaricus (sanguineus) stipitatus, sanguineo-ruber, unicolor, annulo araneoso fugaci aurantiaco. *Linn.* Syst. 975. *Jacq.* misc. 2, 107. tab. 15. fig. 3.

mendecke, womit anfangs die Lamellen überzogen sind, zurückbleibt. Das Fleisch ist nicht stark, trocken und von röthlicher Pomeranzenfarbe. Im Alter verliert der Schwamm seine Farbe, und wird schmutzig gelb.

III. IV. **Blätterschwamm, wachsfärbiger** (Agaricus ceraceo-flavus 225). Er wächst im Monath September auf sonnigen Hügeln, an waldigten Rainen in Kärnthen. Der Hut ist halbrund, trocken und glatt, schön wachsgelb, nicht viel fleischig, und das Fleisch ist auch gelb. Die Lamellen sind dünn und breit, entfernt, zum Theil ganz, zum Theil getheilt, blaßgelblich. Der Stiel ist rund, gleichbreit, ohngefähr zollhoch, gesättigt gelb, voll und fleischig, in der Mitte wie ein feines Haarröhrchen hohl, glatt und trokken. Er hat keinen besondern Geruch und ist auch nicht eßbar. Er darf nicht mit dem Agar. cereolus (Schaeff) oder ceraceus (Batsch.) verwechselt werden.

III. — — — — **moosartiger** (Agaricus muscoides 226). Er wächst in den Wäldern von Kärnthen, unter den Polytrich, comm Lin. Der Hut ist anfangs nur einige Linien breit, gewölbt, in der Mitte erhoben und zugespitzt, am Rande abwärts gebogen, aschgrau, trocken und glatt, er wird flach, mit einer kleinen hervorragenden Spitze, zuletzt trichterförmig, bräunlich-grau. Die Lamellen sind weiß, zwey bis

225) Agaricus (ceraceus) stipitatus pileo hemisphaerico, stipiteque subfistuloso flavis, lamellis aquose luteolis. *Linn.* Syst. veg. 975. *Jacq.* misc. 2, 105. tab. 15. fig. 2. *Dicks.* fasc. plant. crypt. 56.

226) Agaricus muscoides) stipitatus cinereus: pileo pulvinato, umbilico prominente, oris inflexis et integris; lamellis albis adscendentibus, bis terque dichotomis. *Linn.* Syst. veg. 976. *Jacq.* misc. 2, 109. tab. 16. fig. 1.

bis dreymahl getheilt, so wie der Hut sich zu einem Trichter bildet, so steigen sie auch vom Stiel aufwärts. Der Stiel ist rund, gleichbreit, drey oder vier Zoll hoch, einige Linien breit, voll, trocken, glatt, blaß aschgrau. Es entspringen mehrere gemeinschaftlich aus einer Wurzel. Der Schwamm hat sehr wenig Fleisch, welches weiß und geschmacklos ist. An diesen gränzt sehr nahe folgender:

III. Blätterschwamm, schmieriger (Agaricus sordidus 227). Er wächst im Herbst auf Viehtriften, in England. Der Hut ist flach, in der Mitte eingetieft und warzig, rauchbraun, am Rande abwärts gebogen. Die Lamellen sind einfach, gerade, gleichfarbig mit dem Hute. Der Stiel ist rund, nach unten dicker.

III. — — — — gelbflockiger (Agaricus flavo-floccosus 228). Er wächst zu Ende Oktobers in Kiefernwäldern. Der Hut ist runderhaben, mehr oder weniger in der Mitte erhöht, von einem ocherartigen Schwefelgelb, das mit einer Rostfarbe, die oft im erhöhten Wirbel sehr stark wird, überlaufen ist. Die Oberfläche ist eben und mit einem zarten kleyenartigen Puder bedeckt. Der Rand ist entweder zart gekerbt, oder mit kleyigen Flocken eingefaßt. Die Blättchen sind in der Länge drey bis vierfach verschieden. Ohngefähr 40 sind am längsten, und haben einen gradlinigen gegen den Stiel zu etwas ausgehölten Rand. Die übrigen

227) Agaricus (sordidus) stipitatus, pileo et lamellis livido-fuscis, centro umbilicato, margine deflexo, stipite basi crassiore. *Dickson,* fasc. plant. crypt. 56. tab. 3. fig. 1.

228) Agaricus (flavo-floccosus) laete sulphureus: pileo umbonato margine leniter crenato stipiteque floccis furfuraceis instructo, laminis albentibus. *Batsch,* elench. cont. 117. fig. 97.

übrigen kürzern Blättchen sind am innern Ende stumpf abgestutzt, weißlich von Farbe. Der Stiel ist ocherartig rostgelb, in der Mitte mit ähnlichen Flocken bestreuet; unten mehr rauchfaserig, oben glatt und seidenartig gestrichelt. Am obern Ende breitet er sich in den Hut aus, und ist inwendig voll, schmutzigweiß, schwammig, und im Hute etwas derber. Das Wesen der Rinde ist rostgelb und etwas durchsichtig.

III. IV. Blätterschwamm, röthlichflockiger (Agaricus circumseptus 229) Er wächst auf grasiger Erde in Wäldern. Der Hut ist fleischfarben, etwas ins ocherartige fallend, er ist noch vor Erreichung seines Randes mit einer Reihe oder Kranz von gleichfarbigen Flocken umgeben. Seine Oberfläche ist wie am Stiel seidenartig und gestreift. Die Blättchen sind breit, rostgelb, und von dreyfach verschiedener Länge. Die größten haben einen ausgehölten Rand, und setzen sich mit ihrem innern Ende an den Stiel fest. Die übrigen sind länglich, an beyden Enden zugespitzt. Der Stiel wird an seinem Unterende mit einer festanliegenden, hellweißen, wolligen Einfassung verhüllt, und inwendig mit einer haardünnen Höhlung durchbohrt, bis er mit seinem etwas verdickten Oberende den Hut unterstützt.

IV. — — — — rosenfarbiger (Agaricus rosellus 230). Er wächst bey dem vorigen. Der Hut ist

229) Agaricus (circumseptus) carneus, leviter in ochraceum vergens: pileo ante marginem, stipiteque medio saepe floccis furfuraceis cincto; laminis ferrugineis. *Batsch*, elench. cont. 119. fig. 98.

230) Agaricus rosellus pileo ochraceo, sub-carneo; stipite solido fibroso, torto; lamellis fulvello-roseis, majoribus

ist ockerfarbig fleischfarb, gewölbt, von unbeständiger Gestalt, die Oberfläche undurchsichtig und ohne Glanz. Die Blättchen stehen locker auseinander, sind ohne genaue Ordnung dreyfach in verschiedene Größen getheilt, oft mit einem hervorgebogenen Rande versehen, und in Gabeln zusammen gewachsen. Unter dem Hut sind sie oft runzlicht. Die größern hängen an dem Stiel an; von Farbe sind sie rosen- oder sanftbraunröthlich. Der Stiel ist etwas gebogen auf der Oberfläche seidenartig gestreift und gedreht, am Unterende mit einer weißen Wolle bedeckt; inwendig voll, fleischfarb rosenroth, und oben in den Hut fortgesetzt.

IV. **Blätterschwamm, fleischröthlicher** (Agaricus subcarneus 231). Er wächst im Anfang Septembers auf grasigen Wegen, in Wäldern. Der Hut ist im Anfang glockenförmig, und oben flachgedrückt. Im Anfang ist der erhöhte Scheitel allein ockerfarbig, der Hut übrigens feucht, und von einer braunen rostartigen Farbe: nachher zieht sich diese Farbe mehr gegen den Rand, und verschwindet ganz, wenn der Hut trockner, und ebenfalls ockerfarbig geworden ist. Die Blättchen sind feucht, halbdurchsichtig, und braunröthlichfleischfarb; haben eine dreyfach verschiedene Länge wovon jedoch die äußerste Abtheilung zuweilen fehlt. Zwanzig der größten setzen sich an den Stiel an, und haben einen hohlen Rand, die übrigen sind länglich, und stehen weiter vom Stiele ab. Der Stiel ist etwas feucht,

ribus stipite adnatis. *Batsch*, elench. cont. 121. fig. 99. Agaricus (rosellus) stipitatus, pileo planiusculo ochraceo, lamellis rubicundis, stipite concolore torto. *Willd.* berol. 1129.

231. Agaricus (subcarneus) ochraceo - carneus; stipite fibroso, valido, recto, intus capillariter cavo; lamellis stipiti adnatis. *Batsch*, elench. cont. 123. fig. 100.

feucht, fleischfarbig bräunlich, mit seidenartigen, weißen grade stehenden Fäserchen bedeckt, und stark, das Fleisch ist etwas dunkler, hat eine haardünne Höhlung, und breitet sich oben blos in die Mitte des häutigen Huts aus. Er ist nur etwas und unmerklich gedreht.

III. Blätterschwamm, glattgrauer (Agaricus cinerascens 232). Er wächst zu Anfang des Septembers in grasigen Wegen neben Wäldern. Der Hut ist braungraulich, undurchsichtig, zartlederig und etwas glänzend glatt. Oben flach ausgedehnt. Die Blättchen sind gelblicher, als das Fleisch des Stiels, und haben einen gradlinigen Rand. Die größern Blättchen der ersten Ordnung, deren etwa 32 sind, trennen sich vom Stiel, wenn sich der Hut zu sehr ausbreitet. Die übrigen sind an ihren Hinterenden gradwinklich abgestutzt. Der Stiel ist mit groben braunen Fasern überzogen, welche ohne Ordnung mit einander zusammenhängen. Sein Fleisch ist weiß, seidenartig, faserig, derb, oberwärts etwas dicker, und fließt mit dem ungleich dünnern Hute zusammen.

III. — — — — verbleichender (Agaricus obsolescens 233). Er wächst zu Ende Oktobers auf der Erde in Kieferwäldern. Der Hut ist ocherartig fleischfarb, gepolstert, meistens vertieft, lederig, eben und glatt. Die Blättchen sind breit, bleyfarbig

232) Agaricus (cinerascens) pileo fusco-cinereo, glabrato; stipite concolore, fibrilloso, intus solido, albo, et superne in pileum expanso; laminis albo-flaventibus, ordine 4duplici digestis, majoribus stipiti affixis. *Batsch*, elench. cont. 125. fig. 101.

233) Agaricus (obsolescens) pileo ochraceo-carneo; stipite solido, concolore, in medium pilei diffuso; laminis ei affixis obscuris, lividioribus. *Batsch*, elench. cont. 127. fig. 102.

farbig und schmuzig. Sie stehen in drey- bis vierfacher Ordnung; dicht neben einander, bey einigen Schwämmen sind sie wellig gefaltet, und mit den nachstehenden verwachsen; die Anzahl der längsten beträgt etwa 36-38. Der Stiel hat dieselbe Farbe, und ist außen etwas undeutlich faserig. Das Unterende ist in einen weißen, wolligen, dicken Ueberzug eingehüllt. Das Fleisch ist voll, weiß und schwammig, noch schwammiger aber gegen die Rinde zu, welche eben so gefärbt ist, wie die Oberfläche. Oben erweitert sich der Stiel, und breitet sich in die Mitte des Huts aus. Wenn dieser Schwamm feucht ist, so hat er eine bräunliche, etwas ins braunröthliche fallende Farbe. Das Verhältniß der Theile, besonders des Stiels, scheint sich nicht immer gleich zu seyn.

III. Blätterschwamm, verblichener (Agaricus obsoletus 234). Er wächst zu Anfang Septembers in Wäldern auf grasigen Wege, er scheint eine Abänderung des vorhergehenden zu seyn, die sich blos durch ihre Zartheit, Niedrigkeit, und durch ihr feuchtes Wesen unterscheidet. Der Hut ist sehr blaß ocherfarben, dünn und zartlederig. Die Blättchen sind etwas feuchter, mißfarbig und dunkler, stehen in dreyfacher Ordnung, und etwa 40-50. sind an den Stiel angewachsen. Der Stiel ist außen etwas faserig, und hat dasselbe Verhältniß, wie beym vorigen; inwendig ist er aber ganz blaß, und durchaus von gleicher Färbung.

III. Blät-

234) Agaricus (obsoletus) pallide ochraceus; stipite solido, concolore, in medium pilei diffuso; laminis ei affixis obscuris, lividioribus. *Batsch*, cont. elench. 129. fig. 103.

III. Blätterschwamm, schlanker (Agaricus tremulus 235). Er wächst zu Ende Augusts in schattigen Gebüsch, auf faulenden Blättern. Der Hut ist blaßfleischfarben, runderhaben, schlaff, undurchsichtig, glatt, und äußerst zartfaserig. Uebrigens ist er blos in der Mitte etwas dick, nach dem Rande zu wird er dünn, auch steht er blos auf dem Stiel, ohne von ihm vermehrt zu werden. Die Blättchen hängen blos an dem Hute an, mehr als 50. der längsten haben einen etwas hohlen Rand, die übrigen kleineren, welche von verschiedenen Größen ohne genaue Ordnung untereinander stehen, sind am innern Ende schief abgestumpft, und es kommen noch zuweilen kleinere Blättchen, gleichsam von der dritten Ordnung zum Vorschein. Noch außerdem aber steht allemahl zwischen zwey Blättchen, von welcher Länge sie seyn mögen, ein ganz kleines Blättchen am Hutrande, das eine länglichte Gestalt besitzt. Der Stiel ist etwas mehr rothbräunlich, und auf der Oberfläche sehr deutlich aus Fasern zusammen gesetzt, welche mit einem äußerst zarten und rauhen weißen Ueberzug bedeckt sind. Das Unterende ist mit einer weißen Wolle überzogen. Inwendig ist der Stiel bis an den Hut ausgehöhlt, und sein Wesen ist weißlich fleischfarben, so wie der ganze Schwamm etwas ins blasse ocherartigefallend, von feuchten undurchsichtigen Fleisch.

III. — — — — bleichbraunblättriger (Agaricus cano-brunneus 236). Er wächst auf der Erde

---

235) Agaricus (tremulus) pallide-carneus, pileo medio crassiusculo; stipite fibroso torto, intus cavo; lamellis pileo solum adnatis. *Batsch*, elench. cont. 129. fig. 104.

236) Agaricus (cano-brunneus pileo carneo-canescente; stipite concolore, fibroso, cavo, pileum sustentante; lamellis brunneis pileo affixis. *Batsch*, elench. cont. 133. fig. 105.

Erde in der Mitte Oktobers. Der Hut ist blaßgräulich etwas fleischfarben, zart und bleich, undurchsichtig, überhaupt etwas, doch mehr noch gegen den Rand zu feucht, woselbst er auch dunkler gefärbt und durchsichtiger ist. Seine Stärke nimmt gegen den Rand hin nach und nach ab. Die Blättchen sind von mittelmäßiger Breite, haben einen etwas vorgebogenen, am innern Ende sehr schnell schief laufenden Rand, und eine dreyfach verschiedene länge. Zuweilen kommt noch eine vierte Ordnung hinzu. Die äußersten Schärfen der Ränder sind weißlich bestäubt. Die Anzahl der längsten Blättchen beläuft sich ohngefähr auf 32. Sie sind tiefbraun. Der Stiel ist von derselben Farbe mit dem Hute, auch etwas feucht, ein wenig auf der Oberfläche seidenartig glänzend, zusammen gedrückt und gedreht. Nahe an der Erde hat er einen weißen filzigen Ueberzug. Inwendig ist er bis an den Hut hohl, welchen er blos unterstützt. Sein Fleisch ist etwas weißer als im Hute.

III. IV. **Blätterschwamm, weißknolliger** (Agaricus candido-bulbosus 237). Er wächst zu Ende Oktobers in Kieferwäldern. Der Hut ist im Anfang eiche'förmig, länglich bauchig und mit einer Wabelerhöhung versehen, zuletzt ist er aber sehr ausgebreitet glockig, und wenn er sich weiter ausdehnt, zerreißt er. Uebrigens hat er eine äusserst blaßgelbliche weiße Farbe, und eine glänzendglatte, seidenartig fasrige Oberfläche. Er sitzt blos auf dem Stiele auf, hat in der Mitte eine dickere

237) Agaricus (candidus) albus, ſericeo-nitens: pileo umbonato; ſtipite validiuſculo, ſolido, baſi bulboſo, pileum ſuſtentante; lamellis lividis, pileo propriis, brunneſcentibus. *Batſch*, 133. fig. 106.

dickere Erhöhung und ein derbes Fleisch, wie der Knollen. Die Blättchen haben eine graubräunliche Farbe, und sind an der Schärfe ihrer Ränder weiß. Etwa 42. größere Blättchen haben gegen den Stiel einen vorstehendgebogenen gegen den Umfang des Hutes aber einen ausgehöhlten Rand. Immer ist noch eine Ordnung von kürzern Blättchen vorhanden, aber selten und einzelner kommen noch kleinere vor. Der Stiel ist dem Hute an Farbe und Oberfläche gleich, kurz und am Unterende knollig. Sein Wesen ist voll, weiß und etwas faserig, hingegen im Knollen derb und fleischig, wie im Hute. Nach der äussern Fläche zu, besonders bey den Blättchen ist es dunkler und halbdurchsichtig. Zuweilen läßt ein unächter Ring noch flockige Ueberbleibsel zurück.

III. **Blätterschwamm, goldadriger** (Agaricus aurivenius 238). Er wächst im September in Wäldern. Der Hut ist gelblich, in der Mitte erhöht, mit dunklen faserigen Adern, welche von selbiger herablaufen, überzogen. Die Adern sind gleichbreit, äußerst glatt, laufen nachlässig auf dem Hute herab, und vereinigen sich oft unter sehr spitzigen Winkeln. Die Räume zwischen den Adern sind seidenartig und faserig schwammig. Der Hutrand zerreißt zuletzt. Die Blättchen haben einen weißen, deutlich gekerbten, und kleyenartigen Rand. Die längeren Blättchen werden gegen den Hutrand zu ziemlich breit. Die übrigen kürzern Blättchen sind nicht vollkommen von gleicher länge. Der Stiel ist etwas stark, und hat eine knollige Wurzel

238) Agaricus (aurivenius) pileo flavente, umbonato, venis fibrosis obscurioribus ad umbone decurrentibus supertecto; stipite concolore, obsolete fibroso, basi bulboso, lamellis pileo propriis, terreo-fuscis. *Batsch*, 137. fig. 107.

zel wie der vorige. Aussen ist er undeutlich seidenartig, und am untersten Theil des Knollens rostgelb; inwendig ist er voll und faserig.

III. Blätterschwamm, gelbhütigknolliger (Agaricus bulbularis 239). Er wächst zu Ende Augusts. Der Hut hat eine glatte, zartlederige strohfarbne, ins goldgelbe fallende Oberfläche. Er ist sehr voll und fleischig, im Vergleich seiner Grösse und derer hierher gehörigen Schwämme, und hat daher die Gestalt eines runderhabenen, unten flachen Kissens, oder eines dikken flacherhabenen optischen Glases. Inwendig ist er weiß wie der Stiel, nur derber und fleischiger, auch ganz deutlich blos auf den Stiel aufgesetzt, der ziemlich stark, dennoch aber verlängert ist, am untern Ende keulenförmig, knollig, auf der Oberfläche seidenartig glänzend, und, so wie inwendig, an seinem vollen etwas faserigen Fleische weiß. Die Blättchen sind zart, feucht, blos an die untere flache Seite des Huts angeheftet, und haben einen halbrundgeschnittenen freystehenden Rand. Ihre Farbe ist unscheinbar, etwas ins bräunliche und braunrothe fallend. Sie stehen in dreyfacher aber sehr ungleicher Ordnung, und von den längsten sind ohngefähr 32. vorhanden. In Ansehung des knolligen Stiels ist dieser Schwamm mit denen beiden vorhergehenden verwandt.

239) Agaricus (bulbularis) pileo convexo, farcto, hemisphaerico depresso, lutescente: stipite albo-sericeo, nitente, solido, bulboso, pileum sustentante; laminis pileo propriis, semiorbiculatis, livido-fulvellis. *Batsch*, elench. cont. 137. fig. 108.

III. **Blätterschwamm, trockner** (Agaricus coriaceus 240.) Er wächst zu Ende des Augusts in Wäldern. Der Hut ist niedergedrückt runderhoben, blaß ocherartig, fleischfarben, auf der Oberfläche zartlederig. Er ist von einer ungleichen Bildung, mäßig fleischig, und nach dem Rande zu verdünnt. Die Blättchen sind etwas lederig und von ähnlicher Farbe mit dem Stiel, fast weißlich. Sie sind in der Länge zwey, selten dreyfach verschieden, stehen weit auseinander und der größern sind etwa 28 bis 30. Diese sind etwas verlängert, am innern Ende bogig gerundet. Die übrigen sind länglich, an beyden Enden zugespitzt, und immer noch von ziemlicher Größe. Der Stiel ist glanzlos weißlicher als der Hut, und nicht faserig; inwendig hat er ein volles weißes Fleisch, und zeigt beym Spalten sehr deutlich, daß er gedreht ist.

III. — — — — **flockigrauher** (Agaricus tomentosus 241). Er wächst im Oktober aus faulen Buchenblättern. Der Hut ist anfangs rund mit einem feinen Filz überzogen, in der Folge breitet er sich aus und wird halbrund, zuletzt runderhoben, in der Mitte etwas konisch, mit einer kaum sichtbar hervorstehenden nabelförmigen Erhöhung, die Farbe ist stark gelb, ins bräunliche spielend, die Oberfläche sanft und filzig anzufühlen, wie Korduanleder, die Lamellen sind weiß und genau mit dem Hut verwachsen, in zwey oder drey=

240) Agaricus (coriaceus) pileo depresso-convexo, paululum farcto, carneo-ochraceo; stipite solido elongato, torto, pileum sustentante, lamellisque pileo propriis pallidioribus. *Batsch*, elench. cont. 139. fig. 109.

241) Agaricus (tomentosus) stipitatus pileo convexo-conico, tomentoso, fulvo, stipite gracili annulo fugaci cincto, Tab. nostr. II. fig. 1. Fungus parvus, totus fulvus, pediculo gracili, cylindrico, annulo fugaci cincto. *Micheli* gen. 178. n. 1-2. tab. 75. fig. 4.

dreyfacher Ordnung gestellt, gegen den Stiel zu etwas ausgehölt, an der Spitze stumpf abgestutzt, vom Stiel mehr entfernt. Der Stiel ist anfangs auch filzig, nachher glätter, an jüngern Schwämmen mit einem unbeständigen Ring oben umgeben, welcher von der gelben filzigen Saamendecke, die den kleinern Schwamm einhüllt, zurückbleibt, so wie die Flocken am Rande des Huts; innen ist der Stiel mit einem zarten, faserig filzigen Wesen angefüllt, und in den wenig fleischigen Hut fortgesetzt. Der Schwamm wächst gesellschaftlich, und kommt in sehr vielen mit dem gelbflockigen (flavo floccosus. Nro. 228) des Hrn. Prof. Batsch überein, die sanftfilzige Oberfläche des Huts, und der unbeständige Ring bezeichnen aber diesen hinreichend. Der Stiel ist bey den unsrigen auch mehr verdickt, als daß er wie bey jenem nach unten schmäler werden sollte.

III. Blätterschwamm, mooswachsender (Agaricus Muscorum 242.) Er wächst im Herbst an Baumwurzeln unter Moos. Der Hut ist rund gelblich braun, in der Mitte bläßer und nabelförmig eingetieft; am Rande sehr fein wellenförmig gebogen, und faltig gestreift. Die Lamellen stehen in drey oder vierfachen Reihen, wagerecht abgestutzt, die längern reichen an den Stiel, von Farbe sind sie etwas bläßer. Der Stiel ist kurz, bogenförmig aufrechtstehend, nach unten ungleich und unmerklich verdickt; entzweygeschnitten zeigt er in der Mitte seiner Substanz eine

242) Agaricus (Muscorum) stipitatus, pileo impresso striato, flavo-fusco, stipite basi incrassato brevi, lamellis horizontaliter sitis pallidioribus, Tab. nostr. V. fig. 3. Agaricus pileolo orbiculari, dilute fusco, vertice saturatiore, in margine striato, lamellis subluteis laxis; petiolo concolore. *Gled.* meth. fung. 96. e.

feinröhrige Höhlung. Die Farbe ist mit dem Hute gleich.

III. IV. Blätterschwamm, halbkuglicher (Agaricus semiglobatus 243) Er wächst zu Anfang Septembers in Wäldern auf Hirschlorbern. Der Hut ist halbkuglich, blaßgelblich, glatt, im Anfang etwas klebrig, ins olivenfarbige spielend, auf dem Scheitel rostfärbig. Das Fleisch ist gelblich, und wird gegen den Rand zu verdünnt. Die größern Blättchen füllen mit ihrer Breite die ganze Höhlung des Hutes, und sind mit derselben an den Stiel angeheftet. Die andern zweyfach verschiedene Blättchen sitzen blos an dem Hute an, sind länglich und gegen dem Hutrande etwas breiter. Alle diese Blättchen haben eine bläulich graue Farbe, welche mit dunklen Punkten besprengt ist. Bey größern Stücken werden diese Punkte zu Flecken. Im Anfang sind diese Blättchen mit einer blasenartigen, durchsichtig, glänzendglatten Hülle überdeckt, welche nachher vergeht, und den unten beschriebenen Ring am Stiele zurückläßt. Der Stiel ist gleichbreit, meistens sanftwellig gebogen, am Unterende knollig und am Oberende etwas verdickt. In der Mitte oder etwas drüber legt sich auf einer Seite eine schiefe schwarze Linie an, welche von dem vergänglichen und unächten Ringe übrig geblieben ist. Ueber diesem Ringe ist der Stiel von einer weißen blaßgraulichen Farbe, mehr gleichfarbig mit dem Hute, und zunächst über dem Ringe mit schwarzen pulverartigen Theilen punktirt. Unter dem Ringe ist der übrige Theil

243) Agaricus (semiglobatus) pileo semigloboso, glabro, pallide flavente; stipite subconcolore, opaco, in medio nigro pruinato, gracili, elongato, pileum sustentante; lamellis cinereis, obscurius maculatis, dilatatis, majoribus stipiti annexis. *Batsch*, elench. cont. 141. fig. 110.

Theil des Stieles ochergelblich, und zunächst unter dem Ringe mit einem zarten, etwas violetten reifartigen Puder bedeckt. Die Oberfläche des Stiels ist undurchsichtig, glatt, etwas glänzend, und sehr zart gestreift.

II. III. **Blätterschwamm, ausgebreiteter** (Agaricus diffusus 244.) Er wächst im Oktober auf bloßer Erde, in Wäldern. Der Hut ist zart, blos auf den Stiel aufgesetzt, und hat eine glatte, zartlederige mißfarbige, ins fleischfarbne fallende Oberfläche. Oft wird er ganz glockenförmig wenn sich der Rand ausbreitet. Die Blättchen laufen in gleicher Richtung mit den Wänden des Huts, sind länglich, lanzettförmig, und in der Länge vierfach verschieden. Die längsten sind mit dem breiten Ende an den Stiel angeheftet, die übrigen werden breiter gegen den Rand des Hutes. Ihre Farbe ist bleyfarben braunröthlich, wird aber nach und nach und zwar zuerst an den freystehenden Rändern dunkel mordoreroth. Der Stiel ist verlängert, sanftwellig gebogen, gleichbreit, am Unterende etwas knollig. Seine Oberfläche ist undurchsichtig, gleichsam schneeweiß bepudert, gleich unter dem Hute mit weißen kleyigen Schüppchen und etwas weiter herunter mit mordorerothen, dunkeln, puderartigen Linien besetzt. Das Unterende ist in eine hellweiße Wolle eingehüllt. Innen ist der Stiel haarförmig hohl. Er ist einigermaßen mit dem vorigen verwandt.

 III. II.

244) Agaricus (diffusus) pileo campanulato vel dilatato, livido-carneo; stipite niveo elongato, capillariter cavo, pileum sustentante; lamellis elongatis violaceo-fulvis, 4duplici ordine digestis, majoribus stipiti annexis. *Batsch*, elench. cont. 143. fig. 111.

III. II. Blätterschwamm, gelbschwarzer (Agaricus sphinx 245). Er wächst in der Mitte Oktobers neben Holzstöcken auf der Erde. Der Hut ist anfangs tellerförmig, nachher irregulär, fettig anzufühlen, und schön blaßgelb gefärbt. Wenn er älter wird, so fällt er hin und wieder ins rostgelbe. Sein Fleisch ist weiß, undurchsichtig, in der Mitte ziemlich dick, und gegen den Rand zu verdünnt. Die Blättchen sind breit, und gegen den Hutrand geschmählert; sie sind vier bis fünffach in der Länge verschieden; die 26-27. längsten haben ein rundliches, die andern ein abgestumpftes Hinterende, und die äußersten Blättchen sind länglich. Der Stiel ist verlängert, etwas stark, gleichbreit, zusammengedrückt und ein wenig gedreht. Die Oberfläche ist schwarzbraun, sanft gestreift, wie rauchmehlig, und gröstentheils etwas ins hellgraue fallend. Gleich unter dem Hute aber ist die Farbe blaßgelblich, und am Unterende rostbraun. Der Stiel ist inwendig hohl bis an den Scheitel des Huts, und hat ein halbdurchsichtiges, gelbgrauliches etwas ins grünliche fallendes Fleisch. Die Oberfläche dieses Stiels hat gewissermaßen eine Aehnlichkeit mit dem Stiel des scharzrauhen Schiefschwamms (Agaricus atro-tomentosus Nro 134).

III. IV. — — — — blaßpurpurfarbner (Agaricus livido-purpureus 246). Er wächst in Menge um Hallifax, unter dichten Nadelhölzern, im July. Der Hut ist über einen halben Zoll breit, anfangs

245) Agaricus (sphinx) pileo pallido, medio lutescente-ferrugineo; stipite opaco nigro-fusco, striato, torto, cavo; lamellis albidis. *Batsch*, elench. 145. fig. 112.

246) Agaricus (purpureus) stipitatus, pileo hemisphaerico purpureo, lamellis trifidis albidis, stipite purpureo. *Bolton*, hist. fung. 41. tab. 41. fig. B.

fangs halbkugelrund, blaßpurpurfarben, und ein wenig klebrig auf der Oberfläche, nachher wagerecht, blaßbraun. Die Lamellen sind breit, weiß und stehen in dreyfacher Ordnung. Der Stiel ist kurz, ohngefähr Zollhoch, blaßpurpurfarben, innen röhrig, unten zu einer harten, mit braunen Fasern besetzten Wurzel verdickt.

IV. Blätterschwamm, zerkrümpelter (Agaricus contortilis 247). Er wächst in großen Treibhäusern oder Mistbeeten, an den Wurzeln der Pflanzen und Sträuche, die viel Schatten geben. Der Hut ist anfangs gewölbt, nachher wagerecht oder eingetieft, dunkel rothbraun, am Rand ein wenig gestreift, kraus und verschieden gebogen. Die Lamellen sind fleischfarb, so wie der Stiel, der nur ein viertel Zoll hoch ist, mit einer dunkeln und faserigen Wurzel versehen.

II. III. — — — — körniger (Agaricus granulosus 248). Er wächst im Herbst auf der Erde, in waldigten Gegenden. Der Hut ist in Ansehung der Dicke und Gestalt sehr unbeständig, ocherfarben rostig und weißkörnig, die Körnchen stehen dicht beysammen. Die Blättchen sind länglicht, meist am innern Ende abgestutzt, und an den Stiel angeheftet oder nicht, von Farbe weiß. Der Stiel ist gleichbreit, stark, ocherfarb rostig, mit einem weißen flockigen Ring und einem gleichartigen Ueberzug am untern Theil öfters umgeben.

247) Agaricus (tortilis) stipitatus, pileo fusco striato, undulato, lamellis carneis, stipite brevi. *Bolton*, hist. fung. 41. tab. 41. fig. A.

248) Agaricus (granulosus.) Pileo ochraceo-ferrugineo, granulis minutissimis, albis scabro; stipite lineari valido concolore; lamellis albis. *Batsch*, elench. 79. fig. 24.

IV. Blätterschwamm, stachlicher (Agaricus hispidus 249). Er wächst in Gründen. Der Hut ist rundgewölbt, etwas niedergedrückt, tiefbraun, in der Mitte blässer und mit kurzen Spitzchen versehen, oder mit kleinen Stacheln besetzt. Die Blättchen sind länglich, runderhaben, mit sehr bogigen Rande, und am Stiel nicht angewachsen; die Farbe ist blässer. Der Stiel ist gleichbreit, halbdurchsichtig, mit den Blättchen gleichfarb, in den Hut nicht ausgebreitet.

III. — — — — berusster (Agaricus fuliginatus 250). Er wächst im Anfang des Herbsts, in waldigten Thälern. Der Hut ist ausgebreitet, kegelförmig, mit hellweißen, etwas graulichen, und mit verblichnen rusfarbnen Strichen geschuppt, in der Mitte dunkler, zart und zerbrechlich. Die Blättchen stehen dicht beysammen, von gleicher aber blasser Farbe. Der Stiel ist stark, gleichbreit, rund, und glatt ohne Glanz, mit den Blättchen gleichfarben.

III. — — — — schwärzlichgeschuppter (Agaricus atro-squamosus 251). Er wächst zugleich mit dem vorigen an eben dem Ort, und zu eben der Zeit. Der Hut ist in der Mitte tiefbraun, flach ungleich,

---

249) Agaricus (hispidus.) Pileo brunneo saturato, medio spinulis brevibus hispido; stipite lineari, valido, lamellisque pallidissime concoloribus. *Batsch*, elench. 81. fig. 25.

250) Agaricus (fuliginatus.) Pileo niveo-griseo, striis obsoletis fuligineis subsquamoso; stipite lineari, subelongato, valido, niveo; lamellis concoloribus. *Batsch*, elench. 81. fig. 26.

251) Agaricus (atro-squamosus.) Pileo fuscescente-niveo, maculis striatis nigris subsquamoso; stipite subsubulato, valido albo; lamellis concoloribus. *Batsch*, elench. 81. fig. 27.

gleich, zerbrechlich, und hat in der Mitte in etwas eine Erhöhung, er ist mit hellweißen, etwas bräunlichen, und schwarzgestrichelten Flecken besetzt. Die Flecken stehen überall dicht bey einander, und sind an Grösse gleich, die Blättchen sind weißlich, so wie der oberwärts dünne und nach unten stärkere Stiel. Hierher scheint als Spielart zu gehören

III. **Blätterschwamm, befleckter** (Agaricus conspurcatus 252). Er wächst auf Viehweiden, in Gärten, in Nadelwäldern, zur Herbstzeit. Der Hut ist dunkelgrau oder schmierigweiß, in der Mitte konisch gewölbt, mit bräunlichen Schuppen nach der Länge gestreift. Die Lamellen sind weiß, so wie der Stiel, der oben mit einem unbeständigen Ring umgeben, nach unten aber etwas verdickt und rothbräunlich zu seyn pflegt. Hr. Prof. Batsch faßt diese von 248-251 beschriebene Schwämme in eine besondere Unterabtheilung: **Schorfschwämme, mit undurchsichtigen, glanzlosen rauhen, oder kleyschuppigen Hute zusammen.**

II. III. — — — — **schirmförmiger** (Agaricus umbraculum 253). Er wächst im September in dunkeln Haynen. Der Hut ist kegelförmig, niedergedrückt,

252) Agaricus (conspurcatus) stipitatus, pileo sordide albo, disco fuscescente, squamoso, squamis concoloribus, lamellis albis, annulo stipiteque concolore. *Wild.* berol. 1104. Fungus minimus, esculentus, pileolo e griseo subobscuro, cute lacera, lamellis albis, pediculo cylindrico, annulato, subpurpureo. *Mich.* Gen. 176. tab. 78. fig. 6-8. *Gled.* meth. 129, 26. a-b. Agaricus (squamosus.) *Schreb.* spicil. ind. 1052. (*Hall.* hist. 2356?)

253) Agaricus (umbraculum.) Pileo conico-depresso diffuso, subplanato, ruguloso, fuscescente-cinereo, rarido; lamellis subconcoloribus; stipite elongato, subsubulato, gracili, albo, striato, torto. *Batsch*, elench. 79. fig. 4.

gedrückt, ausgebreitet, etwas flach, runzlich, braungrau, feucht anzufühlen, bey einem ausgewachsenen Schwamm klebrig. Die Blättchen sind gleichfarbig, ihre Anzahl ist nicht sehr groß, ihre Ränder sind ungleich, die längsten sind an den Stiel angewachsen, und ihre Länge dreyfach, aber etwas ungleich verschieden. Der Stiel hat verschiedene Beugungen, ist halbdurchsichtig und röthlich, verlängert, oberwärts dünner, zart, weiß, gestrichelt und gedreht.

II. III. **Blätterschwamm, dachförmiger** (Agaricus pluteus 254). Er wächst auf faulen Holz. Der Hut ist kegelförmig, etwas niedergedrückt, in der Mitte erhöht, rehfarb. Die Blättchen sind licht gelbröthlich. Der Stiel ist verlängert, beynah gleichbreit, etwas stark, am untern Ende dicker, weiß oder blaßgelblich.

— — — — **kuchenförmiger** (Agaricus placenta 255). Er wächst bey nassen Wetter in waldigen Thälern. Der Hut ist flach gedrückt, in der Mitte erhoben, der Rand ist abgerundet, die Farbe graubräunlich. Die längsten Lamellen sind am innersten Ende zugerundet, die übrigen haben einen gradlinigen Rand und sind innwärts abgestutzt, fleischfarbig weiß. Der Stiel ist gleichbreit, nach und nach unten knollig, verlängert, stark, gestrichelt und gedreht, gleichfarbig oder

254) Agaricus (pluteus.) Pileo conico, subdepresso, umbonato, castaneo; lamellis niveo-carneis; stipite elongato, subaequali, validiusculo, basi crassiusculo, albo, pallidissime flavente. *Batsch*, elench. 79. Agaricus (cervinus.) *Schaeff.* tab. 10.

255) Agaricus (placenta.) Pileo depresso, umbonato, cinereo fuscescente; lamellis carneo-albis; stipite lineari, sensim deorsum bulboso, elongato, valido, fibroso, torto, concolore, pallidiore. *Batsch*, elench. 79. fig. 18.

oder blässer, nach oben in die Mitte des Huts ausgebreitet.

III. Blätterschwamm, braunschwarzer (Agaricus murinus 256.) Er wächst mit dem vorigen an gleichen Ort und zu gleicher Zeit. Der Hut ist flach gedrückt, braunschwarz. In der Mitte des Huts ist ein blasser sternförmiger Fleck, welcher durch Austrocknen entstanden scheint, und viel Aehnlichkeit mit der Verdunklung der Crystallinse hat. Die Blättchen sind an Gestalt den vorigen ähnlich, nur sind sie länglicher, und ihr Rand mehr rund erhaben, grau von Farbe. Der Stiel ist verlängert gleichbreit, stark, grau, schwarz gestrichelt. Nach oben erweitert er sich etwas weniges in den Hut.

IV. — — — — violettlackrother (Agaricus violaceo-laccatus 257.) Er wächst im Frühjahr auf bergigten Wiesen. Der Hut ist klein flach niedergedrückt, und so wie der ganze Schwamm, dunkelviolettfarbig. Der Stiel stark, nach unten zu dicker, innen hohl. Die Lamellen stehen entfernt, sind an ihren Rand gewölbt, an den Stiel nicht befestigt, und mit einem weißlichen Pulver bestreuet; als Spielarten gehören folgende hieher.

III Blät-

256) Agaricus (murinus.) Pileo depresso fusco-nigro; stipite lineari elongato, valido, cinereo, nigro fibroso; lamellis cinereis. *Batsch*, elench. 79. fig. 19.

257) Agaricus (laccatus.) *Schaeff.* tab. 13. fig. 1-3. Agaricus (janthinus.) var. a *Batsch*, elench. 79. Totus obscure violaceo-nigrescens. Agaricus farinaceus) stipitatus, pileo convexiusculo purpurascente-fusco, lamellis convexis distantibus incarnatis pulverulentis, stipite longo. *Hudf.* angl. 2, 616. Agaricus (farinaceus) stipitatus, pileo convexo, vertice subdepresso rubro violaceo, lamellis violaceis, stipite fuscescente. *Hud.* berol. 1117.

III. Blätterschwamm, fleischfarblackrother (carneo-laccatus 258.) Er wächst zugleich mit dem vorigen. Der Hut ist etwas gewölbt, größer, am Rande nicht selten wellenförmig oder unordentlich gebogen, schmierig fleischfarben, oder blaß, violett braunröthlich. Die Lamellen sind glatt, voneinander aber nicht vom Stiel abstehend, gewölbt, an den Stiel etwas herablaufend. Der Stiel ist verlängert, von der Dicke eines Federkiels, mehr gleichbreit und blaß fleischfarb oder violettröthlich, so auch die Lamellen; ein wenig gestreift, 2 bis 3 Zoll lang, innen gewöhnlich voll.

III. — — — — blaßlackrother (Agaricus pallide-laccatus 259.) Er wächst wie die vorigen auch in Wäldern. Der Hut ist an der Seite runderhaben und hoch, in der Mitte tiefer und flach, etwas fleischfarb, mit leichten und zerstreuten Streifen. Der Stiel ist wie bey dem vorigen rund und gerade, gleichfarbig mit dem Hut, und den Blättchen. Bey allen drey Spielarten ist der Hut schwammiger als bey den übrigen, und saugt leichter Wasser ein. Die Schwämme von 253 bis 259 haben gemeiniglich einen etwas durchsichtigen und fleischigen glanzlosen oder klebrigen Hut, und wegen ihrer Eigenschaft das Wasser leicht einzusaugen, nennt sie Herr Prof. **Batsch, Wasserschwämmme.**

2)

258) Agaricus (janthinus.) var. β. *Batsch*, l. c. Agaricus (laccatus.) *Schaeff*. tab. 13. fig. 2. 4. 5 - 8. Amanita carnea.) *Lamarck*, encyclop. 108. Agaricus (amethysteus.) *Bulliard*, herb. tab. 198.

259) Agaricus (janthinus.) *Batsch*, l. c. var. γ. fig. 20. Stipite pallide violaceo; pileo lamellisque pallidioribus albis. An Agaricus (laccatus.) *Scop*. 2, 1530?

2) Lederschwämme mit runderhabenen, mehr glatten als häutigen, weniger fleischigen, trocknen Hut.

II. III. Blätterschwamm, Moußeron (Agaricus mouceron 260.) Er wächst im May und Juni in Wäldern. Der Hut ist gewölbt, trocken wie leder anzufühlen, anfangs ganz rund, und fleischig, blaß lederfarben. Die Lamellen sind häutig, an ihren beyden Enden zugespitzt, am Stiele etwas herablaufend, es stehen wenig andere darzwischen. Das Fleisch sowohl an dem Hut, als Lamellen, ist fest, etwas fasrig, zwischen den Zähnen wird es bräunlich. Der Stiel lauft in den Hut fort, nach unten ein wenig verdickt und auch da mit dem Hut gleicher Farbe. Geschmack und Geruch sind angenehm und durchdringend. Man gebraucht die Moußerons frisch und getrocknet zu allerley Ragouts.

II. III. — — — — Herbstmoußeron (Agaricus pseudo-mouçeron 261.) Er wächst im August und September auf Grasangern, an Rainen, neben einzeln stehenden Bäumen. An Geschmack und Geruch ist er beynah erstern gleich, und man bedient sich desselben sowohl frisch als getrocknet auf die nehmliche Art. Der junge Schwamm ist abgerundet, im Alter irregulär, und nicht so fleischig wie der vorige. Die Lamellen stehen auch nicht so gedrängt, sie sind breiter, getheilt, vom Stiel ein wenig entfernt. Die ganze Farbe ist hellbraun. Das Fleisch weicher und häutiger. Der

---

260) Agaricus (mouceron.) *Bulliard*, herb. tab. 142.

261) Agaricus (pseudo-mouceron.) *Bulliard*, herb. tab. 144. Agaricus (mammosus.) *Kerner*, Schw. 31. tab. 6. fig. a?

Der Stiel ist gleichbreit, voll, ein wenig faserig getrocknet, spiralförmig gedreht.

II. III. **Blätterschwamm, Bulliardischer Knoblauchartiger** (Agaricus alliaceus Bull. 262.) Er wächst zu Ende Herbsts, auf abgefallenen Eichenblättern, in Frankreich. Die Oberfläche des Huts ist trocken blaßgrau, ungleich, am Rande etwas wellenförmig gebogen und gestreift. Die Lamellen sind getheilt, gleichfarbig, dem Stiel angenähert. Der Stiel ist drey bis vier Zoll hoch, etwas wollig oder filzig, zumal da wo er die Blätter durchbohrte, wo er auch mehr verdickt ist, unterhalb der Blätter verschmälert er sich wieder, so wie er gegen die Lamellen zu dünner wird, innen ist er voll, das Fleisch weiß. Geschmack und Geruch sind völlig Knoblauchartig.

III. — — — — **Jacquinischer Knoblauchartiger** (Agaricus alliaceus Jacq. 263.) Er wächst im August und September, in Wäldern und auf trocknen Weiden. Der Hut ist gewölbt, glatt, bräunlich, jünger spielt er ins Gelbliche, in der Mitte dunkler, am Rande lichtbraun, zart gestreift, ohngefehr Zollbreit. Im Alter so wie beym Trocknen verlieren sich die Streifen. Die Lamellen sind nicht von gleicher Länge, dünn, weißlich, zuletzt grauschwärzlich. Der Stiel ist rund und schmal, mehrere Zoll hoch, innen röhrig, von Farbe

262) Agaricus (alliaceus.) *Bulliard*, herb. tab. 153.

263) Agaricus (alliaceus) stipitatus, pileo convexo, glabro, e fusco pallescente; lamellis albidis, stipite atro nitido. *Jacq.* austr. 196. obs. 100. Agaricus (alliaceus) stipitatus, pileo convexo opaco, supra fusco, subtus albo, stipite fistuloso nigro nudo. *Linn.* Syst. veg. 976. *Jacq.* austr. Tom. I. tab. 82. *Kern.* oecon. Pfl. tab. 30. *Willd.* berol. 1112.

Farbe schwärzlich und glänzend, oder auch dunkelroth, nach unten gebogen, und an der Wurzel knotig verdickt. Geruch und Geschmack sind knoblauchartig, und man braucht ihn an manchen Orten unter Gemüse oder Saußen.

III. Blätterschwamm, Schäfferischer knoblauchartiger (Agaricus alliatus Schaeff. 264.) Er wächst im Herbst in Wäldern und auf Feldern, büschelweise oder einzeln. Der Hut ist mehr flach als gewölbt, am Rande wellenförmig oder eckig gebogen, grobfaltig, lichtockergelb, zuweilen etwas roth, in der Mitte dunkler, nicht fleischig. Die Blättchen sind ungleich, etwas entfernt, weißlich. Der Stiel ist schmal, rund, gleichbreit, nach unten roth oder dunkelbraun. Er riecht so wie die vorigen und schmeckt auch nach Knoblauch.

IV. — — — — Nadelhölzer (Agaricus Abietis 265). Er wächst im Anfang des Herbsts in waldigten Gegenden auf Kiefernadeln die in nassen Moos liegen. Der Hut ist runderhaben, niedergedrückt, etwas klebrig, äusserst blaß braunröthlich und etwas, aber kaum

264) Agaricus (alliatus,) caulescens, solitarius et cespitosus, non carnosus; pileo convexo, planiusculo, margine plicato, luteo et rufo; lamellis albidis petiolo tereti, gracili, obscure rubro, fistuloso; velo et annulo destitutus. *Schaeff.* tab. 99. fig. 2. 5-8. *Allion.* ped. 2698. Agaricus (plicatus,) stipitatus, pileo planiusculo, margine luteo rufo, lamellis pallidioribus, stipite longo rufo. *Hudf.* angl. 2, 621.

265) Agaricus (Abietis.) Pileo croceo-carneo, f. fulvente-carneo, pallido depresso, glaberrimo; lamellis albidis; stipite lineari, elongato, gracili, saturate fulvo. *Batsch,* elench. 73. fig. 10. Agaricus (alliatus.) *Schaeff.* tab. 99. fig. 1. 3-4.

kaum merklich gestreift. Die längsten Blättchen sind an den Stiel angewachsen, haben einen gradlinigten Rand, die übrigen sind länglicht und gegen den Rand des Huts schmähler, weißlicher und blässer als der Hut. Der Stiel ist dünn, gleichbreit, verlängert, tiefrothbraun, etwas geschlängelt, oberwärts blässer, er ist auf den Kiefernadeln ohne deutliche Wurzel festgewachsen.

IV. **Blätterschwamm, Kiefernadeln** (Agaricus Pineti 266). Er wächst bey Haufen auf zaserigter, tiefbrauner, mit Kiefernadeln vermischter Erde. Der Hut ist kaum einen halben Zoll breit, niedergedrückt, runderhaben, in der Mitte nabelförmig erhoben, sehr glatt, hellweiß, blaßfleischfarben. Die Blättchen sind beynah gleichfarbig, die längsten sind an den Stiel angewachsen, haben einen gradliniaten Rand, die übrigen sind länglicht und gegen den Rand des Hutes schmähler. Die Wurzel ist schlangenförmig gebogen, fortkriechend, und auf der Seite mit weißen Fäserchen besetzt, der Stiel ist dünn, gleichbreit, dunkelfarbig.

III. IV. — — — — eßbarer (Agaricus esculentus 267). **Nagelschwamm.** (Man muß ihn nicht

266) Agaricus (Pineti.) Pileo convexo, depresso, umbonato, glaberrimo niveo, pallidissime carneo: lamellis subconcoloribus; stipite lineari obscuro. *Batsch*, elench. 73. fig. 9. Fungus pratensis, parvus, radicibus graminis dactyloidei spicis villosis autumni tempore innascens. *Mich.* gen. 146. tab. 74. An Agaricus (umbilicatus) stipitatus albidus parvus, stipite longo, pileo convexo: umbilico prominente, lamellis niveis. Fl. Suec. 2, 1199. *Leyss.* hal. 2, 1212? *Gled.* meth. 119.

267) Agaricus (esculentus) stipitatus; pileo convexo argillaceo; stipite gracili, fistuloso, ex albo sordide flavescente; lamellis albis. *Linn.* Syst. veg. 976. *Jacq.* Misc. 2, 103. tab. 14. fig. 4. *Kerner*, Schw. 53. tab. 12. fig. 2.

nicht mit denen Nagelschwämmchen 184. verwechseln). Er wird in Kärnthen, unter dem Namen Nagedl-Schwammen Körbe voll im Frühling zu Ausgang Aprils auf den Markt gebracht. Ohne Beysatz von Gewürz schmecken diese Schwämmchen bitter und trocken. Der Hut ist mäßig gewölbt, im Alter flach, mehr oder weniger schwarz oder hellbräunlich, nach aussen thon- oder lederfarben. Die Oberfläche ist trocken und glatt, ausgetrocknet am Rande manchmahl etwas gestreift, das Fleisch ist dünn und innen weiß. Die Lamellen sind weiß, dünn und breit, ziemlich häufig, kürzere zwischen längern gemischt. Der Stiel ist gewöhnlich zollhoch, kürzer oder länger, je nachdem der Hut größer oder kleiner ist, dünn, schmal, gleichbreit, röhrig, bräunlich und weiß oder lederfarb gemischt. Auch in Oesterreich wird dieser Schwamm, unter den Namen Nagelschwamm auf den Markt gebracht.

IV. **Blätterschwamm, Schäferischer nagelförmiger** (Agaricus clavus Schaeff. 268) Er wächst im späten Frühjahr und Herbst in Wäldern auf abgefallenen Blättern. Der Hut ist von verschiedener Gestalt, unfleischig, flach, gewöhnlich in der Mitte durch eine glatte Erhabenheit gewölbt, am Rande frey gestreift, oder faltig zusammengezogen, von Farbe mehr oder weniger hell oder braungelb. Die Lamellen sind nicht rein

268) Agaricus (clavus,) solitarius, vix carnosus; pileo planiusculo, centro fastigiato, margine striato, luteo; lamellis albidis, demum ochroleucis; petiolo tereti, gracili, tortili, pleno, radicato, superne albido, inferne fuscescente; velo et annulo destitutus. *Schaeff.* tab. 59. *Allion.* ped. 2711. Agaricus (fibrillosus.) Pileo convexo, depresso, ochraceo, fusco vel lurido; stipite subconcolore, filiformi, inferne piloso; lamellis ochraceo-albis. *Batsch*, elench. 71. (Simul cum sequenti conjungit.)

weißlich, sie spielen oft in das grünliche oder bräunliche. Der Stiel ist dünn, rund, schmahl, gleichbreit, gewöhnlich nach unten gebogen, dunkler bräunlich, und an der Spitze mit feinen Fäserchen besetzt; innen voll.

Blätterschwamm, graufastriger (griseo-fibrillosus 269 a). Er wächst im Herbst in Wäldern unter dem Moos, an Wurzeln der Bäume. Der Hut ist gewölbt, grau, durch nasses Wetter röthlich braun. Der gleichfarbigen Lamellen sind wenige. Der Stiel ist schmahl, rund, nach unten gebogen, röthlich braun, und so wie der vorige an den Seiten faserig; innen röhrig. Hr. Prof Batsch verbindet beyde unter dem Namen des **rauchstieligen Lederschwamms**.

IV. — — — — **gekerbter** (Agaricus crenulatus 269 b). Er wächst im Herbst unter Moos, an Baumstämmen. Der Hut ist anfangs etwas konisch, runderhaben, nachher flachgedrückt, röthlich ocherfarb, oder hellbraun, ganz dünne weiß bestäubt, am Rande durch Ausschweifungen gekerbt. Die Lamellen sind nicht häufig, blaßzimmtfarb. Der Stiel gleichfarbig, schmahl, und nach unten etwas dicker, innen hohl oder röhrig.

IV. — — — — **gelbocherfarber** (Agaricus subcoriaceus 270). Er wächst im Herbst auf Heiden

---

269 a) Agaricus (griseus.) *Schaeff.* tab. 236.

269 b) Agaricus (crenulatus.) Pileo convexo, depresso, ochraceo-rubello, margine repando-crenulato; stipite elongato, lineari subgracili, lamellisque concoloribus. *Batsch*, elench. 71. Agaricus (pulverulentus.) *Schaeff.* tab. 226.

270) Agaricus (subcoriaceus.) Pileo convexo, depresso, ochraceo, subfuscescente, margine integro; stipite lineari,

den und unter Moos. Der Hut ist anfangs runderhaben, nachher flacher, ocherfarbgelblich oder bräunlich, mit geraden Rande. Die lamellen sind bräunlichbleyfarben. Der Stiel ist rund, schmahl, nach unten gebogen und etwas dicker, wurzelich, mehr gelblich. Er kommt sehr mit 265. überein.

IV. **Blätterschwamm, braunrother** (Agaricus atrorufus 271). Er wächst im Frühjahr an Baumwurzeln. Der Hut ist runderhaben, in der Mitte zugespitzt, dunkelbraunroth, etwas weißlich gestreift und am Rande eingekerbt. Die lamellen und obere Theil des Stiels sind etwas lichter. Der Stiel ist verlängert, gleichbreit, dünne, unten verdickt, innen röhrig.

V. — — — — **borstenförmiger** (Agaricus setaceus 272). Er wächst unter Moos in Wäldern. Einer der kleinsten Schwämmchen. Der Hut von der Größe eines Hirsekorns ist anfangs konisch, runderhaben, in der Mitte zugespitzt, nachher flacher Zinnober hochroth. Die lamellen sind goldgelb, nicht häufig. Der Stiel ist lang, schmahl, rund, innen hohl, von der Dicke einer Schweinsborste, an der Wurzel zugespitzt,

neari, elongato, subgracili, flaventiore; lamellis fusco-lividis. *Batsch*, elench. 71. Agaricus (pusillus.) *Schaeff.* tab. 203.

271) Agaricus (atrorufus.) *Schaeff.* tab. 234. Agaricus (aspersus.) Pileo convexo, depresso, umbonato, fulvo-obscuro, (albo-punctato?) margine striato-crenulato; stipite lineari, elongato, gracili, lamellisque pallidis, concoloribus. *Batsch*, elench. 73.

272) Agaricus (miniatus.) Pileo convexo, depresso, umbonato, laete miniato; lamellis concoloribus, pallidis, stipite longissimo, subsubulato, validiusculo, pallide sulphureo. *Batsch*, elench. 73. Agaricus (acicula.) *Schaeff.* tab. 222.

spitzt, auch öfters nach den Lamellen zu dünner, weiß-gelblich.

IV. Blätterschwamm, eckigter (Agaricus angulatus 273). Er wächst im Oktober auf faulen Stückchen Holz, oder Rinde. Der Hut ist flach mit einem besondern Saume versehen, am Rande eckigt, und darzwischen ausgeschweift. Die Lamellen stehen entfernt. Der Stiel ist verlängert dünne, und weiß, so wie der ganze Schwamm.

V. — — — — Bulliardischer nagelförmiger (Agaricus clavis Bull. 274). Er wächst auf faulen Holz, auch faulen Blättern. Der Hut ist rund, im Alter ein wenig flacher, ohngefähr so groß wie eine Erbse; das Fleisch ist weiß und durchsichtig, die Oberfläche des Huts aber gelbbraun, der Rand etwas zusammengezogen. Der Lamellen sind wenige, sie sind getheilt und an beiden Seiten gleich, und schliessen an den Stiel an, ohne an ihm herabzulaufen. Der Stiel ist schwärzlich, in den Hut fortgesetzt, kurz, stark, voll und rund. Hr. Bulliard bemerkt vielerley Abweichungen; größere Schwämmchen, bey denen die Lamellen öfters mit dem Hut gleichfarbig sind, andere mit weißen Lamellen, ganz kleine, wo der Hut in der Mitte konisch erhöht ist. Geschmack und Geruch sind nicht unangenehm; man darf diesen Nagelschwamm aber nicht mit dem

273) Agaricus (angulatus.) Pileo subplanato, angulato-repando, marginato; lamellis raris; stipite subelongato, gracili; albus *Batsch*, elench 73. Fungus minimus, candidus, clypeiforma pileolo, et veluti angulato, limbo superna parte repando. *Mich* gen. 146. tab. 74. fig. 4.

274 Agaricus (clavis.) *Bulliard*, herb. tab. 148. Amanita (clavus.) *Lamarck*, encyclop. 111. Fungus minimus aurantiacus. *Vaill.* Paris. tab. 11. fig. 19-20. Amanita minimus, oris adtractis, flavus, inferne albus. *Hall.* hist. 2370. *Bolton*, hist. 39. B.

dem Schäferischen (268). verwechseln, beide sind nicht wenig verschieden.

IV. Blätterschwamm, röhrenförmiger (Agaricus Fibula 275). Er wächst im Herbst auf Moosen, in Frankreich. Der Hut ist rund, in der Mitte wie ein Bechermoos eingetieft, anfangs aber flach, weißgelblich. Die Lamellen laufen an den Stiel herab, und sind gleichfarbig. Der Stiel ist gleichbreit, ausgenommen nach oben durch die herablaufende Lamellen verdickt, glatt, innen voll. Der ganze Schwamm ist nur wenig fleischigt, und man darf ihn nicht mit dem vorigen verwechseln, von dem er durch die herablaufenden Lamellen hinreichend zu unterscheiden ist.

IV. — — — — röthlichglockenförmiger (Agaricus campanella 276). Er wächst auf faulen Holz unter Moos und auf abgefallenen Laub. Der Hut ist kegelförmig runderhaben, in der Mitte mit einer kleinen vertieften Warze besetzt, glatt, gestreift, dunkelgoldgelb oder safranfarben. Die Lamellen sind hellgelb. Der Stiel rund, schmahl, zerbrechlich, voll, glänzend, von Farbe noch dunkler als der Hut.

275) Agaricus (Fibula.) *Bulliard*, herb. tab. 186. Agaricus perexiguus, niveus, pileolo superius in formam infundibuli conversus. *Gled.* meth. 122. g. Fungus minimus, totus albus, infundibulum imitans, musco innascens. *Mich.* gen. 146. tab. 73. fig. 6.

276) Agaricus (campanella.) Pileo conico-convexo, umbilicato, striato, glaberrimo, ochraceo-ferrugineo, fulvente; stipite lineari, elongato, gracili, arcuato, concolore; lamellis pallide sulphureis. *Batsch*, elench. 74. Agaricus (fragilis.) *Schaeff.* tab. 230. Fungus pediculo croceo, splendoris participe. *Vaill.* paris. 69. tab. 11. fig. 16-18.

V. Blätterschwamm, ganz kleiner (Agaricus pusillus 277). Er wächst den größten Theil des Jahres, frisch oder eingetrocknet, an Baumrinden, gesellschaftlich, zwischen Flechten, auf faulen Holz, in schattigten und feuchten Gegenden. Der Hut ist glockenförmig, auf seiner ganzen Oberfläche gestreift, oder vielmehr fein gefaltet bis an die Spitze, von Farbe lichtbraun, weißlich grau, in der Mitte dunkler, zart lederartig. Die Lamellen sind im Verhältniß gegen den Hut ziemlich breit, sie erreichen nicht den Stiel, zwischen denen längern stehen andere kürzere, von Farbe weißlich. Der Stiel ist rund, gleichbreit, kurz und dünn, ohngefehr einen halben Zoll lang, und gebogen, bräunlich, innen haarförmig röhrig. Die ganze Farbe des Huts richtet sich nach seinem Alter, bald lichter, bald dunkler, auch manchmal ganz weiß.

V. — — — — rostgelber (Agaricus ferruginatus 278.) Er wächst zu Anfang Septembers zwischen Moos in Wäldern. Der Hut ist klein, kegelförmig, oben etwas stumpf, und am Rande bauchig, gelblich, in der Mitte dunkelrostfarben. Die Blättchen sind weißbräunlich, und in der Größe verschieden. Der Stiel ist gegen den kleinen Hut stark und wird erst gegen demselben hin nach dünner, blaßbräunlich, auf der

277) Agaricus (pusillus) stipitatus parvus, pileo campanulato, fuscescente, striatus; stipite brevi incurvo. Tab. nostr. VI. fig. 3-4. Fungus minimus, albus, pileolo hemisphaerico, in arborum caudicibus. *Mich.* gen. 146. tab. 74. fig. 8. Bulla cespitosa, utrinque sulcata. *Battar*, 55. tab. 17. c.

278) Agaricus (ferruginatus,) pileo minuto, conico, ferrugineo; stipite elongato, torto, subsubulato, deorsum sensim crassescente, pallidissime fuscescente; laminis concoloribus, *Batsch*, elench. cont. 109. fig. 92.

der Oberfläche weißlich, seidenartig faserig, und gedreht.

V. Blätterschwamm, blaßfleischfarbener (Agaricus Amanitae 279.). Er wächst in Kiefernwäldern, der jüngere Schwamm ist blos durch das Vergrößerungsglas sichtbar. Der Hut ist flacherhaben, in der Mitte erhöht, undurchsichtig, zartlederig, fast glänzend glatt, und wenn er trocken wird, steif, ocherartig fleischfarben. Die Lamellen sind verlängert, gegen den Hutrand mit hervorgebogenen, gegen den Stiel mit ausgehöhlten Rand. Ihre Farbe hat viel Aehnlichkeit mit dem innern Fleische des Stiels, das durch ein bräunliches Wesen sowohl von der Rinde als auch von dem Fleische des Huts getrennt wird, welches mehr ocherartig fleischfarben ist. Etwa 16 bis 18 Blättchen sind mit breitern Enden an den Stiel befestigt, und hin und wieder stehen zwischen ihnen andere, welche gegen den Stiel zu schmäler werden. Der Stiel ist etwas durchsichtiger, unterwärts dunkler gefärbt. Im innersten ist er weißlicher, aber voll, ohne irgend eine merkliche Höhlung. Sein oberes Ende erweitert sich etwas in den dünnen Hut.

V. — — — — blaßbläulicher (Agaricus caesius 280.) Er wächst zu Ende Oktobers auf abgefal-

N 5 lene

279) Agaricus (Amanitae.) Pileo ochraceo-carneo, glabro, subnitente, plano-convexo, umbonato; stipite lineari, concolore; deorsum fulvente; lamellis elongatis, albentibus interspersis paullo angustioribus. *Batsch*, elench. cont. 109. fig. 93.

280) Agaricus (caesius,) griseo-caesius, semidiaphanus, pileo laxe conico; stipite lineari, elongato, validiusculo, basi lanoso-villosa; lamellis lanceolatis, duplici, triplicive ordine digestis, pileo propriis. *Batsch*, elench. cont. 113.

lene Kiefernnadeln. Der Hut ist ein kappenförmiger Kegel, der überhaupt und besonders am Rande, sehr schlaff ist, blaßbläulichhellgrau, halbdurchsichtig; er welkt nicht zusammen, sondern wird steif. Die Blättchen hängen bloß am Hut, sie sind verlängert, und an beyden Enden spitzig geschmälert. Ohngefehr 16 bis 18 befinden sich von der Länge des Huts an demselben, fast immer stehen kürzere dazwischen, und oft kommen noch andere kleinere am Hutrande zum Vorschein. Der Stiel hat an seinem Unterende ein weißes zottiges Wesen. Innwendig ist er wie ein Haarröhrchen ausgehöhlt, bis er sich oben etwas weniges in die Haut des Hutes ausbreitet.

V. Blätterschwamm, bleicher (Agaricus pallescens 281.) Er wächst im Herbst auf bloßer Erde. Der Hut ist undurchsichtig, eben, ohne Glanz, mit einem zarten seidenartigen Filz überzogen, schlaff und von verschiedener etwas rund erhabener Bildung. Sein Wesen ist zart, wird nur in der Mitte von dem etwas erweiterten Ende des Stiels unterstützt, und wird beym Austrocknen welk; blaß ocherfarbweißlich. Die Blättchen sind verlängert, blaß, unten etwas ausgehöhlt, von zweyfach verschiedener Länge, wozu noch zuweilen Blättchen von einer mittlern Größe hinzukommen. Der Stiel ist schlank, und verlängert sich nach unten in eine einfache schwanzförmige Wurzel.

V.

113. fig. 94. Agaricus (caesius) stipitatus, pileo albo glaucescente convexo oblongo, lamellis subramosis, stipite concolore subfistuloso. *Wild.* berol. 1113.

281) Agaricus (Pallor.) Pileo ochraceo-albo pallidissimo; stipite lineari, pallidissime roseo, fibroso, torto, superne paululum dilatato; lamellis elongatis pallidis, stipiti affixis, pileo parallelis. *Batsch*, elench. cont. 115. fig. 95.

V. Blätterschwamm, astmoosiger (Agaricus Hypni 282.) Er wächst zur Herbstzeit auf Astmoosen in Wäldern. Der Hut ist blaßocherfarben, am Rande rostgelb und breit gefaltet, in der Mitte erhaben, und blos auf den Stiel aufgesetzt. Die Blättchen sind dreyfach verschieden, länglich, die längsten, etwa 16 an der Zahl, sind gelinde ausgehöhlt, gleichbreit schlank, oft sanftwellig gebogen, rostfarben, gelb unterwärts; innen haarförmig ausgehöhlt. Zwischen diesen erstbeschriebenen Schwämmen und denen der folgenden Unterabtheilung stehen, zunächst folgende mitten innen. An die erstern gränzen sie wegen ihrer Undurchsichtigkeit, und an die folgenden vermittelst ihres noch zärtern und weichern Baues.

IV. — — — — graustreifiger (Agaricus striatellus 283.) Er wächst im Herbst auf Heiden und in Wäldern. Der Hut ist kegelförmig, etwas eyförmig, weiß, graugelblich oder bräunlichgrau, durchaus gestrichelt oder gefaltet. Die Lamellen sind bleygrau, von ungleicher Länge. Der Stiel ist rund, schmal, innen feinröhrig, weißlich; entweder gerade, oder auf mancherley Art gebogen.

IV.

282) Agaricus (Hypni) pallide ochraceus; pileo margine late plicato, umbonato, stipiti insistente; stipite lineari, gracili, intus capillariter cavo; laminis 3plici ordine digestis, intimis stipiti affixis, omnibus ferrugineis. *Batsch*, elench. cont. 117. fig. 96.

283) Agaricus (striatellus.) Pileo conico subovato, griseo-flavente, albo, dense plicato; lamellis plumbeis; stipite filiformi, albo. *Batsch*, elench. 69. Agaricus (pallescens.) *Schaeff.* tab. 211. Agaricus digitaliformis.) *Bulliard*, herb. cah. 6. tab. 2.? Amanita (digitaliformis.) *Lamarck*, enc. 110.

IV. Blätterschwamm, feuerfarbner (Agaricus Furnus 284). Er wächst im Herbst in feuchten Wäldern, auf faulen Holz, Moos. Man kann unter diesen Schwamm die unten angegebenen drey Arten Schwämme füglich zusammen fassen, die nur zufällige Abänderungen von einander zu trennen scheinen. Gemeinschaftlich haben sie einen kegelförmigen, etwas eyförmigen, mit einer erhöhten Spitze versehenen, mehr oder weniger gestreiften, bräunlichen oder gelben Hut, ziegel- oder zinnoberfarbne Blättchen, einen gleichbreiten verlängerten röhrigen, mehr oder weniger stärkern, blässern Stiel.

IV. — — — — geräucherter (Agaricus fuliginarius 285). Er wächst in hohlen Weidenstämmen. Der Hut ist kegelförmig, etwas eyförmig, mit einem erhöhten Scheitel versehen, rauh, tiefschwarz. Die Blättchen sind fleischfarben. Der Stiel kurz und stark, unterwärts dicker, im Aufsteigen verschieden gebogen, von

284) Agaricus (Furnus.) Pileo conico - subovato, acuminato, fusco vel flavente; lamellis lateritiis vel miniatis; stipite lineari, elongato, pallidiore, flavente. *Batsch*, elench. 69 Agaricus (tener,) caulescens, plerumque solitarius vix carnosus; pileo subconico, luteo; lamellis luteis; petiolo tereti, gracili, saepe tortili, fistuloso, basi subbulboso, radicato, luteo; velo et annulo destitutus. *Schaeff*. tab. 70. Agaricus (campanulatus,) caulescens plerumque solitarius, non carnosus; pileo subcampanulato, striato, aureo; lamellis concoloribus; petiolo tereti, gracili, fistuloso, concolore; velo et annulo destitutus. *Schaeff*. tab. 63. Agaricus (pyramidatus,) caulescens, solitarius, non carnosus, pileo conico, acuminato, striato, glutinoso, cervino; lamellis rufescentibus; petiolo tereti, procero, gracili, fistuloso, pallido, velo et annulo destitutus. *Schaeff*. tab. 229.

285) Agaricus (fuliginarius.) Pileo conico-subovato, acuminato, atro, scabro; stipite subelongato, valido, deorsum crassescente, subconcolore, superius albente; lamellis carneis. *Batsch*, elench. 71. fig. 40.

von gleicher Farbe, doch oben mehr weißlich, und in den Hut nicht ausgebreitet.

V. Blätterschwamm, zusammengezogener (Agaricus contractus 286). Er wächst an Aststückchen. Der Hut ist schwarzbräunlich, kaum einige Linien breit, länglich, unter seiner Mitte etwas aufgetrieben, am obern Ende abgestumpft, unten verengert und dicht um den Stiel herum angelegt. Seine Oberfläche ist glatt, mit gleichlaufenden, etwas von einander stehenden, etwas dunklern Streifen überzogen. Oberwärts wird die Farbe des Huts dunkler, und verliert sich unterwärts in dem weißen deutlich unterschiedenen Rande. Der Stiel ist lang, gleichbreit, gegen den Hut gerechnet ziemlich stark, rundlich gedreht, und zugleich sehr artig in verschiedene Beugungen gekrümmt. Seine Oberfläche ist durch Linien, welche die Faserbündeln von einander sondern, gestreift. Diese Streifen stehen etwas voneinander und laufen parallel. Am untern Theile ist der Stiel etwas breiter und gleichartiger ohne Streifen, auch mit langen graden strahlenartigen Haaren besetzt. Hier ist er weißlich, im mittlern ebenfalls gebogenen Theil graubräunlich, oben aber, wo er grade in die Höhe steigt, mit einem lillafarbnen Puder überstreut. Die Lamellen hat Hr. Prof. Batsch nicht genau untersuchen können.

V. Blätterschwamm, eichelförmiger (Agaricus glandiferus 287). Er wächst im Herbst auf der bloßen

286) Agaricus (cynophallus.) Pileo nigro - fuscescente, striato, oblongo, margine constricto, albidiore; stipite fibroso torto flexuoso, striato, concolore versus pileum lilacino basi setulis copiosis porrectis hirsuto albentiore. *Batsch*, elench. cont. fig. 85.

287) Agaricus (glandiferus,) Pileo nigro - fusco, striato, oblongo, margine constricto, albo et marginato; stipite tenero

ßen Erde. Der Hut ist beynah noch kleiner als der vorige, schwarzbraun, länglich eyrund, mit scharfen, großen und kleinen ohne Ordnung durcheinanderstehenden Furchen gestreift, und schwarzbraun gefärbt. Oberwärts wird die Farbe dunkler, unterwärts gegen die Verengerung etwas graulich, der Rand selbst aber, welcher sich wieder etwas erweitert, ist weiß, dürr und hautartig. Uebrigens ist die Oberfläche des Huts undurchsichtig und glanzlos. Die Blättchen sind blos an den Hut befestigt, und sind ihm an Länge ohngefähr gleich, länglich, an beyden Enden spitzig verdünnt, und wechseln in nur sehr wenig verschiedenen Längen miteinander ab, schmutzig weiß von Farbe. Der Stiel ist weit zarter und schmähler als die Oefnung des Huts, ebenfalls schwarzbraun, und neigt sich vielleicht der Schwere des Huts wegen mit dem Ende etwas vorwärts.

V. **Blätterschwamm, schwarzblauer** (Agaricus atro-cyaneus 288). Er wächst wie der vorige auf bloßer Erde, an eben dem Ort und um die nemliche Zeit. Der Hut ist schwarz, dunkelblau bepudert, kappenförmig, nicht so zusammen geschnürt, wie bey dem vorhergehenden, und seine Furchen erstrecken sich bis an den Rand, welcher blos am äußersten Anfange weißlich ist. Die Blättchen sind von dreyfach verschiedener Länge, am Rande gradlinig, oder wenn sie zu den kürzern gehören, hinten schmähler und bogig. Ihre Farbe ist blässer als am Hute, und wird gegen die freyen Ränder weißlich. Der Stiel ist gestreift, und ob er gleich verlängert ist, gegen den Hut dennoch stark; aber er steht gerade

tenero lineari, nigro-fusco; lamellis albis, elongatis. *Batsch*, elench. cont. 99. fig. 86.

288) Agaricus (atro-cyaneus,) niger, cyaneo-pruinatus: pileo cucullato, dense striato-sulcato, margine extremo albentiore; stipite elongato, lineari, striato, sulcato, lamellis albentioribus. *Batsch*, elench. 101. fig. 87.

gerade und seine Oberfläche ist gleichartiger. Am Hut und Stiel ist sie fast schwarzblau, und an den Erhabenheiten nur etwas heller. Das ganze Wesen des Stiels ist dunkelblau, und fällt ins violette.

IV. Blätterschwamm, braunblättricher (Agaricus luridus 289). Er wächst im Anfang des Septembers auf der Erde. Der Hut ist ocherfarb graulich, runderhaben, oder mehr glockenförmig, in der Mitte etwas erhöht, überhaupt zartlederig, glatt, etwas feucht, eben und nur sehr leicht am Rande gefaltet. Das Wesen ist zart und von gleicher Farbe. Die Blättchen sind breit, länglich und an beyden Enden zugespitzt. Sie stehen in zwey verschiedenen Ordnungen hintereinander; 18-20 größere gehen vom Hutrand bis zum Stiel, und eben so viele aber kleinere wechseln mit ihnen ab. Die Farbe ist rothbraun. Der Stiel ist weißlich. seidenartig, gegen den Hut gerechnet zart, und inwendig wie ein Haarröhrchen ausgehöhlt. Am Unterende ist er stempelförmig verdickt, und seine Richtung ist sanft gebogen.

3) Hautschwämme mit gestreiften, gefalteten mehr oder weniger durchsichtigen Hut, oder Stiel und Blättern, gewöhnlich von gleicher Farbe. Man könnte sie Krause- oder Zartschwämme nicht unpaßlich nennen.

III. Blätterschwamm, gelbstieliger (Agaricus sulphuratus 290). Er wächst bey feuchten Wetter an Baum-

289) Agaricus (luridus,) pileo ochraceo-cinerascente, livido, glabro; stipite tenero lineari, albo, basi clavato; laminis brunneis. *Batsch*, elench. cont. 107. fig. 90.

290) Agaricus (sulphuratus.) Pileo pallido, albo-grisco, subflavente; plicis latis plicato-sulcato, convexo; stipite elon-

Baumstöcken in Wäldern zwischen Moos. Der Hut ist blaßweißgrau ins gelbliche oder bräunliche fallend, breit und tief gefaltet, konisch gewölbt. Die Lamellen sind weißlich, sie stehen mit denen äußern Falten in Verhältniß, zwischen zwey längern stehet gewöhnlich eine kürzere. Der Stiel verlängert, gleichbreit, rund röhrig, leichtzerbrechlich, meistentheils schwefelgelb.

III. **Blätterschwamm, brandgelber** (Agaricus adustus 291) Er wächst mit dem vorigen zu gleicher Zeit, und kommt sehr nahe mit ihm überein. Der Hut ist runderhaben oder kegelförmig, mit breiten und tiefen Falten versehen, braun, nach dem Rande zu blaßgräulich. Die Lamellen sind gleichfarbig, aber etwas blässer. Der Stiel ist verlängert, gleichbreit, rund röhrig, zerbrechlich, brandfarbig.

IV. — — — — **rauchstieliger** (Agaricus pilosus 292). Er wächst im Herbst zwischen Moos und Blättern, ganz nachlässig mit seiner haarigen Wurzel eingesenkt. Der Hut ist runderhaben, oder halbeyrund, an den Seiten mit breiten und tiefen Falten versehen, braungräulich. Der Rand des Huts ist durch Aus-

---

elongato, lineari sulphureo. *Batsch*, elench. 67. Agaricus (plicatus.) *Schaeff.* tab. 31. *Allion.* ped. 2665. Agaricus (plicatus.) *Bulliard*, herb. tab. 80. Amanita (plicata.) *Lamarck*, enc. 110.

291) Agaricus (adustus.) Pileo convexo, conico, plicis latis plicato-sulcato, fusco, marginem versus pallente-griseo; lamellis pallidis, stipiteque elongato lineari subconcoloribus. *Batsch*, elench. 67. Agaricus (brunneus.) *Schaeff.* tab. 32. *Allion.* ped. 2694.

292) Agaricus (pilosus.) Pileo convexo vel semiovali, lateribus plicis latis plicato-sulcato, fusco-cinerascente; lamellis concoloribus, stipite filiformi, concolore, inferne pilis radicalibus lateraliter lanato. *Batsch*, elench. 67. fig. 2.

Ausschweifungen gezähnelt. Die Blättchen sind gleichfarbig, nicht an den Stiel angewachsen, und von zweyfach verschiedener länge. Ihre Gestalt ist verlängert, und der untere Rand runderhaben. Der Stiel macht im Aufsteigen verschiedene Beugungen, ist fadenförmig, gleichfarbig am untern Theil, an den Seiten behaart. Der ganze Schwamm ist halbdurchsichtig braungraulich.

V. **Blätterschwamm, schellenförmiger** (Agaricus tintinnabulum 293). Er wächst zur Herbstzeit in Menge beysammen, in den Höhlen faulender Weiden. Der Hut ist überaus zart und zitternd, halbeyrund, grau, an den Seiten dicht gestreift, ohne Einschnitte am Rand. Die Blättchen sind denen vorigen ähnlich, aber am Rande des Huts breiter, und wie abgestutzt. Der Stiel ist gleichbreit verlängert, auf verschiedene Art gebogen, von blässerer, gelblicher Farbe.

III. IV. — — — — **versammleter** (Agaricus congregatus 294). Er wächst im August, September und Oktober, in Gärten und Lustwäldern an schattigten Stellen, oder sandigten Spatzierwegen, in Frankreich. Der Hut ist länglicht, blaßgrau ins gelbliche spielend, oben abgerundet, am Rande eingekerbt, auf der einen Seite etwas weiter und größer als auf der andern, im Alter erweitert er sich noch mehr. Im Ganzen

293) Agaricus (tintinnabulum.) Pileo semiovali, cinereo, lateribus dense striatis; lamellis concoloribus stipite lineari, elongato, subconcolore, flavente pallidiore. *Batsch*, elench. 67. fig. 3.

294) Agaricus (congregatus.) *Bulliard*, herb. tab. 94. (gregatim crescit.) Amanita (congregata.) *Lamarck*, encyclop. 110.

Ganzen hat er die Gestalt eines Fingerhuts, der sich nach unten immer mehr erweitert, die Oberfläche ist glatt und schlüpfrig. Das Fleisch ist sehr dünn und mit dem Stiel verbunden. Die Lamellen sind weißlich, getheilt, in der Folge aber färben sie sich schwarz. Der Stiel ist ungefähr zwey Zoll hoch, grade, gleichbreit, röhrig, weißlich. Dieser Schwamm scheint vielmehr unter die folgende Abtheilung unter die Rußschwämme zu gehören, wenn schon Hr. Bulliard nicht bemerkt hat, daß die Lamellen zerfließen. Der Ritter Lamarck zieht folgenden als eine Spielart hierher.

V. **Blätterschwamm, kleiner moosigter** (Agaricus minutulus 295). Er wächst häufig beysammen in feuchten Wäldern unter dem Moose. Es ist einer mit von denen ganz kleinen. Der Hut hat nur einige Linien im Durchmesser, er ist glockenförmig abgeschossen goldgelb. Die Lamellen stehen entfernt, sind gelblich. Der Stiel ist rund, voll, gebogen und weißlich.

— — — — **zartfilziger** (Agaricus tomentosus 296). Er wächst im September und Oktober in den Wäldern, Gärten, in Frankreich. Der Hut ist kegelförmig, ohngefähr einen Zoll lang, und einen halben breit, mit einem zarten staubigen Filz überzogen, der sich leicht mit dem Finger abwischen läßt, alsdenn erscheint die Oberfläche glatt und streifig, grau, überhaupt nur

295) Agaricus (minutulus) caulescens, solitarius, non carnosus; pileo campanulato, luteo; lamellis raris flavidis; petiolo tereti, gracili, curvulo, pleno, albido, velo et annulo destitutus. *Schaeff.* tab. 308. Agaricus (minutulus) stipitatus, pileo tenui striato subfusco, lamellis raris flavescentibus, stipite albido nudo. *Dicks.* fasc. pl. 56. *Allion.* ped. 2682.

296) Agaricus (tomentosus.) *Bulliard*, herb. tab. 138.

nur wenig fleischig, und verlängert. Die Lamellen sind gleichfarbig, getheilt, zahlreich, aus zweyen Blättchen zusammengesetzt, und an beyden Enden zugespitzt. Der Stiel ist mit dem Hut größtentheils bedeckt, röhrig, und so wie der Hut zartfilzig, unten ganz kurz zugespitzt. Der Geruch ist nicht unangenehm.

IV. Blätterschwamm, androsaceartiger (Agaricus androsaceus 297). Er wächst auf Moos und faulen Blättern. Der Hut ist durchsichtig, konisch gewölbt, gestreift, am Rande wellenförmig gebogen, oder vielmehr gekerbt, in der Mitte wie ein kleiner Nabel vertieft, der mit einem kleinen erhabenen Ring eingefaßt ist, von Farbe weißlich, mit gleichfarbigen Blättchen. Der Stiel ist dünn und schmal, violetpurpur, ins aschgrauliche spielend. So beschreibt Hr. Bulliard den seinigen, und giebt ihn für den wahren Linneischen Schwamm dieses Namens an. Wir wollen solchen auch dafür annehmen, aber um der Gewißheit willen keine weitere Synonyme darunter setzen, sondern vielmehr ähnliche andere Schriftsteller, die genaue Abbildungen von ihren Arten geliefert haben, als besondere Arten aufführen. Vaillants Figur, so wie die Schäfferische kommen mit der Bulliardischen am besten überein; (letztere hat Hr. Prof. Batsch unter seinen Agaricus pineti angeführt, beyde sind aber sehr von einander verschieden; der Agaricus pineti gehört unstreitig unter die Lederschwämme, der androsaceus aber unter die Zart- oder Krausenschwämme.) Die Boltonische

297) Agaricus (androsaceus.) *Bulliard*, herb. tab. 64. Fungus pileo candicante, lamellis paucis, pediculo fusco splendente. *Vaill.* paris. 69. tab. 11. fig. 21-23. Agaricus stipitatus albus, pileo plicato membranaceo, stipite nigro. *Linn.* Syst. veg. 976. Sp. pl. 1644. Fl. Suec. 2, 1193. *Schaeff.* tab. 239.

tonische Abbildung verdient aber, so wie auch die Beschreibung davon, besonders angeführt zu werden.

IV. Blätterschwamm, Boltonischer androsaceartiger (Agaricus androsaceus Bolt. 298). Er wächst im September auf faulen Blättern, vorzüglich auf Eichenblättern, in schattigen Wäldern um Hallifax. Der Hut ist anfangs konisch und weiß, nachher flacher, ohngefähr einen halben Zoll breit, und bräunlich, am Rande blässer, in der Mitte dunkler, öfters gestreift, aber beständig von einem dünnen häutigen Wesen. Am Ende verwelkt der Hut und fällt ab. Der Lamellen sind nur wenige, schmal und von einander entfernt, blaß, schmierig oder dunkelweiß, wenn der Schwamm jung ist, nachher spielen sie aber auch ins braune. Der Stiel ist zwey oder drey Zoll hoch, hart, durchsichtig, schwarz, ohngefähr von der Dicke eines starken Roßhaares dem er auch in Rücksicht seines Wesens und seiner Härte sehr nahe kommt. Er bleibt oft noch stehen, wenn der Hut schon lange abgefallen ist. Die Wurzel, wodurch er an fremde Körper befestigt wird, hat sehr feine und beynah unmerkliche Fasern.

IV. V. — — — — unächter androsaceartiger (Agaricus pseudo androsaceus 299). Er wächst im Herbst in Wäldern auf Mooß. Der Hut ist in der Jugend abgerundet, im Alter etwas eingetieft, am Rande gestreift, weißlich oder graulichbraun. Die Lamellen sind gleichfarben, am Stiele herablaufend, das Fleisch im Verhältniß mit dem kleinen Schwamm, nicht unbe-

298) Agaricus (androsaceus,) stipitatus albus, pileo plicato membranaceo, stipite nigro. *Bolton*, hist. fung. 32. tab. 32. *Hudſ.* angl. 2, 621. *Lighfoot*, scot. 1027.

299) Agaricus (pseudo androsaceus.) *Bulliard*, herb. tab. 276. *Mich.* gen. tab. 74. fig. 5.

unbeträchtlich, weiß. Der Stiel öfters einige Zoll hoch, schmal, innen voll. Der Schwamm spielt bald weißlich, graulich, oder gelblich in der Farbe, und ist von dem vorhergehenden verschieden.

IV. Blätterschwamm, parasollförmiger (Agaricus umbelliferus Schaeff. 300). Er wächst unter Mooß, im Herbst, auch im Maymonat. Der Hut ist gewölbt, etwas konisch, nachher mehr flach ausgebreitet, in Falten gelegt, in der Mitte aber immer noch mit einer hervorragenden Erhöhung versehen. Der Hut ist weißlich mit rothbräunlichem vermischt. Die Lamellen sind weißlich, entfernt, an der Basis etwas breiter. Der Stiel ist rund und schmal, röhrig und weiß. Folgender ist zu sehr in Rücksicht seiner Größe und ganz weißen Farbe verschieden, als daß er mit diesen einerley seyn könnte.

V. — — — — kleiner parasollförmiger (Agaricus umbelliferus Mich. 301). Er wächst im Herbst auf faulenden Blättern, und gehört unter die

300) Agaricus (umbelliferus) caulescens, solitarius, non carnosus; pileo convexo, subconico, striato, plicato, albido, tandem planiusculo, centro fastigiato; lamellis raris, basi latioribus; albis, petiolo tereti, procero, gracili fistuloso, albo; velo annuloque destitutus. *Schaeff.* tab. 309.

301) Agaricus (umbelliferus.) *Linn.*? Agaricus pileo convexo plicato-membranaceo tenero; lamellis remotis; stipite procero, capillaceo nudo, lamellis concolore. *Scop* carn. 1, 30. c. ed. 2, 1571. *Wild.* berol. 1127. *Hudf.* angl. 2, 621. Amanita albus, tener, pileolo campanulato striato. *Hall.* hist. 2346. Fungus minimus totus albus, pileo hemisphaerico, utrinque striato, lamellis rarioribus. *Mich.* gen. 166. tab. 80. fig. 11. Amanita (fragilis) var. γ. umbellifera. *Lamarck*, encyclop. 110. *Ligthf.* Scot. 1026. *Bolton*, hist. fung. 39. tab. 39. fig. A.

ganz kleinen Schwämmchen. Der Hut ist halbrund, ganz weiß, nur einige Linien breit, am Rande mit starken Falten gestreift. Die Lamellen sind gleichfarb und sehr entfernt. Der Stiel fadenförmig, dünn und weiß, durchsichtig und zart, so wie die Lamellen.

V. **Blätterschwamm, kleiner weißer,** (Agaricus candidus 302). Er wächst auf abgefallenen Stückchen Holz, in Wäldern. Der Hut ist anfangs etwas konisch, nachher mehr flach und halbrund, am Rande ein wenig eingebogen, blaß weiß. Die Lamellen sind auch weiß, trocken und biegsam. Der Stiel ist ohngefehr einen halben Zoll hoch, sanft gebogen, rund und auch blaß weiß. Das Schwämmchen verwelkt zuletzt und bleibt so noch einige Zeit stehen. Mehrere wachsen oft zusammen, aber ein jedes aus seiner eigenen Wurzel, die aus feinen dunklen Fasern besteht.

IV. — — — — **gestralter** (Agaricus radiatus 303). Er wächst im Monat August an Rainen auf Pferdeäpfeln. Der Hut ist anfangs konisch und rothbraun, in Zeit von wenigen Stunden erhält er sein völliges Wachsthum, und wird dunkelaschfarb und durchsichtig, flacher. Er besteht aus einer doppelten Membran, die wie ein Schirm gestaltet ist; die Winkel der Falte ragen am Ende des Rands wie scharfe Ecken hervor. Der Hut sieht überhaupt wie ein Rad mit

---

302) Agaricus (candidus,) stipitatus, pileo hemisphaerico, lamellis stipiteque albis. *Hudſ.* angl. 620. Amanita albus, pileo hemisphaerico excarni, oris striatis. *Hall.* hist. 2348. Fungus minimus albus, pileo hemisphaerico, in arborum caudicibus. Mich. gen. 146. tab. 74. fig. 7. Agaricus (candidus). *Bolton*, hist. fung. 39. fig. D.

303) Agaricus (radiatus,) stipitatus, pileo radiato, plicato, stipite pellucido filiformi. *Bolton*, hist. fung. 39. tab. 39. fig. C.

mit Speichen versehen aus. Der Stiel ist ohngefehr anderthalb Zoll hoch, wässerig, durchsichtig, sehr fein und zerbrechlich.

IV. Blätterschwamm, durchbohrender (Agaricus perforans 304). Er wächst gewöhnlich auf abgefallenen Nadeln, die er mit seinen Wurzelfasern ganz durchbohrt. Der Hut ist gewölbt, halbrund, weißlich braun, in der Mitte dunkler, gegen den Umfang gestreift; nachher flacher am Rande, der aufwärts stehet, wie mit einem gezackten Saume eingefaßt! Die Lamellen sind zart und holzfarben, oder bläßer als der Hut; es sind ihrer ohngefehr 15 längere, zwischen denen 8 kürzere stehen. Der Stiel ist stark, hart und glänzend, wenn er vertrocknet, so wird er viereckig oder streifig. In Rücksicht seiner Gestalt kommt er sehr mit dem vorhergehenden überein, aber in Rücksicht seines schwarzen und harten Stiels, seines bräunlichen Huts, ist er nur sehr wenig von den androsaceartigen (No. 298.) verschieden.

III. — — — — häutiger (Agaricus membranaceus 305.) Er wächst auf faulen Holz unter Mooß, nach Regen im Juli. Der Hut ist glockenförmig, an der Spitze stumpf oder flach, von da abwärts gestreift. Die Mitte ist braun, und aus ihr entspringen die gleichfarbigen Streifen von verschiedener Länge, sie entsprechen denen Blättchen, und sind vertieft, so daß der Hut dadurch wirklich faltig erscheint. Uebrigens

 ist

304) Agaricus (perforans,) stipitatus, pileo hemisphaerico marginato, striato, stipite setaceo nigro perforante. Tab. nostr. IV. fig. 2.

305) Agaricus (membranaceus,) stipitatus pileo campanulato murino, fusco striato; stipite elongato fistuloso, subtus incrassato. Tab. nostr. VI. fig. 1.

ist er gar nicht fleischig, sondern bloß häutig, von Farbe mauß=farb und durchsichtig. Die Lamellen sind von zwey oder dreyfacher Länge, nach oben breiter, weißlich mit grau oder mausfarben vermischt. Der Stiel ist ohngefehr vier Zoll hoch, unten verdickt und mit kleinen Fasern besetzt, nachher aber, gleichbreit, glatt, rund, innen röhrig, in den Hut erweitert. Oben ist er weißlich, unten aber mehr dunkel, mausfarb.

IV. Blätterschwamm, sternförmiger (Agaricus stellatus 306). Er wächst im Frühling und im Oktober unter feuchten Mooß, in Gärten, in Mistbeeten, auf faulen Holz. Der Hut ist anfangs glockenförmig, nachher halbkugelrund, endlich trichterförmig, etwas mehlicht, gestreift, graulich mausefarb, in der Mitte auf dem Scheitel lichter, am Rande fein gekerbt. Die Lamellen sind weiß oder graulich, manchmal spielen sie ins schwärzliche, aber niemalen werden sie völlig schwarz; schmal; zwischen ihnen stehen kürzere und ganz kleine; den Stiel erreichen sie nicht völlig. Der Stiel ist schmal, dünn, fadenförmig, blaß mausfarb, innen so fein röhrig, wie ein Haarröhrchen, unten mit kleinen stern=

306) Agaricus (stellatus,) stipitatus, pileo striato, stipite gracili, involucro radicali stellato cincto. Tab. nostr. VI. fig. 2. Fungus gracillimus, Androsacen vel acetabulum simulans, primo totus albus, et farina ubivis respersus, postea capitulo utraque parte griseo, ac tandem lamellis ob vetustatem nigricantibus pediculo fistuloso, semper albo, radice stellata *Mich.* gen. 166. tab. 79. fig. 6. Agaricus tenerrimus, albus vel griseus, pileolo campanulato et hirsuto, a vertice ad marginem usque striato; petiolo praealto, gracili ac fistuloso, in basin stellatam desinente. *Gled.* meth. 128. k. Agaricus (stellatus.) Pileo ovato, campanulato, albo, floccis imbricatis caduceis lanato, postea striato; stipite gracili, elongato albo; involucro radicali planato, stellato multifido. *Batsch*, elench. 63.

sternförmig gesetzten Fasern (wahrscheinlich Ueberreste der Hülle) ringsum besetzt. Die verschiedenen Veränderungen des Alters stellt die Michelische Abbildung sehr gut dar.

IV. V. **Blätterschwamm, Wärzchen-tragender** (Agaricus papillatus 307). Er wächst an zarten Wurzeln, auf faulen Blättern, zwischen Jungermannien, im Oktober Der ganze kleine Schwamm ist weiß; der Hut glockenförmig, in der Mitte mit einer kleinen Warze besetzt, die bräunlich von Farbe ist, der Hut selbst aber weiß, nach dem Rand hin gestreift, und am Rande selbst scharf, und etwas eingebogen, auch sehr fein gezähnelt. Die Lamellen sind weiß, und im Verhältniß gegen den kleinen Hut ziemlich breit, und an ihrer Außenseite nach den Stiel hin gewölbt, mit dem Stiel selbst nicht verwachsen, sehr zahlreich aber doch von einander entfernt. Der Stiel ist weiß, halbdurchdurchsichtig, nach unten unmerklich verdickt, innen sehr feinröhrig; manchmal gebogen.

II. III. — — — — **zitzenförmiger** (Agaricus mamillaris 308). Er wächst in Gesellschaft an Eichenwurzeln, im Oktober. Der Hut ist beynah halbkugelrund, mausfarb, öfters ins bräunliche spielend, in der Mitte mit einer sehr starken und verlängerten Warze besetzt, von brauner Farbe; drey Theile des Huts sind faltig gestreift, der Rand ausgezähnt. Die Lamellen sind weiß, mit kürzern vermischt, nach unten breiter.

 Bey-

307) Agaricus (papillatus) stipitatus albus, papilla fuscescente notatus, lamellis convexis, stipite filiformi concolore. Tab. nostr. III. fig. 2.

308) Agaricus (mammillaris,) stipitatus, pileo hemisphaerico, longe papillato, stipite fistuloso caudato. Tab. nostr. IV. fig. 1.

Beynah ist der Hut gar nicht fleischig, sondern bloß Haut. Der Stiel ist mausfarbgrau, sehr fein gestreift, hart, und innen röhrig, völlig rund, an der Wurzel verdickt, mit etlichen feinen Fasern besetzt. Die Wurzel endigt sich in eine geschwänzte Spitze.

III IV. **Blätterschwamm, Turf-** (Agaricus cespitosus 309). Er wächst auf torfichten Raasen in England. Der Hut ist ohngefähr einen Zoll breit, gestreift, durchsichtig, auf allerhand Art gebogen, von thongelber Farbe. Die Lamellen stehen entfernt, auf allerhand Art gebogen und gekraust. Der Stiel ist ohngefähr Zoll hoch, gebogen und stark. Er wächst an den senkrechten Seitenwänden der Torfgruben, und biegt sich also etwas aufwärts. Die Wurzel ist rund, schwarz und hart, mit einigen kurzen gleichfarbigen Fasern besetzt.

IV. — — — — **gelbweißer** (Agaricus luteoalbus 310). Er wächst in den Wäldern um Hallifax. Der Hut ist konisch, gestreift, blaßgelb. Die Lamellen sind weiß, breit, und in dreyfache Reihen gestellt. Der Stiel ist von der Dicke eines Roßhaares, blaßgelb, ohngefähr zollhoch, und verschieden gebogen. Die Wurzel besteht aus wenigen Fasern, vermittelst welcher der Schwamm, an abgefallenen Blättern, vorzüglich auf verschiedenen Arten von Moos befestigt wird.

III. IV. — — — — **fadenförmiger** (Agaricus tenuis 311). Er wächst in schattigten Wäldern, wo

---

309) Agaricus (cespitosus,) stipitatus, pileo pallido striato contorto, lamellis rugosis, stipite arcuato. *Bolton*, hist. fung. 41. tab. 41. fig. c.

310) Agaricus (luteo-albus,) stipitatus parvus, pileo conico striato flavo, lamellis trifidis albis, stipite filiformi. *Bolton*, hist. fung. 38. tab 38. fig. 1.

311) Agaricus (tenuis,) stipitatus, pileo campanulato, membranaceo, lamellis trifidis albidis, pellucidis, stipite longissimo

hoch, innen röhrig. Er sieht der Gestalt nach dem androsaceartigen sehr viel ähnlich, die Farbe ausgenommen.

IV. **Blätterschwamm, radförmiger** (Agaricus Rotula 314). Er wächst im Mist oder auf trocknen Haselnußästchen, sowohl in Italien als Kärnthen. Der Hut ist runderhaben in der Mitte vertieft, und mit einer Warze besetzt, am Rande gestreift. Der umgekehrte Hut sieht einem Rade sehr ähnlich, wegen denen breiten auseinander stehenden Lamellen, die sich an einen Ring, und nicht an den Stiel anschliessen. Der Stiel ist hohl und weißlich so wie der ganze Schwamm. (Nach Scopoli braunröthlich, und bleibt lange stehen.) Der Schwamm wächst gesellschaftlich, ist nur einige Zoll hoch, und einen halben höchstens ganzen Zoll breit.

IV. — — — — **kegelförmiger** (Agaricus conicus 315). Er wächst an faulen Holz und Baumstämmen, gesellschaftlich, oft über 30 auf einer Stelle. Der Hut ist glatt, kegelförmig, am Rande ein wenig gestreift,

---

314) Agaricus (Rotula,) stipitatus, pileo albido striato, lamellis concoloribus, annulo peculiari annexis. Agaricus (Rotula.) *Scop.* carn. 2, 1569. Fungus fimetarius, parvus, cespitosus, fugax, pileolo fornicato, utraque parte cinereo, desuper striato, ac in medio pulchre umbilicato, subtus lamellis raris, ad tubum quendam coeuntibus, eidemque junctis, cui inseritur pediculus albus et fistulosus. *Mich.* gen. 195. tab. 79. fig. 7. Agaricus (cinctus.) *Batsch*, elench. 69.

315) Agaricus (conicus,) stipitatus, pileo campanulato acuto, striato livido nitido, lamellis albis, stipite fistuloso cinereo. *Huds.* angl. 2, 620. Agaricus (galericulatus.) *Scop.* carn. 2, 1564. *Allion.* ped. 2701. Fungus multiplex campaniformis, colore castaneo. *Vaill.* paris. 72. tab. 12. fig. 3. 4. Amanita pileolo conico, spadiceo, lamellis albis. *Hall.* hist. 2393. Agaricus (galericulatus.) *Schaeff.* tab. 52. fig. 1-6. (var. α.)

gestreift, rostfarben, und nach dem Scheitel hin von Farbe dunkler. Die Lamellen sind weißlich. Der Stiel ist ohngefähr anderthalb Zoll hoch, rund, schmahl, bräunlich, nach oben lichter, grau oder gelblich, innen hohl.

II. III. Blätterschwamm, gefurchter (Agaricus sulcatus 316). Er wächst bey dem vorhergehenden, mit dem er für eine und dieselbe Art ist gehalten worden. Hr. Prof. Batsch verbindet beyde unter dem Agaricus crispus; Hr. Dr. Schäffer führt ihn blos als eine Spielart auf; der Ritter Lamarck beschreibt ihn aber mit Recht als eine besondere Art. Er ist viel größer als der erstere. Der Hut ist ausgebreitet kegelförmig, graulich, in der Mitte konisch zugespitzt, bräunlich. Die Lamellen sind weißlich grau. Der Stiel mit dem Hutrande gleichfarbig, gleichbreit verlängert, nach unten ein wenig verdickt.

IV. — — — — lichtgrauer (Agaricus griseus 317). Er wächst auf zerstörten Pflanzentheilen zu Ende Oktobers. Der Hut ist glanzlos, hellgrau und undurchsichtig; die Erhöhung in der Mitte hat eine ebene Fläche und eine blaßbraune Farbe, von ihr laufen Furchen herab, die den Hut in breite und stumpfe Falten abtheilen, aber gegen den Rand wieder mit densel-

316) Agaricus (galericulatus.) *Schaeff.* tab. 52. fig. 7-9. var. β. Agaricus (crispus.) Pileo conico-diffuso, glabro, margine plicis latis plicato-sulcato, olivaceo-livido; umbone elato, fusco; lamellis albis; stipite gracili, elongato, lineari cinereo. *Batsch*, elench. 67. *Hall.* 2388? *Battar.* tab. 25. E. Amanita (sulcata.) *Lamarck*, encyclop. 108.

317) Agaricus (griseus) pileo conico-explanato, umbonato, opaco, plicato, plicis latis obtusis; stipite elongato, basi affixa fibrilloso. *Batsch*, elench. cont. 87. fig. 82.

denselben abnehmeu und verschwinden. Die Blättchen sind verlängert, haben herausgebogene Unterränder, und sind in der Länge dreyfach verschieden. Ohngefähr 60 = 80 größere erreichen den Stiel, aber fügen sich nur sehr leicht und nachlässig an selbigen an. Der Stiel ist zart, schlank, leichtwellig gebogen, halbdurchsichtig, hellgrau, oben unter den Hut etwas weißer, nach unten zu nach und nach etwas dicker, und vorzüglich beym Austrocknen und Altwerden bräunlich. Mit dem Unterende ist er, vermuthlich zu mehrerer Befestigung, in einen Bogen gekrümmt, und ganz am Ende, wo er sich an faule Blätter und andere Pflanzentheile ansetzt, wird er von vielen Zasern umgeben, inwendig ist er bis unter die Haut des Hutwirbels hohl. Er ist dem rauchstieligen Blätterschwamm (292) sehr ähnlich, aber er unterscheidet sich von ihm durch die Undurchsichtigkeit, die Falten und den Rand des Hutes, so wie durch den Stiel, der sich ganz anders ansetzt.

V. Blätterschwamm, keulenförmiger (Agaricus clavularis 318). Er wächst zu Ende Septembers auf faulen Holz. Der Hut ist zart blaßbläulich, rund=erhaben, fast halbkuglich, oben gedrückt und genabelt, und an den Seiten mit einigen schlaffen Falten gewellt. Die Blättchen sind etwas weißer, ziemlich dick, und etwa zusammen an der Zahl 12; worunter sich eine oder die andere kürzere befindet. Der Stiel ist halbdurchsichtig, etwas seidenartig, und fast fadenförmig, am untern Ende breitet er sich in einen großen flachen Knollen aus. Die Farbe des ganzen Schwamms ist weißlich, fällt aber ganz sanft ins graulich = apfelgrüne.

V. Blät-

---

318) Agaricus (clavularis) tener, subcaesius pileo umbilicato, obsolete plicato; laminis paucis; stipite gracili, basi distincte bulbosa, bulbo confluente, dilatato. *Batsch.* elench. cont. 89. fig. 81.

V. Blätterschwamm, schimmelartiger (Agaricus Mucor 319). Er nähert sich in Ansehung des zarten und welkenden Baues sehr dem vorhergehenden, den er aber an Kleinheit beyweiten übertrifft. Er wächst zu Anfang Oktobers auf faulen Blättern, wie Schimmel, und gehört unter die allerkleinsten Blätterschwämmchen. Der Hut ist nur eine halbe Linie breit, im Anfang halb eyrund, und am Rande so genau von den ringförmigen Knollen umgeben, daß der Stiel dadurch gänzlich versteckt wird. Nachdem der Stiel sich verlängert, und den Hut mit sich in die Höhe nimmt, entwickelt sich dieser, und wird nach und nach flach erhaben. Er ist etwas undurchsichtig. Die Blättchen sind etwas breit, und so wie der Hut hellgrau, aber an der Zahl ungemein wenig. Der Stiel ist durchsichtig, und etwas seidenartig glänzend, wird nach dem obern Ende zu dicker; sein Unterende aber ist fest in einen völlig ringförmigen weißen und undurchsichtigen Knollen eingefügt, welcher bis zum Verwelken des ganzen Schwamms unverändert bleibt. Gestalt und Verhältniß ist nicht bey allen Stücken dieser Art einerley.

V. — — — — zuckerähnlicher (Agaricus sacharinus 320). Er wächst zur Herbstzeit auf den Adern verwelkter Blätter. Der Hut hat eine vortrefliche hellweiße Farbe, ist glatt, undurchsichtig, lederartig, und wenn er vertrocknet, wird er steif und welkt nicht zusammen. Er hat die Gestalt eines Chineserhuts,

319) Agaricus (Mucor) minutissimus griseus: pileo convexo; laminis paucis; stipite tenero, basi bulbo annulari inserto. *Batsch*, elench. cont. 91. fig. 82.

320) Agaricus (sacharinus) pileo conico-explanato laxe plicato undulato, niveo; laminis paucis concoloribus; stipite subulato, albo-rubente. *Batsch*, elench. cont. 93. fig. 83.

Huts, und ist außerdem durch große schlaffe Falten runderhaben gewellt. Die wenigen Blättchen sind schmal und dick, von der Farbe des Huts, und weit aus einander stehend. Der Stiel ist blaßröthlich, nach oben weißlich und ganz mit weißen glattanliegenden faserichen Theilchen bestreuet; wenn er alt wird, verändert sich die Farbe ins braunröthliche.

V. Blätterschwamm, Schüppchenähnlicher (Agaricus Squamula 321). Er wächst bey dem vorhergehenden auf abgefallenen Blättern, von dem er sich in Ansehung des Huts, durch die schmutzigweiße Farbe, und die wenigen unförmlichen auseinander gesperrten Runzeln, anstatt der Blättchen; in Ansehung des Stiels aber durch dessen äußerst zartes, borstenförmiges Oberende, unterscheidet. Nach dem Austrocknen wird der Hut steif, und der Stiel braunröthlich, wie beym vorigen.

V. — — — — nadelkopfförmiger (Agaricus acicularis 322). Er wächst auf verrotteten Blättern zur Herbstzeit. Der Hut ist weiß, glockenförmig, oder halbkugelrund, ohngefehr von der Größe eines Hanf-

321) Agaricus (Squamula) pileo convexo-plano, albente, subtus aliquot rugis obsoletis radiantibus donato; stipite tenerrimo, subulato-setaceo. *Batsch*, elench. cont. 95. fig. 84.

322) Agaricus (acicularis) stipitatus, pileo hemisphaerico, stipite setaceo tenuissimo. Tab. nostr. V. fig. 2. Fungus minimus, candidus, pileolo hemisphaerico, Ilignis foliis innascens, semiputridis. *Mich.* gen. 146. tab. 80. fig. 10. Amanita omnium minimus, albus, pileolo hemisphaerico. *Hall.* hist. 2349. *Leers*, herb. 1063. Agaricus (trichopus.) *Scop* carn. 2, 1493. *Jahn*, plant. circa Lipsiam nuper invent. 27. (*Gled.* meth. 121, d.)

Hanfkorns. Der Blätter sind wenige, von gleicher Farbe, und im Verhältniß mit dem Hut ziemlich breit. Der Stiel ist haardünn, grauweißlich. Er gehört mit unter die kleinsten Schwämme, und wächst sehr gern auf Buchenblättern, jederzeit auf den Rippen, und nicht in der Substanz des Blatts.

4) Folgende Schwämme machen den Uebergang zur dritten Abtheilung, zu denen Rußschwämmen; sie sind zart, zerfließen auch zum Theil, aber nicht völlig in einen schwarzen Saft: andere haben nur schwärzliche Lamellen.

III. **Blätterschwamm, augenblicklicher** (Agaricus momentaneus 323). Er wächst unter abgefallenen Nadeln, in Frankreich. Der Hut ist konisch gestreift, graulich braun, in der Mitte mit einer dunkeln Warze versehen, am Rande fein gekerbt, und außerordentlich zart; durch die Linse betrachtet erscheint er mit Mehl bestreuet. Die Lamellen sind weißlichgrau, und mit denen Hutstreifen in Verhältniß. Der Stiel ist röhrig, gleichbreit, und gleichfarben. Der Schwamm ist bloß häutig und außerordentlich zerbrechlich. Sein ganzes Daseyn schränkt sich nur auf 5 oder 6 Stunden ein. Mit diesem kommt folgender sehr viel überein.

III. — — — — **fahlgrauer** (Agaricus spadiceo griseus 324). Er wächst an den Wurzeln der Bäume auf faulen Holz, im Frühling und Herbst. Der

323) Agaricus (momentaneus.) *Bulliard*, herb. tab. 128.
324) Agaricus (spadiceo griseus.) *Schaeff* tab 237. Agaricus (pallescens.) Pileo conico-depresso, pallido, griseo-flavente, tenuissime striato, umbone pallido, flaventiore; lamellis nigrescentibus, stipite elongato, sursum graciliori, albo. *Batsch*, elench. 61.

Der Hut ist anfangs konisch, nachher flach, in der Mitte erhaben, höher gefärbt und blaßgelb, am Rande zartgestreift und fahlgrau. Die Lamellen sind anfangs blaß und abgeschossen veilfarb (gris de lin, lilac), zuletzt schwarzbräunlich. Der Stiel ist verlängert, oberwärts dünner weißlich, innen röhrig.

II. III. **Blätterschwamm, gezähnelter** (Agaricus denticulatus 325). Er wächst im September, in denen Wäldern um Hallifax. Der Hut ist halbkugelförmig, ohngefehr zwey Zoll breit, ein wenig abwärts am Rande gebogen und gestreift, fleischlos, schmierig blaßroth, von einer wässerigen Substanz. Die Lamellen stehen in drey Reihen, sind breit und an den Stiel befestigt, mit ihrer ganzen hintern Fläche; entfernt, dünn, durchscheinend, von blaßwässerigen Röthe; sie sind vorzüglich wegen der Zähne, womit sie an ihren ganzen Rand besetzt, und die von einer bräunlichen Rostfarbe sind, merkwürdig. Der Stiel von der Stärke eines Schwanenkiels, ist hohl, dünn, in weiße seidne Fäden zertheilbar, von Farbe blaßbraun, ohngefähr zwey bis drey Zoll hoch, unten führt er eine schiefe braune mit dünnen Fasern besetzte Wurzel.

III. II. — — — — papierähnlicher (Agaricus papyraceus 326). Er wächst an schattigen Orten in Wäldern, auf alten Eichenwurzeln, um Hallifax. Der Hut ist halbrund, weiß, dünnhäutig, öfters am Rande ein wenig wellenförmig, mehr oder weniger nach unten gebogen. Die Lamellen sind weiß, dünn und breit, entfernt, sanft biegsam, und sehr zart,

 leicht

325) Agaricus (denticulatus) stipitatus, pileo hemisphaerico purpureo livido, lamellis margine dentatis, stipite fistuloso. *Bolton*, hist. fung. 4. tab 4. fig. 1.

326) Agaricus membranaceus stipitatus, pileo hemisphaerico membranaceo albido, lamellis trifidis remotis pallidis, stipite albo fistuloso. *Bolton*, hist. fung. 11. tab. 11.

leicht röthlich braun überlaufen, zuletzt werden sie ganz schwarz. Der Stiel ist weiß, röhrig, dünn, in feine Fasern zertheilbar, von der Dicke einer Schwanenfeder, zwey oder drey Zoll hoch, unten mit einer schwammigen faserigen Wurzel versehen.

III. **Blätterschwamm, nabelförmiger** (Agaricus umbilicatus 327). Er wächst in Spatzierwäldern, im July, Oktober, in England. Der Hut ist anfangs gewölbt, nachher flach, zuletzt in der Mitte eingetieft, völlig nabelförmig, zwey Zoll ohngefähr breit, weißglatt und elastisch. Die Lamellen stehen in drey Reihen, ziemlich breit, entfernt, weiß, und von einer biegsamen Substanz. Der Stiel ist rund, gleichbreit, von der Dicke eines Federkiels, drey Zoll hoch, blaßweiß, fest, in weiße Fasern zertheilbar. Dieser Schwamm gehört nicht seines Wesens halber hierher, als vielmehr, weil er in wenig Tagen seine Farbe verändert, aus dem Weißen ins Gelbbraune, und zuletzt in einen braunen Saft zerfließt. Aus der nemlichen Ursach gehört auch nachfolgender hierher.

III. — — — — **büschelförmiger** (Agaricus fascicularis 328). Er wächst häufig im August, September, in Wäldern an Baumwurzeln, auf faulen Aesten, um Hallifax. Der Hut ist ohngefähr ein oder zwey Zoll breit, glatt, blaßgelb am Rande, dunkler gegen den Scheitel zu, wo die Farbe mehr orange. Die Erhöhung des Huts steht nicht allemahl in der Mitte, öfters mehr schief auf einer Seite. Die Lamellen sind außerordentlich dünn und zahlreich schmahl, linde und bieg-

327) Agaricus (umbilicatus) stipitatus, pileo lamellis et stipide albido, tota planta coriacea. *Bolton*, fung. 17. tab. 17.

328) Agaricus (fascicularis) stipitatus, pileo convexo luteo, lamellis virescentibus, stipite flavo. *Bolton*, fung. 29. (exclus. syn.)

biegsam, olivengrün; mit einem schmahlen Ende sind sie alle am Stiel befestigt Ehe der Schwamm sich entwickelt, sind sie mit einer spinnenwebigen Saamendecke überzogen, diese wird nachher unsichtbar. Der Stiel ist gebogen, anfangs aber grade, wie ein Federkiel dick, innen röhrig, ohngefähr drey Zoll hoch, dunkelgelb, ins grünliche spielend, und mit einigen wenigen zarten Fasern überzogen, unten an der Wurzel sind mehrere mit einander verwachsen. Der Schwamm verwandelt zuletzt seine Farbe und wird braun, und löset sich ohngefähr in 5-6. Tagen ganz auf. Er scheint deswegen von dem Hudsonischen (fascicularis) und Schäfferischen (lateritius) verschieden.

III. **Blätterschwamm, zugespitzter** (Agaricus acuminatus 329). Er wächst in feuchten Wäldern unter Mooß. Der Hut ist konisch, zugespitzt, blaß mausfarb. Die Lamellen sind schwärzlich, zuletzt ganz schwarz. Der Stiel ist rund, schmal, schwarzroth, nach unten ein wenig verdickt, innen röhrig.

III. — — — — **schielender** (Agaricus helvolus 330). Er wächst im Frühjahr und Herbst, in Wäldern auf Wiesen. Der Hut ist anfangs konisch, nachher glockenförmig, fahlgelb, mit dunklern Schup-

 pen

329) Agaricus (acuminatus) caulescens, solitarius non carnosus; pileo conico, pallide murino, lamellis nigrescentibus, demum atris; petiolo tereti, gracili, atrorubente, fistuloso, basi bulboso; velo et annulo destitutus. *Schaeff.* tab. 202. Agaricus (carbonarius.) var. α. Pileo flavente, stipite nigro-fusco. *Batsch*, elench. 69.

330) Agaricus (helvolus) caulescens, solitarius, non carnosus; pileo primum conico, tandem campanulato, squamoso, sordide luteo; lamellis terreis, nigro polline infectis; demum atris; petiolo tereti, gracili, longo, fistuloso, fuscescente; velo et annulo destitutus. *Schaeff.* tab. 210. Agaricus (carbonarius) var. β. Pileo ochraceo-fuscescente, stipite fusco. *Batsch*, elench. 69.

pen besetzt. Die Lamellen sind erdfarb, bestäubt, zuletzt schwarz. Der Stiel ist rund, schmal und lang, bräunlich, innen hohl.

IV. Blätterschwamm, kohlenfarbiger (Agaricus carbonarius 331). Er wächst auf der Erde in Wäldern, im Oktober. Der Hut ist trocken und etwas glänzend, kegelförmig rund, bleygrau. Die Blättchen haben 3 oder 4 verschiedene Längen, wovon die längsten theils an den Stiel, theils blos an den Hut angewachsen sind; sie haben einen weißlichen Rand, übrigens sind sie ganz schwarz, und nach dem Rande des Hutes zu breiter, und daselbst wie abgestumpft. Der Stiel ist halbdurchsichtig, unten rothbraun, aufsteigend gebogen, gerad oder mit verschiedenen Beugungen versehen. Als eine Abänderung davon führt Hr. Batsch folgenden auf.

III — — — — aderiger kohlenfarbner (Agaricus venoso-carbonarius 332). Er wächst zur Herbstzeit auf Hirschlosbeern. Der Hut ist runderhaben, in der Mitte etwas erhöht und zugespitzt, am Rande stark einwärts gekrümmt, und daselbst mit breiten von der Saamendecke zurückgebliebenen Flocken besetzt. Seine Oberfläche ist undurchsichtig, zartlederig und glatt, ganz mit gleichbreiten zusammenhängenden Runzeln bedeckt und geadert. Die Lamellen sind wie bey dem vorigen. Der Stiel ist verlängert, gleichbreit, ziemlich stark, mehrere Zoll hoch, fleischfarben, ins rothbraune fallend, und also gleichsam bepudert. Am untern Ende des Stiels ist ein weißer Ueberzug befindlich.

III. Blät-

331) Agaricus (carbonarius) *Batsch.* elench. 69. var. γ. Pileo plumbeo, stipite fulvo. fig. 6.

332) Agaricus (carbonarius var. δ.) Pileo pallido ochraceo-carneo, rugoso-venuloso, glabro; stipite carneo fulvello. *Batsch,* elench. cont. 107. fig. 91.

III. Blätterschwamm, schwärzlicher (Agaricus subatratus 333). Er wächst zu Ende Junius auf der Erde, ohne zu zerfließen, vielmehr schrumpft er nur zusammen. Der Hut hat eine bepuderte Oberfläche, und in der Mitte eine braune Erhabenheit, um diese herum ist er etwas glätter und mit verloschenen erhabenen Runzeln geadert. Der übrige größte Theil ist durch gleichweit abstehende Streifen von verschiedener Länge in dichtstehende schmale Falten, welche oft durch kürzere Streifen ein gabelförmiges Ansehen erhalten, abgetheilt. Sie entstehen, indem die darunter liegenden Blättchen, die Haut des Huts doppelt zusammen legen, und oben Furchen verursachen. Der Rücken jedes Fältchens ist filzig und etwas bräunlicher, welches vorzüglich erst nach Austrocknung des Schwammes sichtbar wird. Die Blättchen stehen dicht beyeinander, ihre Lage ist sehr unordentlich verschieden, die Farbe ein tiefbraunes schwarz, und der äusserste Rand weißlich. Der Stiel ist am untern Ende etwas knollig und daselbst mit einer schneeweißen Decke überzogen, übrigens hat er eine glatte etwas seidenartige glänzende Oberfläche. Unter dem Hut zeigen sich an ihm schwarze mehlartige Streifen. Die Fasern des Stiels sind etwas gedreht, und er selbst ist inwendig hohl, und am obern Ende von der Platte des Huts unterschieden.

III. IV. — — — — betäubender (Agaricus narcoticus 334). Er wächst in grasigten Waldwegen.

333) Agaricus (subatratus,) Pileo ochraceo-canescente, opaco, umbonato, dense et alternatim plicato-striato; stipite elongato, validiusculo, concolore; lamellis brunneo-atris. *Batsch*, elench. cont. 103. fig. 89.

334) Agaricus (narcoticus) pileo convexo cinereo plicis densis bifidis distinctis plicato; vertice integro; stipite subulato; laminis rarioribus, integris et dimidiatis alternis. *Batsch*, elench. 79. fig. 77.

Der Hut ist graulich, anfangs länglich, dicht gestreift, und mit rückwärts gekrümmten Schüppchen zottig gemacht; zuletzt aber ist er runderhaben, etwas flach, und ohne rauhen Ueberzug. Seine Mitte ist völlig eben, aber der größte ist gegen den Rand mit 30-40 scharf unterschiedenen Falten gestrahlt, welche durch eben so viel dazwischen stehende kürzere Furchen die gabelförmige Gestalt erlangen. Die Furchen, welche die Falten des Huts verursachen, entstehen selbst von denen unter ihnen befindlichen Blättchen, die, indem sie die Haut des Huts unten in eine Verdoppelung zusammenlegen, oben eine Furche hervorbringen. Die gabelförmigen Falten aber, welche dadurch entstehen, sind nicht rundlich, sondern oben flach, bilden dadurch mit den schiefen Seitenflächen Winkel, und werden selbst dreyseitig. Die Blättchen sind bey einem unentwickelten Schwamm breit, graulich, bey einem reifen Schwamm aber schwinden sie in wellige abgesonderte schwarze Linien zusammen, die die nemliche Anzahl, wie die Furchen des Huts, und ein gleiches Verhältniß mit ihnen haben. Sie erreichen auch eben so wenig als jene den Stiel. Der Stiel ist zart verlängert, aufwärts pfriemenförmig verdünnt, weiß und faserig. Dieser Schwamm gab nach der Bemerkung des Hrn. Batsch einen äußerst beschwerlichen, den Kopf einnehmenden Geruch von sich, ehe er noch abgemahlt war, verursachte er schon heftige Kopfschmerzen.

IV. Blätterschwamm, kleinhüglichter (Agaricus papilligerus 335). Er wächst zur Herbstzeit in waldigen Fahrgleisen auf der Erde. Der Hut ist im Anfang länglich,

335) Agaricus (papillatus) pileo griseo-furfuroso, campanulato, lacero, margine striato, vertice papilligero; stipite lineari; laminis integris crassioribus, et reliquis vix brevioribus teneris, utrisque alternis. *Batsch*, elench. cont. 81. fig. 77.

länglich, mit flockiger Kleye bestreut, und an seinem obern Theile mit länglichen und gleichfarbigen Warzen häufig bedeckt. Zuletzt wird er etwas flächer, der mittlere kegelförmige Theil bleibt noch kleyig, aber auf seiner Höhe stehen nur noch etliche Wärzchen von bräunlicher Farbe. Der übrige Theil des Huts fängt mit der Zeit an am Rande aufzureißen, und von den stärkern Blättchen, die darunter liegen, schwarze Striche zu bekommen. Die Blättchen sind in dem jungen und annoch kurzen Schwamm schon tiefschwarz, aber die freystehenden Ränder sind schneeweiß. Sie wechseln mit einander auf zweyerley Weise ab. Einige gehen ganz vom Hutrande bis zum Stiel, und sind etwas stärker; andere sind aber zärter, schmäler, und endigen ihre Länge kurz zuvor, ehe sie den Stiel erreichen. Wenn der Hut verwelkt, schwinden die Blättchen, wie beym vorigen, in schwarze Linien zusammen, welche bey dieser Art nicht in verschiedener Länge, sondern in verschiedener Stärke mit einander abwechslen. Der Stiel ist artig gebaut, gleichbreit, durchsichtig, und am obern Theil mit einem schwarzen Pulver bestreuet. Er scheint nebst dem folgenden vorzüglich darinnen verschieden zu seyn, daß die Blättchen des erstern nicht mit dem ganzen geschwärzten Hut zerfließen, sondern in deutlich unterschiedene schwarze Linien verwandelt werden, die Blättchen des letztern aber nicht völlig, sondern nur zum Theil zerfließen.

II. **Blätterschwamm, thränender** (Agaricus lacrimabundus 336). Er wächst im Oktober an dem Rand der Wälder in Frankreich. Der Hut ist glockenförmig, schmierig gelb, die Oberfläche trocken und gleichsam rauchhaarig. Das Fleisch des Huts ist ziemlich stark, hier und da fleckig. Die Lamellen sind zahlreich, gezähnt, schwarzgefleckt, ein wenig dicker, als bey ähnlichen

336) Agaricus (lacrimabundus,) *Bulliard*, herb. tab. 194.

chen Schwämmen; die längern reichen bis an den Stiel, zwischen ihnen stehen hier und da kürzere; sie sind von bräunlicher Farbe. Der Stiel läuft in den Hut fort, er ist hier und da gefleckt, 3-4 Zoll hoch, einen halben Zoll dick, nach unten stärker. Der entwickelte Schwamm tröpfelt aus dem Rand der Lamellen einen schwarzen Saft. Er ist von dem Agaricus atramentarius verschieden.

Dritte Abtheilung.

Blätterschwämme mit einem weichen zarten, etwas fleischigen und hautartig dünnen, zerbrechlichen undurchsichtigen kegelförmigen, gestreiften und blos auf das Ende des Stiels aufgesetzten (ohne von diesen zu entspringen) Hut. Der Stiel ist hohl und verlängert, und von eben derselben faserichten Substanz als der Hut. Die Blättchen sind schmahl, verlängert, zart, und stehen dicht beysammen, hängen aber nicht mit dem Stiel zusammen. Wenn die Saamen reif werden, so färben sich die Blättchen rußschwarz, und endlich zerfließt der Hut mit denen Blättchen in eine schwarze Jauche, die die Saamen enthält, nachdem er meistens vorher sich in Stücke und Lappen spaltete. Die vorigen (von No. 323-336.) zeigen nur den Uebergang zu diesen, und gehören eigentlich auch unter diese Abtheilung. Man kann sie füglich unter den Namen Rußschwämme zusammenfassen.

III. Blätterschwamm, bernsteinfarbiger (Agaricus succinus 337). Er wächst im späten Herbst in Wäl-

337) Agaricus (succinus.) Pileo convexo-campanulato, lacero, glabro, tenuissime striato, pallide aurantio; lamellis plumbeis; stipite albo, subelongato. *Batsch*, elench. 61. Agaricus (truncorum.) *Scop.* carn. 2, 1480. Agaricus

dern, Gärten, auf abgestandenen Baumstöcken. Der Hut ist anfangs halbrund, nachher glockenförmig, und am Rande gespalten, glatt, zartgestreift, dunkelgelb, zuletzt blaß orangefarb. Die Lamellen sind blaßgelb, mit schwärzlichen Saamenstaub bestreuet; sie zerfließen in einen schwarzen Saft. Der Stiel ist etwas verlängert, rund, innen röhrig, blaßgelb.

II. III. **Blätterschwamm, braungewässerter** (Agaricus aquoso-fulcescens 338). Er wächst im Herbst, in feuchten Wäldern, unter Mooß. Der Hut ist kegelförmig, oder glockenförmig, zuletzt flach, in der Mitte erhoben, lichtbraun, gegen den Rand zu wässerig, grau, zerrissen und zurückgeschlagen; im Anfang glatt, zart gestreift und gefaltet. Die Lamellen sind dunkelrehfarb, zuletzt schwarzbraun. Der Stiel ist rund, weißlich, gebogen, innen hohl. Anfangs führt er einen unbeständigen Ring.

— — — — **gewundener**, (Agaricus tortus 309). Er wächst auf Schutt in Gärten, auf neugedüngten Aeckern. Der Hut ist im Anfang walzenförmig, röthlich weiß und gestreift, er wird nachher glockenförmig, und zuletzt platt, am Rande aufgerollt, zerrissen.

---

cus (truncorum.) *Schaeff.* tab. 6. *Allion.* ped. 2739. Agaricus (aquosus) stipitatus, pileo campanulato obtuso fusco-flavescente, lamellis atro-griseis, stipite fistuloso griseo villoso. *Hudf.* angl. 2, 619. Amanita (rufescens.) *Lamarck*, encyclop. 109. var. β.

338) Agaricus (fuscescens.) *Schaeff.* tab. 17. *Allion.* ped. 2695. Agaricus (aqueus.) Pileo conico-campanulato, lacero, glabro, leviter striato plicatoque, cano-fulcescente; lamellis nigro-fuscis; stipite subelongato, albo. *Batsch*, elench. 61. Amanita (rufescens.) *Lamarck*. enc. 109.

339) Agaricus (tortus.) Pileo convexo-campanulato, lacero, confertissime striato-sulcato, subcarneo, lamellis atris; stipite elongato, albo, torto, valido. *Batsch*, elench. 61. Agaricus (rufocandidus.) *Schaeff.* tab. 201. *Allion.* ped. 2736.

rissen. Die Lamellen sind schwärzlich, im Alter ganz schwarzbraun; sie zerfließen mit dem ganzen Hut. Der Stiel ist stark und hoch in Ansehung des kleinen Huts, unten etwas dicker, und gedreht, wodurch sich gegenwärtiger von ähnlichen Mistschwämmen, und vorzüglich von dem folgenden hinreichend unterscheidet.

I. II. **Blätterschwamm, grauer** (Agaricus cinereus 340). Er wächst im August und September in Wäldern, auf Kuhfladen, in Gärten, auf Schutthaufen. Der Hut ist eyrund, oder rund erhaben, lichtgrau, wie mit Mehl bestreuet, sehr wenig fleischig, und sehr bald verschwindend. Am Rande zerrissen. Die Lamellen sind graugrünlich, nachher schwärzlich, nicht an den Stiel sondern unter sich in einen Ring verwachsen. Der Stiel lauft in den Hut fort, ist hohl, unten rauh. Mit folgenden kommt er sehr überein, und dieser ist vielleicht nur eine Abänderung.

I. JI. — — — — **perlenfarbiger** (Agaricus margaritaceus 341). Er wächst im Herbst nach Regen in Gärten auf Schutthaufen, unter faulen Holz und Laub. Der Hut ist anfangs spindelförmig, nachher eyrund glockig, silberfarb und bleich purpurfarb gemischt,

---

340) Agaricus (cinereus) *Bulliard*, herb. tab. 88. *Schaeff.* tab. 100. Agaricus (radians.) Pileo convexo, vel ovali-campanulato, confertissime striato, canescente; umbone plano, integro, distincte circumscripto et colorato, stipite elongato; fuscescente-albo. *Batsch*, elench. 61. (simul cum sequente.) Amanita (cinerea.) *Lamarck*, enc. 109. var. β.

341) Agaricus (margaritaceus) caulescens, plerumque solitarius, carne destitutus, pileo primum fusiformi, dein semiovato, striato, purpureo-griseo, centro fuscescente, tandem campaniformi, margine lacero revoluto; lamellis nigricantibus, demum atris fatiscentibus; petiolo tereti, procero, sordide griseo, fistuloso; basi bulboso; velo et annulo destitutus. *Schaeff.* tab. 216.

mischt, in der Mitte bräunlich, gegen den Rand zu gestreift; endlich glockenförmig, zerrißen und zurückgebogen. Die Lamellen sind schwärzlich, zuletzt ehe sie zerfließen ganz schwarz. Der Stiel ist stark, rund, fast mußig grau, unten verdickt.

II. Blätterschwamm, eyrunder (Agaricus ovatus 342). Er wächst im Herbst an sandigen und feuchten Orten, auch auf Schutt. Der Hut ist anfangs eyrund, geschuppt, streifig, weißgrau von Farbe, so wie er sich entwickelt wird er glockenförmig, zuletzt flach, am Rande zerrißen, wo er denn auch anfängt zu zerfließen. Die Lamellen sind zuerst bräunlich, sie werden aber ganz schwarz und zerfließen; der Stiel ist weiß, lang und ziemlich stark, rund, nach unten etwas dicker, an der Wurzel zugespitzt, oben mit einem schmalen Ring umgeben. Die Schuppen scheinen aber nichts anders als Ueberreste der Hülle zu seyn. Er wird als eine Abänderung mit denen beyden zunächstfolgenden verwechselt.

I. — — — — Vaillantischer eyrunder (Agaricus ovatus Vaill. 343) Er wächst auf Wiesen, im Februar. Es entspringen nicht selten acht bis zehn gemeinschaftlich aus einer Wurzel. Anfangs ist der Hut ganz eyrund, gestreift, zwey oder drey Zoll hoch, und einen halben breit, von Farbe grau, zuletzt röthlich braun.

342) Agaricus (ovatus) caulescens, solitarius, volvatus, parum carnosus; pileo ovato, squamoso, striato, cinereo, tandem campanulato lacero; lamellis umbrinis per aetatem nigrescentibus, diffluentibus; petiolo procero fistuloso albo, basi rostrato; annulo persistente; velo nullo; volva ovata squamosa. *Schaeff* tab. 7. Fungus albus ovum referens. *Raj.* syn. 5, 22. *Buxb.* cent. 4. tab. 27.

343) Fungus multiplex, ovatus, cinereus. *Vaill.* paris. tab. 12. fig. 10—11 Amanita (cinerea) *Lamarck* Fl. franc. 1281 — 17. encyclop. 109. (exclus. fig. 67 et 68. *Schaeff.*)

braun. Der Hut wird in der Folge größer und breiter, glockenförmig; öfters ist er zart geschuppt. Die Lamellen sind breit, am Rande fein gesägt, weißlich, nach und nach schwarz. Der Stiel ist drey bis fünf Zoll, etwas weniger als einen halben Zoll breit, ganz rund und walzenförmig, gleichbrit; in der Mitte fein röhrig; weiß von Farbe. Mit diesem kommen die zwey folgende sehr überein.

I. II. **Blätterschwamm, walzenförmiger** (Agaricus cylindricus 344). Er wächst im Herbst in sandigten Gegenden, auf Schutthaufen. Der Hut ist walzenförmig, konisch, schuppicht, gestreift, weißlich grau, auf dem Wirbel bräunlich; zuletzt glockenförmig. Die Lamellen sind anfangs weiß, häufig, breit, zart, nachher braun, zuletzt schwärzlich, und sie zerfließen, wie beym vorigen. Der Stiel ist rund, verlängert und stark, innen röhrig, weißlich, nach unten verdickt. Die Schuppen entstehen von einer zerrißenen Hülle. Von dem eyrunden (342) ist er durch seine walzenförmige Gestalt, durch seinen bräunlichen Scheitel, durch seinen verschwindenden Ring, durch seinen verdickten Stiel zu unterscheiden. Von dem Vaillantischen, unterscheidet er sich durch die nemliche Charaktere. Jener ist mehr glatt, und hat einen gleichbreiten Stiel.

I. II.

---

344) Agaricus (cylindricus) caulescens, solitarius, volvatus, non carnosus; pileo squamoso, striato, cinereo, cylindraceo-conico, tandem campanulato, lacero; lamellis umbrinis, per aetatem nigrescentibus, diffluentibus; petiolo procero, fistuloso, albo, basi bulboso; annulo fugaci; velo nullo, volva squamosa, oblonga. *Schaeff.* tab. 8. (*Battar* fig. tab. 26: A — B — C. partim priorem partim hunc indicant.) Agaricus (Mitella) *Batsch*, elench. 63. (342 et 344. consociat.) *Michelii*, tab. 80. fig. 3. similis ovato potius.) Agaricus fimetarius) *Kerner*, Schw. tab. 8. Agaricus (extinctorius.) *Bolton*, fung. 24. tab. 24.

I. II. **Blätterschwamm, vergänglicher** (Agaricus fugax 345). Er wächst auf Mistḣaufen, in Gärten, nach regnichtem Wetter. Er vergeht sehr geschwinde. Der Hut ist stumpf konisch, oder einförmig glockig, mit langen großen der Länge nach gehenden Falten gerunzelt, in der Mitte etwas bauchigt, am Rande zuletzt zerrißen und zurückgerollt, lichtbleyfarb, ins rosenfarbige braunröthliche schielend. Die Lamellen sind länglichbreit, schmuzig weiß, rothbraun, zuletzt schwärzlich, und zerfließend. Der Stiel ist rund, stark, oben geringelt, nach der Wurzel verdünnt, weißlich, manchmal streifig, innen röhrig. Der Ritter Lamarck verbindet diesen Schwamm mit dem eyrunden Vaillantischen, von dem er auch in Rücksicht der Farbe viel ähnliches hat.

II. III. — — — — **eichelfarbiger** (Agaricus Balanus 346). Er wächst auf faulen Holz. Der Hut ist kegelförmig-glockig, hellockergelb, zuletzt flach und bräunlich, nach dem Rand zu tief gefurcht, zerrißen und zurückgebogen. Die Lamellen sind bleygrau röthlich, zuletzt schwarz und zerfließend. Der Stiel ist verlängert dünn,

---

345) Agaricus (fugax) caulescens, solitarius et cespitosus; pileo obtuse conico, plumbeo, vertice laevi, margine striato, demum lacerato, revoluto; lamellis sordide albis, demum atris fatiscentibus; petiolo tereti, annulato, albido, fistuloso, basi attenuato; velo nullo; annulo membranaceo fugaci. *Schaeff.* tab. 67—68. Agaricus (plicatus.) Pileo ovato-campanulato, plicis magnis longitudinalibus rugoso, subventricoso, albo, amoene roseo-fulvente; lamellis oblongis, latiusculis, griseo-fulventibus; stipite subelongato, valido, albo. *Batsch*, elench. 63.

346) Agaricus (Balanus) Pileo conico, campanulato, griseo-fulvente, marginem versus profunde sulcato, margine repando, obtuse dentato-crenulato; lamellis plumbeo-rubellis; stipite elongato, gracili, albo. *Batsch.* elench. 63. Agaricus (lignorum.) *Schaeff.* tab. 66. *Scop.* carn. 2, 1482.

dünn, rund, weißlich, unten ein wenig verdickt; innen röhrig.

I. **Blätterschwamm, porcellanartiger** (Agaricus porcellaneus 347). Er wächst nach feuchten Wetter, an sandigen, magern Orten, auf Schutt, in Spatziergängen, wo nicht viel Sonne hinscheint. Einer der prächtigsten und schönsten Schwämme dieser Abtheilung. Der Hut ist anfangs länglicht, spindelförmig, nachher länglich glockenförmig; er wird durch eine feine Saamenhaut, die in Gestalt eines unbeständigen Rings an dem Stiel zurückbleibt, mit ihm verbunden; der Rand verbleibt auch bey dem erwachsenen Schwamm verengert und einwärts gezogen, er zerreißt; gewöhnlich ist er auf einer Seite kürzer, als auf der andern; die Oberfläche des Huts ist weiß, wasser- oder glasfarb, auch blaßpurpur, der Länge nach gestreift. und mit gelblichen oder bräunlichen Schuppen, die am Scheitel sehr dicht stehen, besetzt. Das Fleisch ist im Verhältniß gegen den großen Hut gar nicht stark, doch bis über den Rand hin, aber sehr dünn ausgebreitet, in der Mitte am stärksten, wo es sich gleichsam wie eine Warze in den Stiel einsenkt. Die Lamellen sind gleich lang, vom Stiel entfernt, an beyden Enden verschmählert, in der Mitte am breitesten, anfangs röthlich braun, zuletzt schwärzlich und zerfließend. Oefters ist die ganze untere Seite aufgelöst, da noch das Scheitelstück

347) Agaricus (porcellaneus.) *Schaeff.* tab. 47. 48. Agaricus (Chamaeleo. *Batsch*, elench. 63. Pileo oblongo-campanulato, albo-caesio, floccoso-squamoso, floccis distantibus sparsis flaventibus; lamellis nigro-fulventibus; stipite subelongato, valido, albo. Agaricus (typhoides.) *Vaill* p. 72. *Bulliard*, herb. cah. 4. tab. 4. Agaricus squamosus lamellis aequalibus confertissimis. *Scrildel*, icon. plant. 42. tab. 10. (figura splendida.) Amanita (clavata) *Lamarck*, enc. 112. Agaricus (fimetarius.) *Bolton*, hist. fung. 44. tab. 44. (exclusis synonymis.)

telstück des Schwamms auf dem Stiel zurückbleibt. Der Stiel ist gebogen, dick, gleichbreit bis an den Hut, wo er anfängt schmähler zu werden, innen hohl, und mit einem weißen spinnenweb'gen Mark ausgekleidet, und durch seine Mitte lauft von der Spitze des Stiels, die ganze Länge desselben ein feiner Faden herunter, von gleicher Farbe mit dem Hut. In der Bulliardischen Figur ist der Schwamm mehr braunroth; auch der frey anhängende Ring wird hier sehr deutlich vorgestellt.

II. **Blätterschwamm, schmieriger** (Agaricus luridus 348). Er wächst in verschiedenen Gegenden um Hallifax. Der Hut ist irregulär konisch, ohngefähr dritthalb Zoll hoch, und eben so viele breit, dunkelgrau, ins olivengrüne spielend, völlig glatt, mit einem klebrigen zähen Schleim überzogen; der Rand ist unordentlich in Lappen zertheilt und geschweift, zuletzt eingerissen. Die Lamellen sind von gleicher Länge, sie berühren kaum den Stiel, sie sind zahlreich, und eng an einander gedrängt, breit, von Farbe schmierig grau blau, die durch den Hut durchschimmert. Zuletzt zerfliessen sie in eine braune stinkende Feuchtigkeit. Der Stiel ist hart und fest, gebogen, von der Dicke eines kleinen Fingers, schmierig weißlich, ohngefähr vier Zoll hoch. Die Wurzel ist hart, braun und faserig. Es entspringen mehrere Schwämme aus einer Wurzel, oft finden sich noch kleinere an dem Fuß eines ausgewachsenen.

III. — — — — **häußlicher** (Agaricus domesticus 349). Er wächst auf Stückchen faulen feuchten

348) Agaricus (luridus) stipitatus, pileo conico griseo viscido, margine inaequali, lamellis integris profundis sordide caeruleis, stipite solido arcuato. *Bolton*, hist. fung. 25. tab. 25.

349) Agaricus (domesticus) stipitatus pileo conico, subfusco lacerato-squamoso, lamellis griseis pallidis integris, stipite fistuloso albido. *Bolton*. hist. fung. 26. tab. 26.

ten Holz, in Kellern, in kalten Kammern. Der Hut ist anfangs eyrund, in einer Hülle eingewickelt, ohne daß die Wurzel darein gewickelt ist; die Hülle ist faserig, blaß graubraun. So wie der Hut sich entwickelt, so zerreißt sie in Franzen, und bleibt auch so auf der Oberfläche des Huts zurück. Der Hut wird in der Folge mehr konisch, zuletzt glockenförmig, am Rande gewellt, zerrissen und aufgelöst. Die Lamellen sind gleichlang, breit, zahlreich; anfangs blaßgrau, zuletzt schwarz, in einen Saft zerfließend. Die Saamendecke ist außerordentlich fein, und verschwindet sogleich, wie sich der Rand des Huts vom Stiel entfernt. Der Stiel ist weiß glänzend, von der Dicke eines Federkiels, röhrig, zart, in weiße Fasern zertheilbar. Er bleibt oft noch einige Zeit stehen, wenn schon der Hut abgefallen ist. Die Wurzel besteht aus vielen dunkelgrauen Fasern, wodurch er an faulen Holz befestigt wird.

II. Blätterschwamm, schmetterlings-förmiger (Agaricus papilionaceus 350). Er wächst im Juny, July in Wäldern auf faulen Blättern, und vergeht sehr geschwinde. Er ist in Frankreich zu Haus. Der Hut ist gewölbt konisch, am Rande hier und da zerrissen. Die Lamellen sind graugrünlich, breit, mit kleinen Flecken, so wie man solche auf den Schmetterlings-Flügeln antrift, besetzt, zuletzt werden sie so schwarz wie Dinte. Der Stiel ist gebogen, innen haarförmig röhrig, ohngefähr von der Dicke einer Schreibfeder, gleichbreit, 5-8. Zoll lang. Geschmack und Geruch sind nicht unangenehm.

II. — — — — mistfauler (Agaricus fimiputris 351). Er wächst im Herbst in Gärten. Ist in Frankreich einheimisch. Der Hut ist konisch, umber- oder auch dunkler braun, im Alter wird der Hut flach,

350) Agaricus (papilionaceus,) *Bulliard*, herb. tab. 88.
351) Agaricus (fimiputris.) *Bulliard*, herb. tab. 66.

flach, am Rande ungleich. Die Lamellen sind gleichfarbig, mit schwarzen Flecken bestreuet, in kleinere getheilt; sie berühren nur den Stiel. Der Stiel ist so dick wie eine Schreibfeder, 6-8. Zoll lang, nach unten verdickt, innen röhrig, nahe beym Hut mit einem schwarzen Ring, oder an dessen Stelle mit einem schwarz gepunkten Flecken eingefaßt. An diesen gränzt der folgende.

II. III. **Blätterschwamm, tiefschwarzer** (Agaricus pullatus 352). Er wächst im Jun. auf Miststellen oder fetten Wiesen, in England. Er kommt in einer Nacht hervor, und zerfällt schon den folgenden Tag. In der Zeit da ihn Hr. **Bolton** abbildete, zerfloß er in einen schwarzen Saft, der austrocknete und wie ein schwarzes rußiges Pulver auf dem Tisch lag. Wenn der Hut sich zuerst zeigt, so ist er mit einer dunkelgrauen Hülle, die aber sehr geschwind verschwindet, überkleidet. Hut und Lamellen scheinen unzertrennbar, oder vielmehr nur ein Wesen auszumachen. Ersterer ist flach konisch, durchsichtig, zart und wässerig, blaß, aber mit einem dicken schwarzen Schleim, oder feuchten Pulver, welches zerfließt sobald man es nur anrührt, völlig überzogen. Die Zartheit des Schwamms macht es beynah unmöglich, ihn, ohne daß er zerbrechen sollte, von der Erde aufzunehmen. Der Stiel ist 7-8. Zoll hoch, silberweiß röhrig, unten verdickt, wie eine Zwiebelschote, beynah zu zart um ihn in weiße silberne Fäden zertheilen zu können. Die Wurzel besteht aus wenigen dunkeln Fasern, um den Stamm herum verbreitet, oder auf der Oberfläche wo der Schwamm aufsteht.

352) Agaricus (pullatus) stipitatus; pileo campanulato plicato atro, stipite longo ventricoso albido. *Bolton*, 20. tab. 20. Fungus pileolo campanulato vertice levi &c. *Mich.* Gen. 189. tab. 80. fig. 5?

II. Blätterschwamm, dungfauler (Agaricus stercorarius 353). Im Herbst in Wäldern auf Kuhmist oder Pferdeäpfeln. Er ist außerordentlich zerbrechlich und hinfällig, so wie der vorige. Der Hut ist gewölbt, durchsichtig, am Rande zerrissen und zurückgebogen, graulich schwarz. Die Lamellen sind weißlich grau, und erreichen den Stiel nicht. Der Stiel ist 6 = 8. Zoll lang, schmahl, röhrig, mit dem Hut verbunden, unten verdickt und etwas schief. Er schmeckt schleimig und etwas salzig.

III — — — — glockenförmiger (Agaricus campanulatus 354). Er wächst im September, Oktober, auf sonnigten Wiesen, um Hallifax häufig. Der Hut ist anfangs konisch, glatt und braun, nachher erweitert sich der Rand, und erscheint nach einer gewissen Ordnung fein gestreift, am Ende rund herum mit feinen schwarzen Wimpern eingefaßt; er wird noch größer, und was zuvor nur Streife schien, wird itzt zur Falte, die Winkel davon sind wechselsweis braun und bleyfarb gefärbt, die schwarze Einfassung ist in kleine Zotten vertheilt, die an den Endungen der braunen Winkel herabhängen und dem Schwamm ein sehr niedliches Ansehen geben. Die Lamellen stehen in zwey Reihen, sind schmahl, dünn, durchsichtig, von grauer Farbe, zuletzt beym Zerfließen schwarz. Die Saamendecke ist sehr delikat, und verschwindet schon, wenn die Pflanze nur ohngefähr Zoll hoch ist; ein dunkler Fleck bleibt noch einige Zeit an dem Stiel bemerkbar. Der Stiel ist dünn gleichbreit, röhrig, durchsichtig, 5 = 6. Zoll hoch, unten mit einer knolligen Wurzel versehen, die wenige braune Fasern in der Erde befestigen.

II. Blät=

353) Agaricus (stercorarius.) *Bulliard*, herb. tab. 68.

354) Agaricus (campanulatus,) stipitatus, pileo campanulato striato pellucido, lamellis adscendentibus, stipite nudo (exclusis synonymis.) *Bolton*, 31. tab. 31. (neque camp. *Linn.* neque *Huds.* nova potius species.)

II. Blätterschwamm, dintenartiger (Agaricus atramentarius 355). Er wächst im Herbst auf Wiesen an feuchten Orten, in Frankreich. Der Hut ist konisch, 3 : 4 Zoll lang, und eben so viele breit, glatt, faltig, braun, oder blasser, hier und da gefleckt. Der junge Hut ist mehr rund, im Alter wird er aber glockenförmig. Die Oberfläche ist feucht anzufühlen, die Flecken sind bräunlich. Die Lamellen sind breit, getheilt, abstehend vom Stiel, weißlich, zuletzt schwarz; aus einer doppelten Haut gebildet; am Rande erscheinen sie durch die Linse filzig. Der Stiel ist gleichbreit, rund, 4 : 5 Zoll hoch, innen röhrig. Der Schwamm zerfließt in einen schwarzen Saft, aus dem sich mit Gummi versetzt eine Dinte bereiten läßt, man muß sie aber zuvor filtriren. (Mehrere Schwämme 40 : 50. sind oft zusammen in eine Wurzel verwachsen.

II. III. — — — — fingerhutförmiger (Agaricus digitalis 356). Er wächst zu Anfang Herbsts, im Gehölz auf der Erde. Der Hut ist halbeyförmig, graulich bleyfarben, in der Mitte rostfarben, glatt und etwas fettig; auf den Seiten zart gestreift, zwischen den größern Streifen stehen kürzere; am Rande zart gekerbt, aus dem graulichen ins gelbliche fallend. Die Lamellen sind schwarz, der innwärts stehende oder untere freye Rand der längsten Blättchen ist gradlinig, der angewachsene bogig; die übrigen kürzern Blättchen länglich, und nach dem Hutrande zu breiter; sie sind von dreyfach verschiedener Länge, oder ihre Länge ist vielmehr stufenweis, aber unordentlich verschieden. Der Stiel ist undurchsichtig, verlängert, stark, hat eine sei-

355) Agaricus (atramentarius.) *Bulliard*, herb. tab. 164.

356) Agaricus (digitalis.) Pileo semiovato, livido-canescente, vertice ferrugineo, lateribus confertissime striatis, margine tenuissime crenulato; lamellis atris; stipite elongato, valido, albo. *Batsch*, elench. 61. fig. 1.

benartige Oberfläche, eine äusserst blasse graugelbliche Farbe, inwendig hohl, beynah bis an eine kleine Queerhöhle, die sich unter dem Scheitel des Huts befindet; im Aufsteigen etwas schlänglich gebogen.

III. II. **Blätterschwamm, angeflogener** (Agaricus soboliferus 357). Er wächst nebst mehrern jungen Schwämmchen die aus derselben Wurzel entspringen, an Baumstämmen, aus der Erde, in bergichten und schattigten Gegenden. Der Hut ist anfangs konisch eyrund, weißlich, der Rand erweitert sich und der Hut wird nun glockenförmig, zuletzt schirmförmig ausgebreitet; die Oberfläche ist gestreift oder gefurcht, zwischen den Furchen stehen ganz kurze feine Härchen, die abwärts gerichtet sind, auch ganz feine Schüppchen, die nach und nach immer kennbarer wurden; die Farbe ist hirschgrau, in der Mitte, wo der Hut wie eine flache Warze erhöht wird, und völlig glatt ist, braun. Die Lamellen sind zahlreich, angehäuft, gleichlang, am Rande anfangs wie mit kleinen glänzenden, sandigten Theilchen bestreuet, bräunlich, zuletzt dunkler, und wie mit schwarzen Ruß bestreuet. Der Stiel ist verlängert, etwas gebogen, röhrig, weiss, nach unten zartfilzig, an der Wurzel mit kleinen Fasern besetzt. Der Hut ist äußerst zart und zerbrechlich, anfangs mit einer Hülle umgeben. Der ganze Schwamm zerfließt in einen schwarzbraunen klebrigen Saft.

II. — — — — **schimmernder** (Agaricus micaceus 358). Er wächst in Wäldern, in Gärten, auf Feldern,

357) Agaricus (soboliferus) stipitatus, pileo conico, striato-piloso, stipite sobolifero, fistuloso albido. Tab. nostr. III. fig. 1. Amanita cespitosus, petiolo procero fistuloso pileo umbonato striato, squamoso. *Hall.* hist. 2389. Fungus soboliferus, fugax, pileolo galericulato, obscuro, vertice laevi, reliqua parte subtilissime striato, lamellis murinis, pediculo albo, fistuloso. *Mich.* gen. 195. tab. 79. fig. 4.

358) Agaricus (micaceus.) *Bulliard*, herb. tab. 246.

Feldern, und erscheint das Jahr drey- bis viermal, an der nemlichen Stelle; er ist in Frankreich zu Hause. Der Hut ist konisch, nach der Länge gestreift, schmierig schwarzbraun; gegen den Scheitel hin verschwinden die Streifen. Die Oberfläche ist feucht, und so wie die Lamellen mit schimmernden Theilchen, die wie zerkleinertes Glas aussehen, bestreuet. Die Lamellen sind anfangs weiß, nachher schwarz, sie bestehen aus einer feinen Haut, die doppelt zusammengelegt ist, und stehen vom Stiel ab. Der Stiel ist röhrig, von einem Ende bis zum andern. Der ganze Schwamm zerfließt bald in eine schwarze Feuchtigkeit.

I. **Blätterschwamm, schwarzgefleckter** (Agaricus picaceus 359). Er wächst cuf faulen Pflanzen. Anfangs ist der Hut eyrund, und mit einer zarten weißen Hülle umgeben, die in der Folge zerreißt und dem ausgewachsenen Hut stückweise anhängt. Die Lamellen bestehen aus einer schwarzen zusammengefalteten Haut, sind breit, von doppelter Länge, kürzere stehen zwischen denen längern, sie berühren den Stiel nicht; sie zerfliessen bald in eine schwarze Feuchtigkeit. Das dünne Hutfleisch ist mit dem weißen spannenlangen, unten verdickten, innen hohlen Stiel verbunden. Der ganze Schwamm ist mit weiß und schwarzen Flecken bedeckt; der Hut selbst ist schwarz, und die weißen Flecken entstehen von der zerrissenen Hülle.

III. — — — — **schnabelförmiger** (Agaricus rostratus 360). Er wächst im Herbst in Gärten,

 nach

359) Agaricus (picaceus.) *Bulliard,* herb. tab. 206.

360) Agaricus (subulatus.) Pileo conico-campanulato, striato, floccis et cucullo verticis caducis; stipite elongato, in medio longitudinis incrassato. ab eo deorsum subulato-gracilescente. *Batsch,* elench 65. Fungus qui volvam vix egressus, in atramentum resolvitur, pileolo campanulato, plumbeo, vertice laevi, reliqua parte striato,

nach Regen. Der Hut ist kegelförmig, glockig, gestreift, manchmal flockig, am Scheitel glatt, bleyfarb. Die Lamellen sind schwarz. Der Stiel verlängert, in der halben Länge verdickt, von da an aber unterwärts pfriemenartig verdünnt, weißlich, innen röhrig.

Vierte Abtheilung.

Blätterschwämme, die ohne einen Stiel an der Seite festsitzen, und von diesem Ort gehen gewöhnlich die Lamellen strahlenförmig nach dem Rande hin, welcher frey steht. Von den Halbschwämmen unterscheiden sie sich durch ihre feste beynah korkartige Substanz; die mehresten aber durch den völligen Mangel eines sichtbaren Stiels. Man könnte sie stiellose Schwämme (acaules) füglich nennen.

III. **Blätterschwamm, weicher stielloser** (Agaricus mollis 361). Er wächst gesellschaftlich oder einzeln auf verfaulten Holz, auf abstehenden Bäumen, in hohlen Weiden im Oktober. Der Hut ist zart, etwas undurchsichtig, rauch und etwas wollig auf der Oberfläche, ein wenig runderhaben und eyförmig, blaßgräu-

striato, pediculo cylindrico, albo, fistuloso, radice rostrata, *Mich.* gen. 189. tab. 80. fig. 5. Agaricus volva exceptus, pileolo campanulato, striato, vertice laevi; petiolo annulato cylindraceo, fistuloso, in basin rostratam desinente. Gled. meth. fung. 89. 4. Agaricus solitarius; pileo campanulato, albido, pulverulento, striato; vertice glabro, tumido; lamellis demum atris, diffluentibus; stipite fistuloso procero, basi rostrato. *Scop.* carn. 1. 24, c.

361) Agaricus (mollis.) *Schaeff.* 213. *Allion.* ped. 27. 5. Agaricus (canescens.) Pileo membranaceo, canescente-ochraceo-pallido, albente; lamellis pallide ochraceis. *Batsch*, elench. 95. fig. 38. Agaricus (lacteus.) *Scop.* 2, 1574. Agaricus (mollis) acaulis gelatinoso-membraneceus, pileo difformi albido, lamellis ochroleucis. *Dicks.* fasc. crypt. 57.

gräulich, oder weißlich mit etwas lichtbräunlich und bräunlich hin und wieder überlaufen, am Rand hie und da geschweift. Die Lamellen sind blaß ocherfarben, einfach, aber von verschiedener Länge, kleinere zwischen längern eingeschoben.

III. **Blätterschwamm, weißer stielloser** (Agaricus niveus 362). Er wächst im August, September, auf faulen Holz oder Blättern. Der Hut ist weiß und zart, auf der Oberfläche trocken und glatt, anfangs am Rande abgerundet, nachher verschieden getheilt und ungleich, nicht sehr fleischig. Die Lamellen sind ziemlich breit, in kleinere getheilt, die längern sind an beyden Enden verschmählert, blaß rostfarben. Ich verbinde nach Angabe des Hrn **Dickson** den Bulliardischen (Agar. sessilis) damit. Es scheint aber als wenn der Jacquinische vielmehr unter die Halbschwämme gehörte, da der kurze Stiel zartfilzig seyn soll.

III. — — — — **zweyfarbiger stielloser** (Agaricus bicolor 363). Er wächst auf verfaulten Erlen und andern Baumstöcken im Winter und Frühling. Er wächst einzeln und gesellschaftlich. Der Hut ist etwas weich, aber doch lederhaft, halbrund, flach, rauh, am Rande lappig oder geschweift, von gemischter Farbe, rothbraun und schwärzlich. Die Lamellen sind getheilt oder gespalten, blaß schwefelgelb ocherfarben. Meistentheils ist der Hut am Rande wie eine Kammmuschel gefaltet.

III. IV. — — — — **braunvioletter stielloser** (Agaricus violaceo-fulvens 364). Er wächst auf den

362) Agaricus (niveus) acaulis reversus albus, lamellis simplicibus ramosis, margine inflexo. *Dickson*, fasc. 57. *Linn.* Syst. veg. 976. *Jacq.* austr. 3. 48. tab. 288. Agaricus (sessilis.) *Bulliard*, herb. tab. 152.

363) Agaricus (alneus.) *Schaeff.* tab. 246. Agaricus (bicolor.) Pileo membranaceo, fulvello vel nigrescente; lamellis sulphureo ochraceis pallidis. *Batsch*, elench. 95.

364) Agar. (violaceo-fulvens.) Pileo membranaceo, violaceo-fulvo; lamellis concoloribus. *Batsch*, elench. 95 fig. 39.

den Queerschnitt der Holzscheite, wo der grade Rand genau an denselben angepaßt ist. Der Hut ist häutig, lederartig, oben rauh von rundlicher halbirter Gestalt; violett rothbraun. Die Blättchen sind runderhaben und an Gestalt und Verschiedenheit ihrer Länge denen vorigen unähnlich, gleichfarbig mit dem Hut.

III. **Blätterschwamm, schwarzer stielloser** (Agaricus tristis 365). Es wachsen mehrere wie Schuppen übereinander, an senkrechten Stellen auf der Erde. Der Schwamm ist lederig fleischig, feucht, und seine Farbe sowohl auf der Oberfläche als im Fleische sehr dunkelbraunschwarz. Die untere Fläche wird mit der Zeit mehrentheils verändert, und bekommt eine blaßgraue Rostfarbe. Die obere Fläche ist rauh und zottig, mit Zotten besetzt, die in anliegende Bündel vereinigt sind. Die untere ist in dem hintern Theil oder der Mitte des halbirten Huts warzig, vom Rande aber fließen mehrere adrige Aeste in etliche fächerförmige Falten zusammen, die nach der Mitte des Huts mehr verengert und warzig werden. Die Gestalt des Schwamms ist ungleich und etwas unförmlich. Er ist kaum dicker als eine pariser Linie, und wird nach und nach gegen den zarten gefranzten Rand dünner. Er scheint den Uebergang von den Blätterschwämmen zu denen Stachelschwämmen zu machen.

III. IV. — — — — **herabregnender** (Agaricus depluens 366). Er wächst im September, wie der vorige mit wasserrechtem Hut, an senkrechten Flächen auf der Erde. Der Hut ist zart, undurchsichtig, seidenartig

365) Agaricus (tristis) fuscoater, dimidiatus, pliculatus; superne subvillosus; inferne pone papulosus, versus marginem dense et obsoletius venosus, venis in margine fimbriato-terminatis. *Batsch*, elench. cont. 165. fig. 121.

366) Agaricus (depluens,) pileo dimidiato cano-sericeo, laminis subcarneis, fusco-rubellis, latis, laxis, quadruplici ordine digestis. *Batsch*, elench. 167. fig. 122. Agaricus depluens acaulis albidus villosus lamellis fuscescentibus interruptis *Wildenow*, berol. 1093.

artig faserig und ohne Glanz. Das Wesen ist ebenfalls zart, und zuweilen etwas feucht, die Farbe ist blaßgrau. In den mehrsten findet man eine Spur von einem äusserst kurzen und etwas weißern Stiel. Die Blättchen sind breit, am Rande bogig, und braunröthlich gefärbt, in der Länge vierfach verschieden. Sie geben ein häufiges Saamenmehl von sich, das eine ziegelfarbne röthliche Bräune besitzt, und auf der Erde oder denen darunter stehenden andern Schwammhüten deutlich zu sehen ist.

IV. **Blätterschwamm, angedrückter** (Agaricus applicatus 367). Er wächst auf faulen und schwammigen Weidenholz. Wenn er vertrocknet, so welkt er nicht zusammen, sondern wird starr und behält seine Bildung. Die Farbe des Schwamms ist grau, ins schwarzbräunliche fallend. Die ganze Oberfläche ist gleichsam bepudert, oder bereift. Wo der Rücken angewachsen ist, befindet sich ein filziges Wesen. Die Mitte des Huts, nach welcher die Blättchen zugehen, steht etwas mehr nach hinten, ist gleichsam wie zurückgezogen, und daher genabelt; der hintere angewachsene Theil des Schwamms ist dünner, aber ebenfalls mit Blättchen besetzt. Der freystehende Theil hat einen rundlichen Rand. Die Blättchen sind etwas breit, locker, in einige Ordnungen vertheilt, am Rande besonders weißlich, im hintern angedrückten Theil sind sie kürzer, schmähler und seltener.

III. IV. — — — — **fächerförmiger** (Agaricus multifidus 368). Dieser besondre und ganz von den

367) Agaricus (applicatus) dimidiatus, vel potius acaulis, orbicularis, saturate cinereus, nigrescens horizontalis; postica dorsi parte verticaliter adnatus, laminis ab omni margine versus centrum impresso-adnatum tendentibus. *Batsch*, elench. cont. 171. fig. 125. *Timm*, megap prodr. 1127.

368) Agaricus (multifidus) dimidiatus supra canescente-albus et tomentoso-hirtus; laminis glaucis, subfulvellis, transverse pilosis, flabelliformiter divisis, fungum totum

den übrigen verschiedene Schwamm, ist von Hrn. Prof. Batsch zuerst genau beschrieben und abgebildet worden, und von dem sogenannten Agaricus alneus, womit ganz verschiedene Arten vermischt werden, sehr verschieden. Der Hut ist oben mit einem starren rauhen und dichten Filz bedeckt, welcher die Blättchen, aus denen allein der Schwamm besteht, verbindet, so daß sie einen vorwärts ausgebreiteten und halbrunden Hut bilden, der am Rande rundlich eingerollt, und mit einigen Lappen gepolstert ist, und auf dem Rücken einige verloschne Furchen, nach Art einer Mantelmuschel trägt. Der Filz ist am hintern Theil verschieden, er ist daselbst mehr gepolstert, feiner und rauher. Die Farbe des Hutes ist hellweiß, wie mit einer hellgrauen Farbe angelaufen. Das ganze Wesen desselben bestehet aus gleichbreiten, blos durch den Filz vereinigten, dicht an einander stehenden Zweigen, von einer ungleich zweytheiligen, fast fußformigen Vertheilung. Mit etlichen Stämmen entstehen sie am Mittelpunkt des Hinterrandes, und vertheilen sich in eben so viele Fächer, oder wedelförmige am Ende zugerundete Ausbreitungen. Jeder Zweig hat auf jeder Seite einen blättchenartigen Saum, der gleichsam von dem Rücken des Zweiges seinen Ursprung nimmt, sich nach unten und einwärts rollt, und so an den gegenüberstehenden ebenfalls eingerollten in der halben Breite des Zweiges fest angedrückt wird. Diese Blättchen haben eine graue, etwas braunröthliche Farbe, und sind mit spreuartigen weißen Haaren, welche in die Queere liegen, bestreut. Die Zweige nehmen an den Enden kaum nach und nach an Stärke ab. Die Zweige trennen sich, wenn man den Schwamm wässert, sehr leicht von einander. Der Schwamm wächst in der Mitte

tum constituentibus, tomento dicto connexis, maceratione secedentibus, e centro solum exeuntibus, *Batsch*, elench. cont. 173. fig. 126.

Mitte des Oktobers an Baumrinden, vorzüglich an Lindenbäumen.

III. IV. Blätterschwamm, Ellern- (Agaricus alneus 369). Er wächst gewöhnlich schuppenartig übereinander, an verschiedenen abgestandenen Bäumen. Der kurze Stiel ist unter der Rinde verborgen, von da aus verbreitet sich der Hut beynah zirkelförmig, auf der Oberfläche ist er etwas gewölbt, mehr oder weniger weiß und mit längern und kürzern erhabenen Streifen, die bis an den Rand hinlaufen und sich in runde Zähne endigen, so daß dadurch der Hut gekerbt geschweift aussiehet, durchzogen. Nach der Richtung der größern Streifen, spaltet sich der Hut gewöhnlich und die Stücke rollen sich nach unten zu. Die Blätter auf der Unterseite sind ziemlich stark gräulich oder schwach bläulich, und zeichnen sich vorzüglich dadurch aus, daß sie am Rande eingeschnitten sind, und immer zwey Lamellen mit einander vereinigt sind, die, wenn sie voneinander gezogen werden, zwischen sich ein kleineres und kürzeres Blättchen zeigen; am besten kann man diese sehr artige Beschaffenheit der Lamellen bemerken, wenn der Schwamm queer durchschnitten wird. Der Filz, welcher die ganze Oberfläche des Schwamms bedeckt, wird auch durch das Vergrößerungsglas an denen Lamellen bemerklich, vermittelst welchen auch immer zwey und zwey Lamellen miteinander verbunden werden. Im nassen ist der Schwamm weich, die Blättchen mehr fleischig, die Farbe oben graulich, unten erd oder ocherfarb; so wie er aber vertrocknet, so wird er wieder weiß, und die Blättchen scheinen bestäubt. Man könnte, um aller ferneren Verwechselung zu entgehen, diese Art als den Linneischen Ellernschwamm annehmen. Folgender ist auch dazu gezogen worden.

IV. III.

369) Agaricus (alneus) acaulis villosus albidus, striatus lamellis incisis bifidis. Tab. nostr. 1. (a — c.) Agarici alnei icon. *Weig.* Obs. 41. tab. 2. fig. 6.

IV. III. Blätterschwamm, halbseitiger (Agaricus lateralis 370). Er wächst an Hecken, in Wäldern auf abgefallenen Baumästen. Der Hut scheint einen sehr kurzen Stiel zu haben, er biegt sich abwärts und ist mehr gewölbt, manchmal ganz rund, zumal im Anfang, nachher immer mehr als halbzirkelförmig, am Rande gestreift, aber nicht sehr häufig, umgeschlagen; auf der Oberfläche glatt, weich, weißlich, unten etwas ausgehöhlt. Die Lamellen sind getheilt, blaß erdfarb.

II. — — — — Ellern, Bulliardischer (Agar. alneus Bull. 371). Er wächst im Frühling und Herbst auf verschiedenen Bäumen, vorzüglich an Ellern in Frankreich. Der Hut ist ganz stiellos und lederhaft, weißlich, am Rande, der halbzirkelförmig ist, wiederholt ausgeschweift und eingekerbt, mit einem weißgrauen, oder hirschgrauen Filz überzogen, 3-4 Zoll breit. Die Lamellen sind aderförmig getheilt und ästig, zwey, drey und mehrere mahl getheilt, ziemlich breit, und leicht vom Hut zu trennen. Diese Art kommt in Rücksicht ihres Baues sehr mit dem Batschischen (368) überein, aber ihre Größe und übrige Beschaffenheit zeigt eine zu merkliche Verschiedenheit, um beyde mit einander verbinden zu können.

III. — — — zungenförmiger (Agaricus lingua 372). Er wächst schuppenartig an faulen Baumstämmen. Der Hut ist einige Zoll breit, von ziemlicher Dicke (einige Linien stark), er sitzt mit seiner ganzen hintern Seite fest, ist vorne wie ein halber Zirkel abgerundet und stumpf, auf der Oberfläche glatt, mehr oder weniger gelb. Auf der Unterseite zeigen sich rothe Lamellen. Er hat in Rücksicht seiner Gestalt sehr viel Aehnlichkeit mit dem vordern Theil einer Zunge, die queer abgeschnitten ist.

XII. — — — — brandgelber (Agaricus fulvus 373). Er wächst an Eichen oder andern faulen Holz, schuppenartig, ist

---

370) *Agaricus* (lateralis) substipitatus, pileo albido laevi, lamellis subsimplicibus pallidis, stipite laterali. *Huds* angl 2 624. *Timm*, megap. 1125. *Agaricus* (semipetiolatus) subacaulis, laevis albidus, lamellis simplicibus pallide fuscis. *Ligtf*. scot. 1013. *Amanita* semipetiolatus albidus, subtus terreus, *Hall* hist. 2337. Fungus parvus, lamellatus, pectunculi forma, alno adnascens. *Vaill* paris. 70 tab. 10. fig. 7.

371) *Agaricus* (alneus.) *Bulliard*, herb. tab 346 (exclusis synonymis.)

372) *Agaricus* (lingua) acaulis semicircularis, glaber, fulvus, lamellis purpureis. *Agaricum* squamosum, squamis parvis, superne fulvis et glabris inferne lamellis purpureis. *Mich*. gen. 123. tab. 65. fig. 3. *Agaricus* parvus sessilis, squamosus et semicircularis, superne fulvus et glaber. inferne purpureus. *Ged*. meth. fung 135, a

373) Agaricus (fulvus) acaulis coriaceus villosus albicans, lamellis fulvis. *J*[illegible] hal. 2, 1240. 9. 2. Agaricus (squamosus) laciniatus superne

ist oben haarig bis an den Rand hin, wo die Haare hervorstehen; die vordere Seite ist elliptisch; die Länge des Schwamms einen bis drey Zoll; die Substanz trocken und ziemlich hart; die Farbe bald weiß, bald ocherfarb oder braun. Die Lamellen sind brandgelb, auch zimmtfarben, und stehen nach keiner gewissen Ordnung

III. Blätterschwamm, zusammengewachsener (Agaricus cespitosus 374). Er wächst im Herbst an hohlen Buchenstämmen. Der Hut ist löffel- oder spatelförmig, gewölbt, mehr oder weniger gelb, auf der Oberfläche glatt, auch öfters rauh; die Lamellen sind erd- oder zimmtfarb. Die Substanz ist hart und trocken.

II. III. — — — — gebänderter (Agaricus fasciatus 375). Er wächst an alten verfaulten Bäumen. Die Substanz ist trocken lederartig, oder korkartig, von mäßiger Dicke. Die Oberfläche rauh weißgrau, ocherfarben, und mit Gürteln von verschiedener Farbe gebändert. Die untere Seite ist blaß ocherfarben. Die Lamellen sind hart, ästig und aderförmig in einander geschlungen. Der Schwamm wächst oft einzeln, und denn beschreibt er einen ganzen Zirkel, oder es sitzen verschiedene Zirkelstücke dachziegelförmig übereinander

II. III. — — — — Birken- (Agaricus betulinus 376). Er wächst im Winter und Frühjahr in dichten und feuchten Wäldern, auf alten Holz, auf alten Birkenstöcken. Der Obertheil des Schwamms besteht aus übereinander liegenden, mehr lang als breiten, nicht dichten, rundlich ausgeschweiften, korkartig holzigen, mit derben rauhen Filz überzogenen, braunen, dunkelbraunen, dunkelgoldgelben, hellgelben, rostfarben auch schwarzen streifigen, ringförmig gezeichneten Schuppen oder Stücken;

---

perne albus et villosus, inferne lamellis subrubentibus. *Timm.* flor. megap. prodr. 1128 Agaricus sessilis squamosus, laciniatus et villosus. *Gled.* meth. fung. 135. n. 32. Amanita sessilis siccus villosus, albicans lamellis fulvis. *Hall.* hist. 2332. Agaricus fulvus sericeus. *Vaill* paris tab 1. fig. 4. Agaricum squamosum et laciniatum, superne album et villosum, inferne lamellis subrubentibus. *Mich.* gen. 123 tab 65. fig 4.

374) Agaricus cespitosus) sordide luteus cochlearis seu spatulae forma glabrus glaber). *Timm* flor. megap. prodr 1129 Agaricum cespitosum, sordide luteum, Cochlearis seu spatulae forma glabrum (vel hirsutum). *Mich.* 123 n 19 20 tab. 65. fig 5 6 Agaricus (ochraceus var. β. *Wild* berol. 1095. Amanita semipetiolatus, albidus, subtus terreus *Hall.* hist. 2338?

375) Agaricus (fasciatus) coriaceus hirsutus, annulis diversi coloris distinctus Agaricus de St Clou. *Vaill.* paris. tab 1 fig 1 2. 3. Agaricus squamosus daedaleis sinubus minoribus. *Batt* fung hist. 72 tab. 38 G Amanita sessilis durissimus, lamellis cartilagineis imbricatis. *Hall* hist. 2330.

376) Agaricus (betulinus) acaulis coriaceus villosus margine obtuso, lamellis ramosis, Syst. veg. 976. Sp. pl. 1645. Fl. suec. 2, 1244.

Stücken; manchmahl ist der Hut so wie der vorige ganz zirkelförmig. Es kommt hier viel auf den Wohnplatz und das verschiedene Alter an. Die Lamellen sind dichtstehende scharfe manchmal zerstückte Blättchen von verschiedener Größe, weißgelblich, auch gelb. Wir wollen ihn (wahrscheinlich) als den Linnäischen annehmen.

I. Blätterschwamm, Eichen- (Agar. quercinus 377). Er wächst an alten Holzstämmen, besonders an Eichen, und braucht ihn zum Zunder. Der Hut ist korkig holzig, mehrere Zoll breit, flach und vollkommen halbzirkelrund, einige Linien dick, manchmahl auch irregulär. Die Oberfläche ist rauh, haarig, von verschiedener Farbe, meistens blaßbraun, auch weißlich, grünlich, etwas röthlich, aber allezeit mit erhobenen Ringen, von etwas verschiedener Farbe versehen. Die Blätter sind dick, knorplich, gewunden, ästig, dichtstehend und verschieden zusammen gewachsen, weißlich und bräunlich.

— — — — labyrinthförmiger (Agaricus labyrinthiformis 378). Er wächst auf alten Bäumen. Der ganze Schwamm ist oft mehrere Zoll dick, und mehrere Stücke wachsen übereinander, holzartig, zähe wie Kork; auf der Oberfläche gewölbt, uneben mehr oder weniger rauh, oft auch völlig glatt. Auf der untern Seite ist er eben so hart, und in seiner Substanz sind anstatt der Lamellen ineinander laufende Windungen oder schmahle labyrinthische Gänge eingegraben, die vollkommen so aussehen, wie die Vertiefungen an der Schaale eines Pfirsingkerns. Die Farbe ist gelblich röthlich, bräunlich, auch grauweiß. Man kann diesen Schwamm mit Recht als den unvollkommensten und letzten in der Reihe der Blätterschwämme betrachten.

Huds. angl. 2, 633. &c. Agaricus (flabelliformis). *Scop.* carn. 2, 1579. Amanita sessilis hirsutus fulvus, lamellis concoloribus. *Hall.* hist. 2331. Agaricus (hirsutus). *Schaeff* tab. 76. Agaricus (asserculorum). Pileo suberoso-lignoso, tomento denso hirsuto, brunneo, fusco-ferrugineo, nigroque fasciato; lamellis concoloribus, pallidioribus, acutis, crebris, alternis. *Batsch*, elench. 95.

377) Agaricus (quercinus). *Schaeff.* tab. 57. *Wild.* berol. 1089. *Batsch*, elench. 95 An *Linn.*?

378) Agaricus (labyrinthiformis) lignosus sessilis, sinubus daedalaeis excavatus. Agaricus (antiquus) acaulis, fuscus, lamellis pallidioribus labyrinthiformibus. *Wild.* berol. 1090. Agaricus (dubius) acaulis lignosus, totus quantus irregularis et deformis; substantia pilei aemula, nodosa; tuberculis variae magnitudinis, glabris, ochroleucis; substantia lamellarum aemula, sparsim interjacente, excavata, fusco-grisea; sinubus vario modo flexuosis, confluentibus inter se, majoribus et minoribus, ita ut laminae, si quae sint, labyrinthiformes dici debent. *Schaeff.* tab. 231. Agaricus sinubus daedalaeis excavatus nigricans. *Battar.* fung. hist. 72. tab. 38. *A—B.*

Nomenclator Fungorum.

Pars I.

Agarici.

Continuatio prima, indice locupletata.

Verzeichniß der Schwämme.

Erster Theil.

Blätterschwämme.

Erste Fortsetzung, nebst dreifachen Register.

Berlin, 1790.
bei Joachim Pauli, Buchhändler.

Blätterschwämme.

Erste Abtheilung.

Fleischschwämme.

I. Blätterschwamm, frühjähriger, (Agaricus vernalis *) Er wächst auch im Frühjahr und Herbst in England. Die Wurzel ist nach Hrn. Bolton stark knollig, schwammig, weiß, und mit einer zweilappigen Hülle umgeben; der volle Stiel ist öfters nur 3 bis 4 Zoll hoch; die weiße und sehr zarte Saamendecke erscheint wie ein feines Spinnengewebe, und zeigt sich nur eine kurze Zeit als Ring. Die größern Lamellen sind lanzettförmig und nicht an dem Stiel befestigt, kleinere stehen ohne Ordnung zwischen ihnen, weiß und zart. Der Huth ist anfangs Kugel= halbkugelförmig. Das Fleisch weiß, zerbröcklich. Eine Abänderung bemerkt Hr. Bolton, wo die Saamendecke fehlte, und der Stiel völlig mit losem wolligen Gewebe überkleidet war.

*) Agaricus (vernalis) stipitatus totus albus, stipite bulboso volvato, pileo hemisphaerico, splendente glutinoso, velo araneoso manente. *Bolton*, Fung. 2. Tab. 48. Ag. vernus Nomenclat. fung. n. 10. (citata a *Boltonio* figura *Schaefferi* 241 deleatur utpote aliena).

I. **Blätterschwamm, edler,** (Agaricus nobilis 379). Hr. Bolton hält diesen Schwamm verschieden von dem gewöhnlichen Mückenschwamm, und macht dabei eine eigene Bemerkung, die auch auf jenen passend ist. Ausser der gewöhnlichen Hülle und der Saamendecke bemerkte er eine zweite, die den ganz jungen runden Huth völlig überzieht, zerreißt, in kleinen Stücken, zum Theil auf der Oberfläche des Huths, zum Theil als Ring an dem Stiel zurückbleibt. Die Lamellen stehen in dreifacher Reihe, sind halbeyrund und nicht an dem Stiel befestigt.

I. — — — **warziger,** (Agaricus verrucosus 380). Er wächst als eine seltne Art in den Wäldern Englands, an Baumwurzeln. Der Huth ist kugelförmig, und so wie er aus der Hülle hervortritt, mit erhabenen Warzen bedeckt, die keine Ueberreste einer Hülle, sondern Erhöhungen von gleicher Substanz mit dem Huth, hart und fest sind, und auch mit dem Huth fortwachsen. Nur dann wenn letzterer seine völlige Größe erreicht, lassen sie sich abnehmen, und an ihrer Stelle einen blassen Fleck zurück. Die Farbe ist blässer mausefarb an den Warzen, als beim Huthe, der in das bräunliche und dunkle Mausefarbe spielt. Das Fleisch ist mürbe, weiß und beträchtlich häufig; die Lamellen stehen in dreifacher Ordnung, von ungleicher Länge, zahlreich, sind breit, weich, häutig

379) Agaricus (nobilis) pileo hemisphaerico amplo coccineo, cum fragmentis niveis eleganter ornato, volva duplici, radicali lobata persistente, pileana lacerata. *Bolton*, fung. 2. tab. 46. Nomenclat. fung. n. 2?

380) Agaricus (verrucosus) stipitatus, pileo convexo cinereo verrucoso; verrucis lamellisque albis, stipite basi bulboso. *Hudf.* angl. 2. 613. Bolt. fung. 2. tab. 47.

häutig und weiß. Die weiße, sanfte Saamendecke lößt sich völlig vom Huth und umgiebt den Stiel in Gestalt eines breiten Rings. Der Stiel ist voll, stark, walzenförmig, gerade, 4 bis 5 Zoll hoch, nach unten zu etwas dicker, knollenförmig, vorzüglich bei jüngern Schwämmen, mit einer weißen, bleibenden, lappigen Hülle, die unten einige Fasern von sich treibt, umgeben. Von dem Agaricus margarit. unterscheidet er sich durch größere Warzen, die bei jenem nur Perlgraupen ähnlich sind, und durch seine vollkommenere Hülle, auch durch seine Farbe.

I. **Blätterschwamm, küßenförmiger** (Agaricus pulvinatus 381). Er wächst im September in den Wäldern Englands an dichten, schattigen Plätzen. Zunächst schließt er sich an den Agaricus volvac. Bull. an. Sein Huth ist anfangs kugelrund und klebrig, nach und nach wird er schellenförmig, oder halbkugelrund, trocken; der Rand ist gleich und deutlich gestreift; die Oberfläche gemischt bräunlich, mausefarb, innen weiß und schwammicht. Das Auszeichnende geben die Lamellen, die in dreifacher Ordnung und in gleicher Höhe wie abgeschnitten stehen; die erste Reihe endigt sich an ihrer Basis in einer Spitze und ist nicht an dem Stiel befestigt, die zweite und dritte ist in gerader Linie schief abgestuzt, so daß diese Lamellen das Ansehen eines verschobenen Viereckes erhalten. Der Stiel ist voll, gerade aufgerichtet, rund, dunkelgrau; anfangs dick und stark, so wie er sich

 aber

381) Agaricus (pulvinatus) stipitatus, pileo pulvinato subviscido, margine integro striato, lamellis minoribus basi truncatis, volva lata, lobata permanente, velo nullo. *Bolt.* fung. 2. tab. 49.

aber verlängert, wird er auch schmäler; ohne Saamendecke und Ring; an der Wurzel knollig und stärker, mit einer bleibenden, zerlappten, grauen Hülle und einigen Wurzelfasern versehen.

II. **Blätterschwamm, gummiguttfarbiger** (Agaricus gummigutta 382). Er wächst im August in England. Der Huth ist konisch, an der Spitze abgestumpft oder abgerundet, anfangs in eine zarte Hülle oder Haut eingewickelt, die ihn alleine, ohne den Stiel umkleidet, und beim Zerreissen in kleinen Stückchen oder Fleckchen auf der ganzen Oberfläche zurückbleibt; der Rand ist ungleich und wellenförmig ausgeschweift, zulezt erscheint er auch gestreift. Nur eine Reihe zahlreicher, lanzettförmiger, an den Stiel nicht befestigter, sehr zarter Lamellen; eine feine Saamenhaut bedeckt sie im jungen Schwamm, und bleibt als Ring am Stiel noch einige Zeit sichtbar. Der Stiel ist an seiner mehrern Schwämmen gemeinmeinschaftlichen Wurzel unförmlich, und mit vielen bräunlichen, zusammengefilzten, weichen Fasern besezt, einzeln, unten dick und knollig, nach oben allmählig schmäler und dünner. Die Farbe des ganzen Schwammes ist hell gummiguttgelb; die Substanz mehr trocken und leicht.

III. — — — **beschuhter** (Agaricus calceatus 383). Er wächst in den Wäldern Englands. Der Stiel ist

382) Agaricus (luteus) totus luteus, stipite subbulboso annulato, pileo obtuso conico piloso squamoso, velo araneoso, substantia sicca. *Bolt.* fung. 2. tab. 50.

383) Agaricus (croceus) stipitatus luteus, stipitis parte inferiore et pileo conico villosis, lamellis albis numerosis densis. *Bolt.* fung. 2. tab. 51. fig. 2.

ist rund, aufrechtstehend, voll, ohngefehr 3 Zoll hoch, der größte Theil aber, so wie anfangs der ganze Schwamm, ist mit einer genau anliegenden, faserichten Hülle, von blasser Safranfarbe überzogen, ohne aber die Wurzel, wie sonst bei andern Hüllen zu geschehen pflegt, in sich zu fassen; er steckt in einer solchen Hülle bis über die Hälfte. Wenn der Huthrand größer wird, so zerreißt die Hülle, und läßt auf die Art nur den obern nachwachsenden Theil des Stiels frei, der glatt und von blaßgelber Farbe ist. Die Lamellen sind weiß, zahlreich und von dreifacher Ordnung. Der Huth ist nur etwas über einen Zoll breit und filzig, innen fleischicht.

I. II. **Blätterschwamm, eßbarer** (Agaricus campestris *). Bolton beschreibt den seinigen als glatt und lichtbraun, im Alter aber dunkelbraun; die Lamellen stehen in drei Reihen, nach dem Stiel hin sind sie stumpfspitzig und anfangs rosenroth; die Saamendecke ist faserig, oder wollicht, weiß, zerreißt und verschwindet sehr bald. Der Stiel ist unten mit kurzen braunen Wurzeln besezt. Der Huth verwelkt zulezt und fällt ab.

I. — — — **veilchenblauer** (Agaricus violaceus. *). Diese von Bolton beschriebene Spielart weicht von der gewöhnlichen Art etwas ab. Der Huth ist glatt, die Lamellen sind violettblau, und stehen in dreifacher Ordnung. Der ganze Schwamm löst sich zulezt in eine stinkende braune Masse auf.

*) Agaricus (campestris) *Bolt.* fung. 2. tab. 45. Nomenclat. n. 28.

*) Agaricus (violaceus) *Bolt.* fung. 2. tab. 52. Nomenclat. n. 47.

II. **Blätterschwamm, aufsteigender** (Agaricus adscendens 384). Er wächst einzeln auf ebener Erde, in Wäldern, im September und Oktober. Der Huth ist durchaus gewölbt, am Rande einwärts gebogen, glatt und völlig ganz; ein wenig über den Rand, an dem erhabensten Theil des Huthes, ist er rund herum mit einem sammetartigen Streifen von lichterer Farbe eingefaßt, der nach Verhältniß des Huthes in der Breite eines Viertelzolls, oder auch breiter bemerkt wird. Gegen die Mitte hin ist der Huth glatt und glänzend; die Substanz selbst fest, trocken und käsig oder bröcklig; die Farbe röthlichbraun. Die zahlreichen Lamellen sind in dreifacher Ordnung gestellt, die erstern laufen an den Stiel herab und sind an ihrem Ende zugespizt, übrigens häutig, trocken und blaßbraun. Der Stiel ist fest und hart, von bräunlicher Tobaksfarbe, ohngefähr 3 Zoll lang, anfangs wagerecht, allmählig aufwärts steigend, an der Wurzel mit einigen Fasern besezt. Das Auszeichnende an diesem Schwamm ist, das sammetähnliche Band um den Huth, der aufwärts gebogene Stiel, und die trockne, milchlose Substanz.

II. III. **Blätterschwamm, rothgelber** (Agaricus carneo-fulvosus 385). Er wächst im September und Oktober auf trocknen Viehweiden. Der Huth ist anfangs kugelförmig, halbrund, zulezt flach und wagerecht, nicht selten am Rande zurückgerollt, so daß

384) Agaricus (adscendens) stipitatus, pileo convexo, margine involuto, lamellis trifidis decurrentibus, stipite adscendente. *Bolt.* fung. 2. tab. 55.

385) Agaricus (fulvosus) stipitatus pileo convexo fulvo glabro, lamellis trifidis remotis crassis decurrentibus, stipite solido basi acuminato. *Bolt.* fung. 2. tab. 64.

daß die runden Endungen der Lamellen hervorstehen Anfänglich zeigt sich der Huth rothbraun, der aber mit seiner Ausdehnung immer mehr abbleicht; die Oberfläche ist glatt und seidenartig. Die Lamellen stehen in dreifacher Ordnung sehr von einander entfernt, an den Stiel verwachsen sie mit ihrem breiten herablaufenden Ende, am Rande sind sie gebogen, ihre Farbe ist blaß oder fleischfarbröthlich. Der Stiel ist rund, gerade, fest und stark, innen fein, zaserig, unten zugespizt, öfters an der Wurzel mit wenigen Fasern und einen feinen, schimmelartigen Gewebe, vielleicht den Ueberresten einer Hülle umkleidet. Die Farbe ist blässer als bei dem Huthe.

II. **Blätterschwamm, messingfarbiger** (Agaricus orichalceus 386). Er wächst im September in Forsten. Der Huth ist weich, im senkrechten Durchschnitt ein breiter, umgekehrter Kegel, der nicht mit dem Stiele zusammenfließt, auf der obern Fläche gepolstert, klebrig und in der Mitte stark rostbraun gefärbt ist, welche Farbe sich nach und nach gegen den Rand verliert. Der Stiel ist glatt, seidenartig, mit einem scharfgerandeten Knollen, der nur mit der untern Hälfte in der Erde steckt. Die Farbe des Huthes und Stieles ist blaß schwefelgelb, und neigt sich nur um ein weniges ins Grünliche. Der Ring zerreißt in lauter spinnenwebartige Fasern, die neben einander am Stiele herablaufen, hin und wieder zusammenfließen, und den Stiel mit einem rostbraunen

386) Agaricus (orichalceus) bulbosus, lividus, flavens, pallidissime virens, pileo viscido, medio ferrugineo, stipite acute bulboso, solum flavente, annulo araneoso, una cum lamellis elongatis ferrugineo. *Batsch.* elench. cont secunda, fig. 184.

Pulver verunreinigen. Die Lamellen sind schlaff, verlängert, etwas breit, hinten abgestumpft, unten geradlinig, erdfarbig, rostbraun und wechseln in doppelter oder dreifacher Ordnung ab. Der größern sind etwa 90. Das Wesen ist im Huth und Knollen markig und locker, im Stiele aber faserig und von blaßschwefelgelber Farbe; unter dem Huthe und in der Rinde des Stiels ist die Farbe stärker, im Knollen fällt sie ins Bräunliche, über den Blättchen, in der untern Rinde des Huthes, ist sie olivengrün, auch ist die Substanz daselbst mehr wässerig. Der Geruch des Schwamms ist, wie bei noch andern Arten, norkotisch, und nimmt den Kopf ein.

III. **Blätterschwamm; olivenbrauner** (Agaricus olivaceo-brunneus 387). Er wächst im Oktober auf der Erde, zwischen Laubholz. Der Huth ist weich, und besteht in der Mitte aus dem in seine Erhöhung verdickten Stiele, welche Erhöhung sich schnell in den bogig herabhängenden Rand verdünnt. Die Oberfläche ist glatt, fast glänzend und etwas klebrig; sie hat gleichsam einen verblichenen Messing- oder Metallglanz. An einem Schwamm bemerkte Herr Prof. **Batsch** am Huthrande Punkte, auf der Mitte einige weiße Sternchen, wie Anfänge von Flechten. Die Farbe des Huths ist eigentlich grau olivengrün und schielt zugleich etwas ins Rostfarbne. Der Ring ist spinnenwebartig und von tiefbrauner Farbe, seine Fasern laufen in der Mitte des Stiels zusam-

387) Agaricus (olivascens) bulbosus, lividus, cinereo-olivascens, pileo subviscido, umbonato, obscuriore; stipite magis cinerascente, basi libere bulbosa, graciliore; annulo araneoso una cum lamellis dilatatis brunneo. *Batsch.* elench. cont. 2. p. 3. fig. 185.

zusammen. Die Lamellen sind breit, die kleinern unten bogig, gerundet, die größern hingegen geradelinig oder horizontal, und am Hinterende, wo sie an den Stiel angefügt sind, mit einem kleinen Ausschnitt versehen. Sie stehen in drei und vierfacher Ordnung, die Anzahl der größern beläuft sich auf 50 — 60, ihre Farbe ist tiefbraun, etwas olivenfarben, und am Rande der Blättchen rostbraun. Der Stiel ist zwar stark, doch immer schlanker, als bei den verwandten Arten; er breitet sich oben in die dicke Erhabenheit des Huthes, unten aber in den freistehenden, nicht allzudicken und mehr länglichen Knollen aus. Die Oberfläche ist seidenartig, faserig, eisgrau, nur höchst wenig ins Olivenfarbne spielend, und unten etwas gelblich. Das Wesen im Huth und Knollen ist derb, weiß, etwas nußfarbig, im Stiele faserig, und wenn derselbe zerschnitten worden, anfänglich nur in der Rinde, zulezt aber durchaus von einer unscheinbaren, etwas grünlichen Färbung.

II. **Blätterschwamm, rostbräunlicher** (Agaricus subferrugineus 388). Er wächst im September in Wäldern, und scheint eine Spielart des **messingfarbigen** Blätterschwamms zu seyn. Der Huth ist gepolstert, weich, ganz stumpf gebildet, etwas feucht, und nur an den mehr trocknen Stellen grau und faserig gestrichelt. Das Wesen des Huthes wird vom Stiele gegen den Rand fast gleichförmig verdünnt. Die Lamellen sind schlaff, länglich und haben unten einen bogig erhobenen Rand, die größern sind nahe am

388) Agaricus (subferrugineus) bulbosus lividus, brunneocanus, stipite crasso bulboso, fere toto in pileum diffluente, laminis oblongis, parvis, ferrugineis, stipite pileoque fibrosis. *Batsch.* elench. cont. 2. p. 7. fig. 186.

am Stiele stumpf gestuzt, laufen aber hinter dieser Abstumpfung mit einem schmalen und weißlichern Anhange am Stiele herunter. Die Lamellen stehen in dreifacher Ordnung, und haben eine gleiche, rostbraune Farbe. Der größern sind etwa 60. Der Stiel hat eine trokne und mehr eisgraue Oberfläche, ist aufgeschwollen und verliert sich fast ganz in einen dicken und freistehenden, unten etwas bräunlichen Knollen. Ganz oben laufen jene scharfen Streifen von den innern Enden der Lamellen an ihm herab. Das Wesen ist von blasser Farbe, weiß und etwas rostbräunlich, in der Luft wird es zulezt mehr graubraun. Im Stiele und Knollen ist es faserig, und meist von Maden durchfressen.

II. **Blätterschwamm, braunrandiger** (Agaricus marginalis 389). Er wächst im September in Hölzern und kann leicht mit dem vorigen verwechselt werden. Der Huth besteht fast ganz aus dem ausgebreiteten Stiel, wird nur am Rande etwas verdünnt, ist übrigens erhaben gepolstert, und hat eine zartlederige, glatte, fast glänzende Oberfläche, von einer unscheinbaren weißlichen Farbe, welche mit undeutlichen rostbraunen Farben bedeckt ist, die hin und wieder in schuppenförmige Häutchen zusammenfließen, und auf der Mitte des Huthes dunkler gefärbt sind. Die Lamellen sind gegen den Huth schmal, unten geradelinig, die größern sind am Hinterende etwas schief abgeschnitten, die kleinern mehr gerade gestuzt. Ihre Farbe ist ocherartig, aber gegen den mehr rostbrau-

389) Agaricus (ferruginascens) stipite sericeo fibroso, albo, bulbo obtuso, annulo araneoso ferrugineo-brunneo, pileo pulvinato crasso, glabro, albente, subferrugineo, laminis angustis ochraceis, margine fuscescentibus. *Batsch.* elench. cont. 2. p. 9. fig. 187.

braunen Rand der Lamellen laufen parallele neblichte, dunkle, und feuchtere Flecken herab. Der Stiel ist glanzlos, fast bereift und schneeweiß; seine Oberfläche ist seidenartig, gestrichelt, der Knollen am Unterende halb in die Erde gesenkt, aber nicht scharfrandig, die tiefbraun rostfarbigen Fasern, welche im obern Theil des Stiels einen lockern gefranzten Ring bilden, sind reifartig über den Stiel zerstreut, und verunreinigen ihn gleichsam, so wie auch Spuren von ihnen am Rande des Huths zu sehen sind. Das Wesen ist weiß, läuft aber in der Luft etwas bräunlich an, und ist bloß im Stiele, besonders in der Rinde desselben, faserig.

II. Blätterschwamm, erhöhter (Agaricus elatus 390). Er wächst zu Ende Septembers in Kieferwäldern. Der Huth ist weiß, ocherartig fleischfarben, ungleich am Rande aufwärts gebogen und auf der Oberfläche zartlederig. Er nimmt vom Stiele gegen den Rand an Dicke gleichförmig ab, und ob er gleich nur auf erstern aufgesezt ist, so fließt er doch gelinde mit ihm zusammen. Die Lamellen sind dunkler, als die andern Theile des Schwamms, sonst aber blaß rostfarbig, rothbraun, länglich, fast lanzenförmig, unten sanft bogig, gegen den Huthrand verschmälert, gegen den Stiel zu abgestumpft, die größten ausgenommen, als welche mit einem schmalen Anhange am obern Theil des Stiels herablaufen; sie stehen in vierfacher Ordnung, die Ränder sind weißlich bereift. Der

390) Agaricus (elatus) stipite torto, sericeo-fibroso, albo, valde elongato; pileo angusto, ochraceo-carneo, teneriore, lamellis ferrugineo-fulvellis. *Batsch.* elench. cont. 2. p. 11. fig. 188.

Der Stiel ist stärker als der Huth, und verhältnißmäßig sehr verlängert, seidenartig, gestrichelt, mehr oder weniger gebogen und gedreht, und am rundlichen Unterende kaum in einen merklichen Knollen verdickt. Seine Dicke ist übrigens auch in der ganzen Länge gleich. Das Wesen ist mehrentheils von Maden zerfressen, übrigens dicht, im Innern des Stieles aus dicken Faserbündeln zusammengesezt und blaß ocherfarben. Der ganze Schwamm ist von einer gewundenen und unregelmäßigen Bildung.

III. **Blätterschwamm, kräuselförmiger** (Agaricus fusus 391). Er wächst im September in Kieferwäldern. Der Huth ist sehr verschieden geformt, entsteht zwar aus dem verdikten Stiel, wird aber doch schon von der Mitte gegen den Rand verdünnt. Die Oberfläche ist glatt, zartlederig, etwas klebrig, flachrissig, dunkler gefärbt, beinah braunroth, wo sie noch feucht ist; und dunkler in einigen am Rande hinlaufenden Binden. Wenn der Schwamm trocken wird, so bekommen die Erhabenheiten zwischen den Rissen eine Ocherfarbe, ja sie werden zulezt undurchsichtiger, weißlich und bei der größten Trockenheit wie mit einem Filze überzogen. Die Lamellen sind von mittelmäßiger Breite und von blasser Farbe; sie stehen in dreifacher Ordnung, die kleinen sind kurz, länglich, hinten stumpf; die längern, deren Anzahl sich etwa auf 50 erstreckt, sind unten sanft ausgeschweift und legen sich an den Stiel an Der Stiel wird schon in der Mitte seiner Länge, nach oben verdikt,

591) Agaricus (fusus) testaceus, stipite sursum incrassato, sericeo-fibroso, pileo rimoso, glabro, demum siccitate ochraceo, laminis pallidis concoloribus. *Batsch*, elench. cont. 2. p. 13. fig. 189.

dikt, ist zwar feucht, doch undurchsichtig, und auf der Oberfläche mit Fasern gestrichelt, die am obern trockneren Theil des Stiels deutlicher in die Augen fallen. Das Wesen ist topffarbig, etwas fleischfarben, blaß, in der Rinde des Stiels und über den Lamellen feucht und etwas dunkler, im Grunde des Stiels braunröther, in seiner Mitte lockerer und gelinde ausgehölt.

IV. Blätterschwamm, kleinschildriger (Agaricus peltigerus 392). Er ist mit dem kleinhüthigen (p. 90. 91.) grauen oder gelben Blätterschwamm sehr verwandt, weicht aber in der Färbung des Huthes und seiner Substanz von jenem etwas ab. Der Huth ist verschieden gebildet, derb, stark, glanzlos, blaß topffarbig, oder braunröthlich fleischfarben, mit einem dicht eingerollten weißen Rande. Das Wesen entsteht zwar von einer Ausbreitung des Stiels, wird aber bald gegen den Rand verdünnt. Die Lamellen sind nicht zahlreich, und wechseln unordentlich ab, ob sie schon sehr dicht an einander stehen. Die größern, welche etwas ausgeschweift sind, fließen mit dem Hinterende mit dem Stiel zusammen. Der Stiel hat ebenfalls keine gleiche Bildung, ist seidenartig gestrichelt, hellweiß und erweitert sich erst, nachdem sich die Lamellen an ihn angefügt haben, in den Huth. Das Wesen ist derb, gleichförmig, und durchaus von hellweiser Farbe.

III.

392) Agaricus (peltigerus) parvus, stipite sericeo-fibroso niveo, pileo pallidissime testaceo, margine involuto albo, lamellis pallidissime carneis angustis. *Batsch*, elench. cont. 2. p. 17. fig. 190.

III. Blätterschwamm, feinschuppiger (Agaricus subsquamulosus 393). Er wächst im September in jungen Schlägen. Der Huth ist runderhaben schlaff, am Rande sanft umgebogen, scharf und etwas ungleich. Die etwas flockigen Fasern gehen strahlend von der Mitte des Huths gegen den Rand. Sein Wesen wird schon von der Mitte gegen den scharfen Rand verdünnt und fließt sehr sanft mit dem Stiel zusammen. Die Lamellen sind etwas breit, schlaff, länglich, unten bogig gerändert, und in dreifacher Ordnung gestellt, wovon die 50 — 60 größten gegen den Stiel zu, an welchen sie anwachsen, gelinde ausgeschweift sind. Der Rand der Lamellen hat einen ocherfarbnen Reif. Der Stiel ist stark, etwas verlängert, mit einem leichten Bogen aufsteigend und an dem etwas schiefstehenden Grunde ein wenig knollig. Die Fasern des Stiels liegen dicht angedrückt, und sind nicht flockicht. Der Knollen ist mit einem weichen, wolligen, hellweißen Filze überzogen, welcher glatt anliegt, oberwärts sich nach und nach verliert, unten aber wie ein Ey den Knollen, mit dem er nicht zusammenhängt, umgiebt, und sich mit der dichten, doch spinnenwebartigen, zertheilten, in der Erde liegenden Wurzel vereinigt. Die Oberfläche des ganzen Schwamms ist trocken, faserig, filzig, und unterscheidet sich nicht nur in Ansehung der Fasern, sondern auch der Farbe in Huth und Stiel, indem diese bei ersterem mehr rostbräunlich, bei leztern an seinem obern Theile mehr ocherartig ist. Das Wesen

393) Agaricus (subsquamulosus) ferrugineo - canus, stipite subelongato, solum inferne subbulboso et niveo, reliquum una cum pileo sericeo - fibroso, et ferrugineo - cano, lamellis ferrugineo - fuscis. *Batsch*, elench. cont. 2. p. 19. fig. 191.

sen ist derb, blaß schwefelgelb, im ganzen Stiele faserig, und im Knollen weißlich.

III. **Blätterschwamm, überfirnißter** (Agaricus illitus 394). Er wächst im Oktober in erhabenen dürren und troknen Gegenden. Der Huth ist im Verhältniß gegen den Stiel, dünn, verschieden gebildet, schlaff, unregelmäßig, und auf der troknen Oberfläche glänzend glatt. Die jüngern Schwämme haben nur eine neblichte Färbung, die ältern sind mit schwarzbraunen zusammenfließenden, von der Mitte strahlig ausgehenden Strichen überzogen, und auf der überhaupt grau olivenfarbnen Fläche dunkler schattirt. Wenn der Schwamm eintroknet, wird die Farbe mehr schwärzlich, und neigt sich zugleich ins Rostbraune. Die Lamellen sind blaß, von einer graulich ocherartigen, oder weißen unscheinbar grünlichen Färbung, leicht gefaltet, und an den erhabenen ungleichen Rändern feuchter und dunkler. Sie stehen in doppelter und dreifacher, aber weniger strengen Ordnung. Der größern, welche sich an den Stiel anfügen, sind etwa 50 vorhanden. Der Stiel hat eine glanzlose, aber nicht bereifte, sondern faserige Oberfläche und eine hellweiße, ins Olivengrüne schielende, Farbe. Das Wesen ist derb, hellweiß, und im ganzen Stiel faserig. Der Schwamm zeichnet sich übrigens sowohl durch seine Form als glänzend glatte Oberfläche aus.

II.

394) Agaricus (nitens) pileo cano-olivaceo, fibrilloso, glabro nitente, stipite fibroso, brevi, niveo, lamellis latis, laxis, pallidis, lenissime olivaceo-livescentibus. *Batsch*, elench. cont. 2. p. 21. fig. 192.

II. **Blätterschwamm, nebelgrauer** (Agaricus nebularis 395). Er wächst im Oktober in Fichtenwäldern. Der Huth ist dick gepolstert, auf den Stiel aufgesezt, bloß am äußersten Rande eingerollt, und zugleich verdünnt. Die Oberfläche ist zartlederig glatt, glanzlos, trocken, zart bereift, und wie verschiedene andere Schwämme, mit dunklern, herablaufenden, schiefverbundenen und haarfeinen Strichen überzogen. Die Lamellen sind verlängert, ihr unterer Rand ist etwas nachläßig geradlinig, sie stehen in dreifacher Ordnung, die äußersten am Rande stehenden sind länglich und sehr klein, die mittlern verlängert, hinten abgestumpft, die größern aber gehen bis zum Stiele und fügen sich mit einem etwas bogigen Hinterende an selbigen an. Der Stiel ist faserig und von den hin und wieder abgesonderten, aufrechtstehenden oder zurückgerollten Faserspitzen rauh; der Grund wird mit einer zarten, weißen Wolle überzogen, welche mit Nadeln, Mooßen und Nußschaalen verwachsen ist. Das Wesen des ganzen Schwamms ist hellweiß, derb, aus undeutlichen Faserbündeln zusammengesezt, die in dem weichen und lockern Stiele sichtbar werden. In der Rinde des Stiels und ihrer über den Lamellen weggehenden Fortsetzung ist es dunkler gefärbt. Die Farbe des ganzen Schwamms fällt in ein graues Braun.

II.

395) Agaricus (nebularis) griseus pileo alutaceo, obscuriore, glabro, margine involuto, stipite pallidiore, fibroso-hispido, basi albo-tomentosa, laminis erga cr. ssum stipitem pileumque angustis, pallidis, livido-ochraceis. *Batsch*, elench. 2. p. 25. fig. 193.

II. III. Blätterschwamm, handschuhledriger (Agaricus subalutaceus 396). Er wächst im September in Nadelhölzern. Der Huth hat eine Oberfläche, die gleichsam durch die anfangende Trockenheit weiß, zartlederig und glatt, und wo sie trockner ist, hellweiß und undurchsichtig wird. Mehrentheils ist der Huth bei erwachsenen, selten bei jüngern und kleinen Schwämmen mit leichten Runzeln versehen, welche ästig zusammenhängen, um die Mitte gehende wollige Kreise bilden, feucht und daher etwas dunkler sind. Die Bildung des Huthes ist ungleich, er hat eine schlaffe und schiefe Richtung, und ist in der Mitte niedergedrükt. Die Lamellen sind länglich, gegen den Huthrand zu spitzig, hinten breiter und bogig abgestumpft. Sie stehen in vierfacher Ordnung. Die längsten, welche am weitesten gegen den Stiel sich verlängern, belaufen sich ohngefähr auf 40 — 45. Bei den größern Schwämmen hängen die Lamellen zuweilen durch seitwärts gehende Falten, oder durch solche Runzeln auf der Unterfläche des Huthes zusammen. Der Stiel ist auch verschieden gebildet, feucht, glanzlos, fleischfarben braunröthlich, blaß, oben mit einem weißlichen Filze bedekt, und in den Huth, welcher erst am Rande dünner wird, ausgebreitet. Das Wesen ist weiß, fleischfarbig ins Braunröthliche fallend; eben so ist auch die Rinde gefärbt, die gleichfalls trokner ist, zwischen ihr aber und der Mitte liegt eine feuchtere und dunklere Schicht.

396) Agaricus (subalutaceus) pileo alutaceo livescente-albo, pallidissime carneo, margine involuto; stipite in pileum diffuso, albo-tomentoso vel floccoso, et lamellis paulo magis carneo-rubellis. *Batsch*, elench. cont. 2. fig. 194. p. 27.

II. Blätterschwamm, ziegelröthlicher (Agaricus laterinus 397). Er wächst im September unter Kieferbäumen. Der Huth hat eine undurchsichtige, feine zartlederige, etwas klebrige Oberfläche, die beim Trocknen eine röthere Farbe erhält. Der dickgepolsterte Huth ist kaum am äußersten Rand verdünnt, und daselbst eingerollt. Die Lamellen sind schlaff, im Verhältniß gegen die Stärke des Huthes schmahl, unten geradlinig, hinten abgestumpft und breiter; sie wechseln unordentlich in der Länge ab, haben dunkle Flecken, und ungleiche gekerbte, etwas weißere Ränder. Von den größern, welche blos an den Huth angewachsen sind, zählt man etwa 60 — 80. Der Stiel hat eine verschiedene Bildung, ist am Grunde oft verdikt, die Oberfläche ist undurchsichtig und glanzlos, mit häufigen, lockern, zerschlizten und zurückgerollten Flocken bestreut. Der Stiel unterstüzt den Huth und fließt nur sanft mit ihm zusammen.

II. III. — — — mißfarbiger (Agaricus discors 398). Er wächst im September in jungen Schlägen. Der Huth besteht in der Mitte blos aus dem in die Erhabenheit verlängerten Ende des Stiels, und hat daselbst einige Stärke nach den Seiten, welche schiefbauchig herabhangen, er ist schnell verdünnt, und wird

397) Agaricus (laterinus) pileo lateritio-carneo, pulvinato, farto subviscido, stipite concolore pallidiore, floccoso-aspero, laminis fulvellis angustis. *Batsch*, elench. cont. 2. p. 29. fig. 195.

398) Agaricus (discors) albus, stipite valido, subelongato, inferne floccis longitudinalibus, superne transversis ex asperato, nitoris experte, pileo umbonato, deflexo, teneriore, sublivescente, subviscido, laminis albis, stipite annexis. *Batsch*, elench. cont. 2. p. 31. fig. 196

wird von der Mitte gegen den Rand immer gleichförmig zarter. Die Oberfläche ist etwas klebrig, und gleichsam mit einer zarten, glatten Haut überzogen. Die Farbe geht aus dem Weißen etwas ins Olivengraue, auf der Erhöhung ist sie gelblich. Der Rand ist scharf und nicht eingerollt. Die am Stiele etwas breiten Lamellen werden gegen den Rand des Huthes in spitzige Enden verengert; die größern haben einen sanft ausgehöhlten Unterrand, die kleinern sind länglicht, und an beiden Enden zugespizt; sie wechseln in drei verschiedenen Längen ab. Der Stiel ist im Verhältniß stärker als der Huth, gleichbreit, am Grunde kaum etwas verdikt; auf der untern größern Hälfte ist er mit Erhabenheiten besezt, die der Länge nach stehen, und an ziemlich gleichen Entfernungen abwechseln; auf dem obern Theile stehen ähnliche, welche kleiner, gedrängter, und mehr zurückgerollt sind. Beide Arten der Hervorragungen sind auf der Oberfläche des Stiels befestigt, rauh und markig. Das Wesen des ganzen Stiels ist blaß gelblich olivenfarben, locker, aus wolligen Faserbündeln zusammengesezt und in der Rinde nur etwas dichter. Im Huth ist das Wesen derb und weiß.

I. II. **Blätterschwamm, alternder** (Agaricus senescens 399). Er wächst im September und zu Anfang Oktobers in Kieferwäldern. Der Huth ist bei jüngern Schwämmen mehr ocherartig fleischfarben, sanft ins Rostbraune spielend, etwas klebrig, hat steife Ober-

399) Agaricus (senescens) ochraceo-ferrugineus, subvulvellus, mutabilis; stipite subbulboso, obscuriore, floccis pallidis transverse seriatis squamoso, subudo, pileo vario, flaventiore, viscido, laminis latis pallidis, ferrugineo-fulvellis. *Batsch*, elench. cont. 2. p. 35. fig. 197.

Oberflächen und Ränder, und ist überall rund erhaben gepolstert. Bei erwachsenen Schwämmen ist er weicher, von Klebrigkeit ganz naß, rostfarbig, hochgelb und zuweilen am Rande mit häufigen Falten gekraußt. Die Masse des Huthes steht bloß auf dem Stiel und fließt kaum mit ihm zusammen; in der Mitte ist sie verdikt, von wo sie gegen den Rand zu immer dünner wird, ob sie gleich immer noch einige Stärke behält. Die Lamellen sind schlaff, länglich, an beiden Enden gerundet, am innern fast abgestumpft. Die größern erreichen kaum den Stiel selbst. Die Farbe ist blaß tiefbraun, etwas rostfarbig, die Ränder sind ungleich und mit einem weißen Reif versehen. Die Länge der Lamellen ist vierfach verschieden. Der Stiel hat bei jüngern Schwämmen mehr eine Fleischfarbe, die etwas ins Braunrothe fällt, und eine Oberfläche, die so wie das Wesen von einer trocknern Beschaffenheit ist. Die flockigen Schuppen haben die Farbe des Stiels, sind größer als nachher, locker und zurückgebogen. Aeltere Schwämme haben Stiele, welche unten feucht und schwärzlich rothbraun, oben schwarzbraun, undurchsichtiger, trokner, und daselbst mit schuppigen, ocherartig mißfarbnen Flokken bestreut sind. Das Wesen ist ocherfarben, wird aber zulezt in der Luft etwas hochgelb rostfarbig; im Huthe ist es zartlederig oder korkig fleischig, im Stiele hingegen ist es faserig, und an der Rinde desselben, die auch über die Lamellen auf der Unterfläche des Huthes fortgehet, ist es dunkler gefärbt.

II. **Blätterschwamm, blaßtopffarbiger** (Agaricus subtestaceus 400). Er wächst zu Anfange des Oktobers

400) Agaricus (subtestaceus) ochraceo-carneus, nitoris expers, stipite basi subbulboso, toto floccoso-hirto, pileo glabro, subviscoso, laminis pallidis, brunneo fulvellis. *Batsch*, elench. cont. 2. p. 39. fig. 198.

bers in Kieferwäldern. Der Huth ist runderhaben, kappen- oder kegelförmig, von sehr verschiedener Bildung, an sich zwar stark, aber gleichförmig von der Mitte gegen den scharfen Rand verdünnt. Er ist blos auf den Stiel aufgesezt, seine ganze Oberfläche ist klebrig feucht, nur wie beduftet, und der Rand ist etwas weißlicher. Die Lamellen sind ocherartig bräunlich und braunröthlich, etwas ins Tiefbraune fallend, länglich, an beiden Enden spitzig, an beiden Rändern erhaben, etwas breit, und blos an dem Huth befestigt. Sie wechseln in dreifacher Ordnung mit einander ab, der größern finden sich ungefähr 60. Der Stiel ist mehr oder weniger knollig und verlängert, undurchsichtig, trocken und durch Flocken rauh gemacht, welche etwas zurückgerollt sind, oben näher bei einander stehen, und, nebst dem obern Theile des Stiels daselbst, unter dem Huthe weiß sind. Inwendig ist der Stiel von seiner Mitte aufwärts immer mehr ausgehöhlt, und oben hängt vom Fleische des Huths ein Fasernbündel in diese Höhle herab. Das Wesen ist im ganzen Schwamm gleichförmig, weiß, vorzüglich im Knollen und Huthe dicht, im Stiele faserig, und in dessen Rinde von der äußern Farbe des Schwamms durchdrungen. Das Ansehen des ganzen Schwamms ist ungemein einfärbig, unscheinbar und roh.

III. **Blätterschwamm, gewölbter** (Agaricus umbonatus 401). Er wächst im Oktober in Kieferwäldern. Der

401) Agaricus (clavus) stipite elongato, ochraceo-carneo, flocculoso-furfuraceo, pileo conico-pulvinato, farto, carneo lateritio, subunctuoso, lamellis angustis, stipiti concoloribus, pileo propriis. *Batsch*, elench. cont. 2. p. 41. fig. 199.

Der Huth besteht fast blos aus einer Erhabenheit, die mit einem schmahlen, stumpfen und etwas flachern Rand umgeben ist. Der Huth ist ganz derb und fleischig, stumpfkegelförmig, und unten mit einer geraden oder etwas ausgehöhlten Fläche, an welcher sich die Lamellen anheften, auf dem Stiele befestigt. Blos am äußersten umgerollten Rande nimmt seine Dicke auf einmal ab. Die Oberfläche ist etwas knorplig, bei jüngern Schwämmen trocken, bei ältern fettig. Die Farbe ist eine gesättigte ocherartige Fleischfarbe, die ins Ziegelrothe übergeht, die troknern Flekken am Rande fallen ins weißliche. Die Lamellen sind schmahl und länglich, am innern Ende abgestumpft, oder nach und nach verschmählert; ihre Bildung ist ungleich, sie haben die Farbe des Stiels, und sind in der Länge dreifach verschieden. Von den größern bemerkt man ohngefähr 50. Der Stiel ist undurchsichtig und glanzlos, ocherartig fleischfarben, doch etwas weißlich, auf der Oberfläche, besonders am untern Theile mit flockigen Schuppen besezt und gegen den Huth von ungleichem Verhältniß. Das Wesen ist schneeweiß, im Huthe derb und fleischig, im Stiele faserig, und in dem die Wurzel ausmachenden Knollen desselben bräunlich.

Blätterschwamm, durchsichtig ocherfarbner (Agaricus pellucide umbrinus *). Eine Spielart dieses Schwamms, die zu gleicher Zeit auf eben der troknen Bergfläche mit dem Agaricus glutinosus var. β. hervorkam. Der Stiel ist schneeweiß, glanzlos, fast seiden=

*) Agaricus (glutinosus) var. γ. *Batsch*, elench. cont. 2. p. 43. fig. 200. Agaricus (pellucide umbrinus) Nomenclat. n. 116.

seidenartig, zwar ohne Ring, aber weißer, dünner und am Grunde verschmählert; die Lamellen verlieren sich auch auf den Stiel und haben eine nachläßige Vertheilung, sind auch zuweilen, wie bei dem Agar. pallide umbrinus (Nomenclat. 115.) mit runzlichten Falten versehen, aber weißer; der Stiel breitet sich zwar oben in den Huth, oder doch in seine Mitte aus, und verdikt ihn, aber fast bis an den Huth ist er inwendig ausgehöhlt.

I. **Blätterschwamm, blutrandiger** (Agaricus sanguineomarginatus 402). Er wächst im October im Gebüsche. Der Huth ist auf seiner glatten Oberfläche weiß, erst mit dem Alter scheint er ocherartig und endlich mit dem breitgewellten, einigemal steif gefalteten Huthrande rückwärts aufgeschlagen. Er hat eine blasse, purpurartig rothbraune Farbe, von den Punkten, welche den größten Theil seiner Fläche bedecken, welche Farbe aber in der Mitte, und in ein oder zwei Bändern am Rande gesättigter ist. Der Rand selbst ist hellweiß und filzig. Die Masse des Huthes ist dick, fließt in der Mitte mit dem Stiel zusammen, und bleibt immer noch von beträchtlicher Stärke, wenn sie gleich von der Mitte an gegen den Rand immer mehr abnimmt. Nur der äußerste schmale Rand ist häutig und eingerollt. Die Lamellen sind verlängert, werden nach und nach gegen den Huthrand zu schmähler, am innern Ende aber langsamer oder schneller abgestumpft, und die größern hef-

402) Agaricus (sanguinalis) rigidus totus coriaceus, opacus ochraceo-niveus maculis obsoletis stipitis crassi, punctis et zonis pilei reflexi, et marginibus lamellarum purpureo-fulvellis. *Batsch*, elench. cont. 2. p. 47. fig. 201.

heften sich an den Stiel an. Die Farbe der Lamellen ist weiß ocherartig, und sowohl auf den Rändern derselben, als auch auf denen der Luft mehr ausgesezten Seiten dunkel blutroth; sie sind in der Länge vierfach verschieden; von den größern zählt man ohngefähr 80. Der Stiel ist selbst im Verhältniß gegen den dicken und breiten Huth noch stark, am Grunde mit einem spindelförmigen Knollen versehen, reifartig-filzig, hellweiß, und hin und wieder mit einer braunrothen Purpurfarbe blaß angelaufen. Das Wesen ist blos im Huthe derb und fleischig, übrigens aber zwar dicht, doch faserig und von weißer Farbe. Einige Zeit, nachdem der Schwamm zerschnitten und sein Wesen der freien Luft ausgesezt worden, läuft derselbe in einiger Entfernung von der Oberfläche des Huthes, auch in der Mitte und im Grunde des Stiels mit derjenigen Röthe an, die schon bei dem ganzen Schwamm bemerkt worden ist, und ihn so sehr unterscheidet. Das Ganze des Schwamms ist übrigens trocken und von einer häutigen, lederartigen Beschaffenheit.

II. **Blätterschwamm, fungitenartiger** (Agaricus madreporeus 403). Er wächst zu Ende Septembers in Kieferwäldern. Die Bildung des Schwamms ist sehr ungleich. Der Huth ist vertieft, mit dem größten Theile zurückgeschlagen, und hat in der Mitte eine vom Stiel entstehende Erhöhung, oder auch nicht. Seine Oberfläche ist trocken, glänzendglatt, oder nur gebort, von hellgrauer, etwas ins Tiefbraune schie-

---

403) Agaricus (madreporeus) rigidus, fragilis, pileo cinereo, fusco-fibroso; stipite solido, niveo, lamellis dilatatis, griseo-livescentibus. *Batsch*, elench. cont. 2. p 53. fig. 203.

schielender Farbe. Auf derselben laufen dunklere, haarförmige, strahlende Fasern weg, die entweder wie Haare neben einander liegen, oder wenn die Oberhaut bei ältern Schwämmen in querliegende Stücke zerreißt, von einander getrennt sind. Diese Stücke bilden querliegende an einander gereihte und zusammenhängende Flecken, die gleichsam wellig mit einander abwechseln, den Huth durch die weißen Zwischenräume ritzig darstellen, und selbst, besonders auf ihren eignen Rändern, mit tiefbraunen Punkten bestreuet sind. Der Huthrand ist schlaff gewellt, und öfters zähnig gekerbt; der ganze Huth ist dünn im Verhältniß gegen den Stiel. Die Lamellen sind sehr breit, indem ihre Länge noch einmal soviel beträgt, als ihre Breite; sie sind länglich und am innern Ende abgestumpft. Die größern Lamellen haben fast eine viereckige Form, und wenn sie gleich nicht selbst an den Stiel herablaufen, sondern blos an den Theil des Stiels, der sich in den Huth verliert, anfügen, so gehen doch von ihnen scharfe Streifen an den Stiel herab. Die Farbe der Lamellen fällt aus einem blaß Ocherfarbenen in das Bleifarbne, ist blaß, unscheinbar, und nur am Rande der Lamellen, wahrscheinlich von mehrerer Feuchtigkeit, etwas olivengrünlich, und so vermuthlich die Ursache der graubläulichen Farbe, die die Lamellen zeigen, wenn man sie am ganzen Schwamme betrachtet, und welche vom Huth und Stiele so sehr verschieden ist. Die Länge der Lamellen ist dreifach verschieden, und zwar so, daß die mittlern Lamellen klein, die äussersten aber noch kleiner und unbeträchtlich sind. Zuweilen werden die Lamellen am obern Rand mit kleinen Runzeln verbunden. Der größern sind etwa 60. Der Stiel ist verschieden verlängert, auf der Oberfläche gestrichelt und bereift, am untern Theil etwas verdikt, und gegen den

den Grund wieder verschmählert. Das Wesen ist hellweiß, dicht, im Stiele faserig und derb.

II. **Blätterschwamm, umgerollter** (Agaricus subinvolutus 404). Er zeigt sich zu Ende Septembers. Dem äußern Ansehen nach kommt er sehr mit dem eingerollten Blätterschwamm (Ag. involutus Nom. n. 93.) überein, in dem Verhältniß und steifen Ansehen des Ganzen, in dem gekerbten und eingerollten Rande in dem Stiele, der unten undeutlich geadert, oben aber filzig ist; durch seinen dickern Huth und eine andere Färbung, durch breitere, dunkle, von einander unterschiedene Lamellen, weicht er aber wieder davon ab. Der Huth ist etwas schief und oben vertieft, sein Rand ist herabgebogen, zuäusserst aber sehr eng zusammengerollt. Er hat eine glatte Oberfläche, und den rundерhabenen Rand ausgenommen, welcher merklicher abnimmt, besteht er fast ganz aus der obern Erweiterung des dicken Stiels, die jedoch denselben an Stärke nicht sehr übertrifft. Die größern Lamellen sind verlängert und fließen sanft mit dem Stiele zusammen; die Lamellen der zweiten Ordnung sind länglich, hinten schief abgestuzt, wie die vorigen geradrandig, und eben so mit dem Huth parallel; die Lamellen der dritten Ordnung, die am Rande stehen, sind sehr klein, länglich und unten rundlich. Alle Lamellen sind weder sehr verengert, noch fließen sie unter sich zusammen. Der Stiel ist stark und steif, nachläßig gebildet, hat eine ziemlich glei-

404) Agaricus (subinvolutus) fartus, pileo testaceo, margine arcte involuto, stipite pallidiore, obsolete rugis elatis venoso, laminis latiusculis, pileo concoloribus. *Batsch*, elench. cont. p. 57. fig. 204.

gleiche, glanzlose Oberfläche, welche mit schiefen aneinander stoßenden, nur wenig erhobenen, und nach öfterer Berührung deutlichern Runzeln am untern Theile überzogen, am obern aber gegen die Lamellen zu filzig ist. Die Farbe fällt mehr ins Fleischröthliche. Der Stiel ist mit dem stumpfen Unterende in die Erde gesenkt. Das Wesen ist blaß und spielt kaum in ein mißfarbiges Ochergelb; es ist markig, bloß in der Rinde faserig, dunkel und feucht.

II. III. **Blätterschwamm, dunkelgrauer** (Agaricus opacus *).

II. — — — **veränderlich grauer** (Agaricus livido-rubescens 405). Er wächst zu Ende Septembers in waldigen Gebüschen. Der Huth ist vertieft, mit dem größten Theil seiner Fläche aufwärts zurückgeschlagen, am äussersten Rande aber mit einer Wölbung herabgebogen. Seine Oberfläche ist eben nicht glänzend, aber glatt, etwas feucht und klebrig, aschgrau, nur ein wenig ins Braunrothe schielend. Die Masse des Huths ist gegen den Stiel, welcher in der vertieften Mitte desselben eine gedrükte Erhöhung macht, immer sehr dünn, und doch wird sie noch ausserdem gegen den Huthrand zu gleichförmig dünner, und zulezt einer Haut ähnlich. Die Lamellen stehen steif, sind geradrandig verlängert, am innern Ende

*) Agaricus (acris) stipitatus, pileo distorto nutante, fuscescente, lactescente, lamellis trifidis, stipite compresso sulcato, basi angusto. *Bolt.* fung. 2. fig. 60. Agaricus *(opacus)* Nomenclat. n. 169.

405) Agaricus (livido-rubescens) rigidus, fragilis, medullosus, lactescens; cinereo-lividus, pileo obsolete fusco-maculato, stipite albentiore, laminis pallidissime flaventibus. *Batsch*, elench. cont. 2. p. 51. fig. 202.

Ende meist rundlich abgestumpft, weiß, äusserst blaßgelblich, und in der Länge ungleich verschieden. Der größern sind etwa 50 — 60. Der Stiel ist auf der Oberfläche glanzlos, weder klebrig noch durchsichtig, fleischfarbigweiß, etwas von der unscheinbaren Farbe des Huthes angelaufen, inwendig markig und locker ausgehöhlt. Das Wesen ist locker, markig, gleichsam aus einer filzigen Wolle zusammen gesezt, weiß oder hellweiß; wenn es von der Luft berührt wird, so läuft es vorzüglich in dem äussern Theile, oder in der Rinde, auch in den naheliegenden Lamellenrändern mit einer purpurrothen Farbe an, die zulezt violettblau wird. Aus den verlezten Lamellen, weniger aus dem Stiele, trieft eine weiße Milch.

II. III. **Blätterschwamm, dicker** (Agaricus obesus 406). Er wächst im Oktober auf dürren Bergflächen. Der Huth ist fleischig, starr gepolstert, hat einen ungleichen stumpfgelappten Rand, eine glatte zartlederige, etwas klebrige Oberfläche, die bei den meisten mit flachen Erhöhungen, und ungleich vertheilten Gruben besezt ist. Blos der äußerste schmale und umgerollte Rand ist dünner als der übrige Theil des Huths, die Lamellen sind, wie bei den meisten Schiefschwämmen, zugleich mit den Halbmessern des Huths von ungleicher Breite; die kleinern sind hinten abgestumpft, die größern legen sich zwar an den Stiel an, laufen aber nicht an ihm herab. Sie wechseln doch etwas ungleich, in dreifachen Längen mit einander

406) Agaricus (obesus) pileo crasso pulvinato, margine et superficie inaequali, ochraceo-albo, confluente cum stipite crasso, brevi, carneo-niveo, lamellis pallide ochraceis. *Batsch*, elench. cont. 2. p. 89. fig. 216.

der ab, und wachsen oft durch Seitenrunzeln, oder gabelförmig zusammen. Der Stiel, welcher mit dem schief und umgekehrt kegelförmigen Huth zusammenfließt, ist ungemein stark, walzenrund, am Unterende kugelig abgestumpft, auf der Oberfläche undurchsichtig, glanzlos, etwas bereift, und aus dem Hellweißen sanft ins Röthliche fallend. Das Unterende des Stiels wird über der Erde von einem blendend weißen Filz umgeben, aus welchem auch die kleine Wurzel zu bestehen scheint. Das ganze Wesen ist markig, derb, weich, von weißer, blaßfleischröthlicher Farbe.

II. III. **Blätterschwamm, schmieriggrauer** (Agaricus sordidus *). Nach Hrn. **Bolton**, der diesen Schwamm vollständiger beschrieben und abgebildet hat, ist der Huth anfangs gewölbt, und am Rande ein wenig ausgebogen, er wird flach, in der Mitte nabelförmig eingetieft, zuletzt trichterförmig. Die Oberfläche ist glatt und weich anzufühlen, dunkelmausfarb, dünnfleischig, die Substanz ist mehr zäh und lederartig; er erhält sich lange Zeit, und wird zulezt schwärzlich. Die dünnen und schmahlen Lamellen stehen in dreifacher Ordnung, davon die lezte mit ihrem schmalen Ende bis an den anfangenden Stiel herabläuft; sie sind häutig und zäh, dunkelbraun mit wenig Fleischfarbe durchsezt. Der Stiel ist anfangs voll, rund, braun, nachher von dunkler Farbe und hohl; unten ein wenig stärker, hart, dunkelbraun und mit einigen wenigen Fasern besezt.

I.

*) Agaricus (sordidus). *Dicks. Bolt.* fung. 2. tab. 59. Nomenclat. n. 227.

I. **Blätterschwamm, eyergelber** (Agaricus Chantarellus *). Diese Abbildung des Hrn. Boltons zählen wir unter die beste, sie übertrifft auch an Größe die übrigen bei weitem.

Zweite Abtheilung.

Hautschwämme.

II. — — — **amethystfarbiger** (Agaricus amethystinus 407). Im August und September wachsen mehrere bei feuchtem Wetter in Wäldern zusammen. Der Huth ist beinah völlig fleischlos, einige Zoll breit, anfangs gewölbt, am Rande eingezogen und ein wenig ausgebogen, nachher ungleich und flach, zulezt schlägt sich der Rand nach oben zurück, zerreißt, geht aus dem Violettblauen in das Blaßbräunliche, und zulezt in einen braunen Saft über. Die Lamellen stehen in dreifacher Ordnung, sind am Rande ungleich aufgebogen, breit, vorzüglich am breitesten am Hinterende, das sich in eine kurze Spitze endiget und damit an den Stiel anhängt, zulezt aber losreißt, so wie sich der Huth nach oben zurückschlägt; sie sind nicht zahlreich, violettblau und auch wie der Stiel mit Saamenstaub bedekt. Der Stiel ist röhrig, verschieden gebogen, 4 bis 5 Zoll hoch, von der Dicke eines Schwanenkiels, unter dem Huthe ein wenig mehr verstärkt,

*) Agaricus (Chantarellus). *Bolt.* fung. 2. tab. 62.

407) Agaricus (amethystinus) stipitatus, pileo subcampanulato levi, lamellis stipiteque violaceis. *Huds.* angl. 2. 612. *Bolt.* fung. 2. tab. 63.

stärkt, bei dem jungen Schwamm schön röthlich blau und mit Saamenstaub bedekt, zulezt aber braun; leicht zerbrechlich, Er nähert sich dem hellblauen Blätterschwamm (Ag. ardosiac. Nom. n. 203.) und dem kornblumenfarbigen (Ag. cyan. n. 216. am mehrsten.

II. III. **Blätterschwamm, bestäubter** (Agaricus farinaceus 408). Mit dem vorigen kommt er in Rücksicht seiner Gestalt zunächst überein, auch die Bildung der einzelnen Theile ist genau dieselbe. Allein die Farbe ist fleisch- oder holzfarben; in das Bräunliche spielend, die auch schon den jungen Schwamm auszeichnet.

II. III. — — — **gesternter** (Agaricus equestris 409). Er wächst einzeln auf Viehweiden im Julius und August. Der Huth ist anfangs konisch, nachher gewölbt, öfters in der Mitte in eine stumpfe Spitze erhöht, von Farbe blaßgelb, mit etwas Rothbraunem untermischt, in der Mitte gewöhnlich dunkler. Der noch junge Schwamm ist schlüpfrig anzufühlen, erst wenn er größer ist, wird er trocken und glatt, am Rande dunkler gefärbt; diese stärkere Farbe breitet sich stralenweiß gegen die Mitte aus, und bildet auf die Art einen Stern von 10 bis 12 Strahlen. Der ganze

408) Agaricus (farinaceus) stipitatus, pileo convexiusculo, carneo-fusco, lamellis convexis distantibus, incarnatis pulverulentis, stipite longo. *Hudſ.* angl. 2. 616. *Bolt.* fung. 2. tab. 64.

409) Agaricus (equestris) stipitatus, pileo pallido, disco stellatim luteo, lamellis sulphureis. *Lin.* Spec. 1642. *Bolt.* fung. 2. tab. 65.

ganze Schwamm färbt sich nach und nach dunkler, und zerfließt in wenigen Tagen. Die Lamellen stehen nach der Ordnung in einer dreifachen Reihe, am Rande sind sie abgerundet, an beiden Enden zugespizt, dünnhäutig, mit dem Stiele selbst nicht verwachsen, und zahlreich; ihre Farbe ist blaß oder schwefelgelb, sehr wenig in das Grüne spielend. Der Stiel ist röhrig, dünn, rund, 4 Zoll hoch, innen faserig, von Farbe blaßbräunlich gelb. Die Wurzel ist rund und faserig. Dem Agaricus *sulphur. Bull.* (Nom. 218.) ist er, den Stern ausgenommen, am mehresten ähnlich. Bolton glaubt, er sey eine Abänderung seines Ag. clypeatus.

II. III. **Blätterschwamm, harter** (Agaricus durus 410). Der Huth ist gewölbt, eben und glatt, blaßbräunlich gelb, wie Leder anzufühlen; die zahlreichen Lamellen sind breit, halbeyrund, in dreyfacher Ordnung, von zartem Bau, blaßgrau. Den jüngern Schwamm überzieht eine sehr feine und bald verschwindende Saamendecke. Der Stiel ist rund, fest, blaß weißlichbraun, ohngefähr zwei Zoll hoch. An der breitgedrükten Wurzel zeigen sich mehrere Fasern. Das ganze Wesen des Schwamms ist hart und bröklicht.

II. III. — — — **pomeranzengelber** (Agaricus aurantio luteus 411). Auf troknen Weiden findet man ge-

410) Agaricus (durus) stipitatus, pileo convexo pallide luteo, lamellis trifidis numerosis, profundis, stipite solido fragili, velo fugaci. *Bolt.* 2. fig. 1. tab. 67.

411) Agaricus (aurantius) stipitatus pileo convexo viscido aurantio, lamellis luteis, stipite nudo. *Lightf.* Scot. 1025. *Bolt.* fung. tab. 67. fig. 2.

wöhnlich diese Art. Der Huth ist ungleich konisch, oder gewölbt, auf der Oberfläche schleimig; der junge Schwamm ist hochroth pomeranzen, er wird nach und nach blässer von Farbe. Die Lamellen sind von dreifach verschiedener Länge, etwas entfernt, zart an ihrem Hinterende zugespizt, von Farbe blaßgelb oder orange. Der Stiel ist öfters gebogen, breit gedrükt, innen faserig, hohl, lichtgelb, auf der Aussenseite gold- oder orangefarben. Die Wurzel ist hart und mit Fasern besezt. Das Wesen mürbe und bröklicht.

II. **Blätterschwamm, aufgerissener** (Agaricus dehiscens 412). Er wächst auf trockenen Viehtriften. Der Huth ist stumpfkonisch, auf der Oberfläche trokken und seidenartig glatt, blaßgelb, glänzend. Sobald der Huth seine gehörige Größe erreicht hat, springt der Rand in Stücken, und biegt sich nach oben zurück, so daß nun der Huth wagerecht zu stehen kommt. Die Lamellen sind von ungleicher und dreifacher Länge, auch manchmal nur von zweifacher, an ihrem vordern Ende ausserordentlich breit, nach hinten werden sie spitzig, der Rand ist ein wenig gebogen, zart, zwischen den Fingern lassen sie sich in einen schlüpfrigen Schleim von nicht unangenehmen Geruch zerdrücken; die Farbe ist blaßgrünlich oder gelblich. Der Stiel hat die Dicke eines kleinen Fingers, blaß thonfarbig, dünnfaserig, unmerklich gefurcht, zusammengedrückt und gedreht, 3 bis 4 Zoll hoch, an der Wurzel schwammig und kurzfaserig.

412) Agaricus (laceratus) stipitatus pileo subconico, pallide flavo, margine lacerato, lamellis trifidis, latissimis, basi angustis, stipite fistuloso contorto. *Bolt.* fung. tab. 68.

I. II. **Blätterschwamm, brüstiger** (Agaricus mammosus 413). Er wächst im September einzeln in Wäldern. Der Huth ist gewölbt zugespizt, die Spize abgerundet; die Farbe dunkelgrau, mit etwas Rothbraun untermischt; die Oberfläche wie fein wollen Tuch anzufühlen; die Breite hat ohngefähr 3 Zoll im Durchmesser, die Substanz ist sehr wenig fleischig, ausgenommen die Spitze, wo der Stiel befestigt ist. Der Huth zerfließt nach erreichtem Wachsthum. Die Lamellen stehen in dreifacher Ordnung, sie sind breit, durchsichtig, blaßbräunlich grau, ins Fleischfarbene spielend, beinah halbzirkelrund, mit ihrem innern Ende stehen sie vom Stiele weg. hier findet man gewöhnlich eine Einkerbung, oder einen Zahn, vorne sind sie aber aufgebogen. Der Stiel ist gerade und fest, rund, gräulich braun, gegen die Wurzel hin bläßer; 4 bis 5 Zoll hoch, einen halben breit; innen weiß und faserig, an der Wurzel stumpf, und mit sehr wenig Fasern besezt. Um alle Ungewißheit zu verhindern, so könnte man diesen Schwamm als den Linnäischen gleiches Nahmens annehmen.

III. — — — **seegrüner** (Agaricus Beryllus *). Nach der genauern Beschreibung und Abbildung, die uns Hr. Prof. Batsch mitgetheilt hat, ist der Huth rund erhaben, stark, fast gepolstert fleischig, mit dem etwas dünnern Rand ein wenig rundlich eingerollt, und am äussersten Umfang mit zerrissenen und kleyigen Anhängseln bebrämt. Die Oberfläche ist im Anfang etwas

413) Agaricus (mammosus) stipitatus, pileo convexo acuminato griseo, lamellis convexis griseis crenatis, stipite nudo. *Linn.* Spec. 1642. *Huds.* 2. 619. *Bolt.* fung. tab. 69.

*) Agaricus (Beryllus). *Batsch*, elench. cont. 2. p. 83. fig. 213. Nomenclat. n. 167.

was klebrig. Die Mitte des Huths hat eine etwas rostgelbe Farbe, der Rand fällt stärker ins Seegrüne, so wie der zerschlizte Saum, der aber fast hellweiß ist. Die Lamellen sind länglich, etwas verlängert, haben unten bogige, weiß bepuderte, und gleichsam körnig gekerbte Ränder. Die Farbe der Lamellen ist blaß tiefbraun, etwas braunröthlich, und an den Rändern dunkler. Die längern Lamellen heften sich mit dem innern gestuzten Ende an den Stiel an. Der Stiel ist stark, gleichbreit, sanft gebogen, weiß, von einer seegrünen stahlblauen Farbe, ganz bereift, am untern Theile flockig, und oben mit einem flockigen Ringe versehen, der aufrecht stehet und mit dem untern Theile des Stiels zusammenfließt, und zerschlizt ist. Seine obere Fläche ist tiefbraun. Ueber diesem Ringe ist der übrige Theil des Stiels ohne Flocken, mehr gleichförmig, und nur mit weißen reifartigen Streifen versehen, die von den Lamellen herablaufen, obgleich diese leztern selbst nur an den Stiel befestigt sind, ohne sich an ihm weiter zu verlängern. Das Wesen ist voll und fleischig, weiß, und nur in der Rinde des Stiels von der grünlichen Farbe des Schwamms durchdrungen. Im Stiele ist es mit einer schmalen röhrigen Höhlung versehen, die nach oben abnimmt und spitziger wird.

Lederschwämme.

III. **Blätterschwamm, zerbrechlicher** (Agaricus fragilis 414). Er wächst im September in Kiefer-

 wäl-

414) Agaricus (fragilis) pileo convexo, fragili, medio tantum umbilicato, ochraceo, margine albente irregulari, stipite gracili brevi una cum lamellis pallidiore. *Batsch*, elench. cont. 2. fig. 215. p. 87.

wäldern. Der Huth ist rund erhaben, glatt und etwas klebrig; in der Mitte ocherfarben, zwischen dem Rande gemeiniglich mit einem feuchtern, dunklern, rostbräunlichen Kreise umgeben, am breiten und ungleich gelappten Rande aber zartlederig, undurchsichtig und fast von hellweißer Farbe. Der Huth wird in der Mitte über dem Stiele, der sich in ihn nach und nach ausbreitet, mehr oder weniger durch einen nabelförmigen Eindruk vertieft. Er hat eine lederartige Dicke, wird aber gegen den Rand zu verdünnt. Die Lamellen sind mißfarbig, fleischröthlich, in der Länge dreifach verschieden; die größern, deren der Schwamm etwa 40 enthält, sind sichelförmig, und am innern Ende etwas an das stärkere Oberende des Stiels angegossen. Der Stiel ist gegen den breiten Huth sehr schmahl, kurz, verdikt sich nach oben, und breitet sich daselbst in den Huth aus. Aussen ist er etwas faserig gestrichelt, übrigens halbdurchsichtig und feucht. Das Wesen des Huthes und des dichten Stieles ist gleichartig, von blasser Ocherfarbe.

III. Blätterschwamm, goldzahniger (Agaricus chrysodon 415). Er wächst in der Mitte Septembers in Buchenwäldern. Der Huth ist oben etwas glatt, zartfleischig, und hat einen ausgeschweift gekerbten Rand, der auf diese Art mit scharfen Zähnen, die zwischen den Kerben stehen, besezt ist. Diese Zähne sind knotenförmig und kleyig. Die Kleye auf ihnen und dem Rande ist, so wie die mehr körnige Kleye des

415) Agaricus (chrysodon) albus, pileo margine crenato-dentato, et lutescente, stipite superne infra lamellas luteo-pruinato, laminis margine sulphureo-pruinatis. *Batsch*, elench. cont. 2. p. 79. fig. 212.

des Stiels im Anfange auf der weißen Fläche von der angenehmsten Goldfarbe. Der häutige aber lederartige Huth ist blos auf den Stiel aufgesezt. Die Lamellen haben eine blasse wässerige, gelbgrauliche Farbe; die kleinern länglichen wechseln in verschiedener Länge mit den größern ab, die verlängert, unten sanft ausgeschweift, an den Stiel angeheftet sind, und sich auf 48 belaufen. Die Ränder von allen, vorzüglich von den längern, sind mit einer dichten blaßschwefelgelben Kleye besezt, die ihnen ein gekerbtes Ansehen giebt, und auf den kleinsten Lamellen, die am Huthrande stehen, fehlt. Der Stiel ist stark, walzenförmig, sanft gebogen, von gleicher Farbe mit dem Huth, und oben unter der Anheftung der Lamellen mit einem goldgelben Pulver bestreut. Inwendig hat er eine Höhle, die sich nach oben verengert. Huth und Stiel werden nach und nach, wenn der Schwamm troknet, äusserlich mit einer goldgelblichen Farbe überzogen, die auf dem Huthe flockigen Schuppen, auf dem Stiele aber mehr einem Reife ähnlich ist. Beide Ueberzüge sind gleich vom Anfange vorhanden, aber von einer zarten Weiße und weniger merklich. Dieser Schwamm zeichnet sich durch die Kerbung des Huthes, durch die Kleye am Rande der Lamellen, und durch das Verhältniß des Stiels von dem **gelbflokkigen** (Ag. (flavo-floccosus) Nomenclat. n. 228.) aus.

IV. **Blätterschwamm, leberfarbähnlicher** (Agaricus subhepaticus 416). Er wächst im Oktober auf

 dür-

416) Agaricus (subhepaticus) hepatico-fulvus, pileo convexo foveato, stipite gracili, basi bulbosa alba, cavo, laminis paucis, latis, in stipitem decurrentibus. *Batsch*, elench. cont. 2. p. 77. fig. 211.

dürren Bergflächen. Der Huth ist runderhaben, hat einen herabhängenden Rand, auf dem Scheitel eine tiefe Grube, eine etwas gestrichelte Oberfläche, und am Rande, woselbst er früher trocken wird, eine mehr rothbraune Farbe. Die Lamellen sind steif, dick und in der Länge dreifach verschieden. Die kleinern Lamellen, wovon die am Rande äusserst klein sind, haben eine längliche Gestalt; die längsten der dritten Ordnung, wovon im ganzen Schwamm nur 12 — 14 anzutreffen sind, zeigen sich mehr verlängert, unten ausgeschweift, und fließen hin und wieder mit denen der zweiten Ordnung gabelförmig zusammen. Die Farbe der Lamellen ist blässer als im Huth und Stiel. Der Stiel ist mehr oder weniger gebogen, geht mit dem Unterende seitwärts, ist mit dem größten Theil seiner Länge sanft gekrümmt und erweitert sich oben in einen blättertragenden Kegel, der vom Huthe bedeckt wird. Das Wesen ist fleischig, trocken, blaß fleischfarben, etwas in die leberfarbene Braunröthe übergehend. Im Knollen des fadenförmig ausgehöhlten Stiels ist es weißlicher. Dieser und der leberfarbene Blätterschwamm (Ag. hepaticus Nomenclat. p. 99.) haben die größte Aehnlichkeit mit einander, in Ansehung des Wesens, der Oberfläche, der Färbung und der Lamellen. Fast nur das Verhältniß unterscheidet sie. Die Farbe des ganzen Schwamms ist ein Ochergelb, das mehr oder weniger ins Rothbraune fällt, und mit dieser Farbe gleichsam neblich gepudert wird.

III. **Blätterschwamm, braunstieliger** (Agaricus dispar 417). Er wächst im September in Kieferwäldern.

---

417) Agaricus (dispar) pileo pallide carneo, stipite elongato, gracili, hirsuto, cinereo - fulvo, intus cavo, laminis angustis, pileo concoloribus, eique soli adnatis. *Batsch*, elench. cont. 2. p. 75. fig. 210.

wäldern. Der Huth ist verschieden gebildet, in der Mitte erhoben, kegelförmig, oder runderhaben, schlaff, leicht gefaltet, oder gewellt, von blasser, weisser, ocherartig fleischrother Farbe, und nimmt vom zarten Rande gegen die Mitte gleichförmig an Dicke zu. Die Lamellen sind verlängert, schmal, hinten abgestumpft, dicht an einander gestellt, und von dreifach verschiedener Länge. Der Stiel ist am obern u. untern Ende etwas verdikt, von einer violetten Braunröthe und ganz mit einer dichten und blässern rauhen Wolle bedekt. Er fließt nicht mit dem Huthe zusammen. Das Wesen ist im Huthe blaß fleischfarbig, im hohlen Stiele aber dunkler, braunröthlich, etwas ziegelroth.

III. Blätterschwamm, zitternder (Agaricus tremulans 418). Er wächst im Oktober in Kieferwäldern. Er kommt mit den vorhergehenden sehr überein, ist aber durch die Farbe und Oberfläche des Stiels von ihm verschieden. Der Huth ist rund erhaben, oder niedergedrükt glockenförmig, gegen den schlanken Stiel sehr breit und hoch, hat eine zart lederige und etwas trokne Oberfläche, eine blasse, ocherartige Fleischfarbe, die gelind ins Schwefelgelbe, und meist vorzüglich in der Mitte, ins Rostfarbige fällt. Der mittlere niedergedrükte Theil des Huthes hat ein dikkes Fleisch, der äussere herabhängende aber ist häutig. In der Mitte des Huthes zeigt sich zuweilen eine Erhöhung. Die Lamellen sind breit, schlaff, leicht ge-

 faltet,

418) Agaricus (tremulans) pileo ochraceo, subferrugineo, convexo, glabro, stipite elongato, torto, subbulboso, concolore, glabro, basi fulvello, laminis latis carneo-albentibus. *Batsch*, elench. cont. 2. p. 73. fig. 209.

faltet, und stehen in zwei bis drei Abtheilungen, von kürzerer Art, welche länglich und unten gerundet sind; die dritte oder vierte Art enthält Lamellen, die unten ausgeschweift, hinten abgestumpft, blos an den Huth angeheftet sind, und wovon sich 30 bis 35 im ganzen Huthe befinden. Die Breite der Lamellen unterscheidet diesen Schwamm von seinen Verwandten. Der Stiel ist undurchsichtig, auch glatt und von gleicher Farbe mit dem Huth, am Grunde etwas knollig, und gegen den untern Theil von einer gesättigtern Fleischröthe, oder einer rothbräunlichen Rostfarbe. Oben fließt er mit dem Huth zusammen. Das Wesen hat im Huth die Farbe der Lamellen, ist weißlich fleischroth, blaß ins Ocherfarbene fallend, aber noch etwas weißlicher, so auch im Stiel, nur ist es öfters von Maden durchfressen.

III. Blätterschwamm, zartgeringelter (Agaricus fibrillosus 419). Er wächst im Oktober in Wäldern. Der Huth ist kegelförmig niedergedrükt, in der Mitte von dem Ende des Stiels in einen Hügel erhoben, der mit dem übrigen zusammenfließt; er hat bei einigen eine blasse schwefelgelbe Farbe und ist glatt, bei andern, deren Fläche besonders in der Mitte blosig ist, wird die Farbe goldgelb. Bei beiden Abänderungen ist der Huth um die Mitte feuchter und rostfarbig verdunkelt. Zulezt biegt sich der Huthrand zurück. Die Lamellen sind verlängert, und gegen den Huth-

419) Agaricus (mutabilis) pileo depresso-conico, lutescente, stipite livido, fusco vel fulvello, fibrilloso inferne obscuriore, superne annulo floccoso instructo, lamellis fusco-ferrugineis. *Batsch*, elench. cont. 2. p. 69. fig. 208.

Huthrand, den sie gänzlich erreichen, verschmählert; die kleinern sind unten rundlich, die zwei längern Arten aber sind hinten gestuzt, und die größten gehen eben so leicht, wie bei der folgenden Art, von dem Stiel ab. Der Stiel ist verschieden verlängert, am meisten in der Abänderung mit dem glatten Huth. Am Grunde ist er immer dunkler und feuchter, übrigens ganz mit trokneren Fasern bestreut, und oben mit einem schmalen vergänglichen flockig-kleyigen Ringe versehen. Der Grund des Stiels ist, wie bei mehrern zarten Schwämmen, seitwärts gebogen. Der Ring ist rostfarbig, flockig und hat gleichsam einen hellweißen Rand. Das Wesen des Huths ist in seiner mittlern Erhöhung weiß, über den Lamellen aber, so wie im ganzen ausgehöhlten Stiele, bräunlich. Dieser Schwamm unterscheidet sich von den folgenden durch die Lamellen, den Huthrand, und den flockigen Ring.

III. **Blätterschwamm, zartgeränderter** (Agaricus prominulus 420). Er wächst im Oktober in Wäldern. Der Huth ist undurchsichtig, trocken, hat eine zartlederige glatte Oberfläche, und eine ocherartige etwas rostbraune Farbe. Im Anfang hat er eine runderhabene, etwas bauchig gedrückte, leicht in der Mitte erhobene Bildung; unten ist er wie zusammengeschnürt, und mit einem mehr oder weniger zerschlizten gerad herabhängen Rande eingefaßt. Dieser

420) Agaricus (marginatus) pileo ochraceo subferrugineo, glabro, margine angustissimo, extimo ultra laminas prominulo membranaceo, stipite fibrilloso, livido-ochraceo, basi niveo, superne annulo fugaci cincto, laminis ochraceo-ferrugineis. *Batsch*, elench. cont. 2. p. 65. fig. 207.

ser häutige Rand geht immer über die Länge der Lamellen hinaus, heftet selbige nicht an sich an, ist mehrentheils hornartig, durchsichtig und von verschiedener Beugung und Spaltung. Vorher hieng er mit dem Ringe des Stiels zusammen. Bei den ältern Schwämmen ist der Huth bald kegelförmig, bald flach. Die Farbe des Huths ist im Anfang zuweilen blos von mehrerer Feuchtigkeit dunkel rostbraun. Der Huth ist häutig und nur in der Mitte, wo er auf dem Stiele aufsizt, etwas dicker. Die Lamellen sind etwas breit, und gegen den Huthrand verschmälert; die zwei kürzern Arten sind länglich, unten gerundet, die längern hingegen sind unten ausgehöhlt und hinten gestuzt. An der äussern Seite des Huths berühren sie blos den hornartigen Rand, setzen sich aber nicht an ihm fest. Die 30 größern Lamellen sondern sich am erwachsenen Schwamm leicht mit dem innern Ende vom Stiele ab. Der Stiel ist verlängert, unten nur etwas stärker, verschieden gebogen, am Grunde in Moose und Nadeln verwickelt, und mit einem hellweißen Filze umgeben, über dem Grunde etwas angeschwollen, dunkler gefärbt, und wie mit troknen ochergelben Fasern bestreut; über dem Ringe selbst aber gleichsam mit Kleye überdekt. Der Ring, welcher leicht abfällt, ist hornfarbig papierartig, auf der untern Fläche ocherartig filzig, auf der obern mit einem rostbraunen Reif unterzogen, und auch zuweilen gestreift. Das Wesen ist weich und trocken, mehr verwickelt und dicht, als faserig, in dem Huthe und dem Obertheil des hohlen Stiels weiß, unten aber dunkel rostbraun. Diese Schwämme haben eine sehr veränderliche Bildung, doch ist in ihrem ersten und mittleren Alter die Form und der Rand des Huthes, so wie der Ring und die Oberfläche des Stiels beständig.

III. IV. Blätterschwamm, graurizziger (Agaricus cinereo-rimosus 421). Er wächst im Oktober im Laubholz. Der Huth hat eine sehr verschiedene, vernachläßigte und schlaffe Bildung, ist stumpfrund erhaben, und ungleich gepolstert, wird in der Mitte nur vom Stiel unterstützt, und ist an den Seiten häutig. Die Oberfläche ist blaugrau, etwas ins Tiefbraune fallend, bereift, in der Mitte oft dunkler gefärbt, mehr oder weniger rizzig, und in den Rizzen, wo die Haut aus einander gegangen ist, weißer. Die Lamellen sind weiß und fallen etwas in die braune bläulichtgraue Farbe, sind breit, schlaff, schief gestüzt, leicht wellig gebogen, oder zuweilen durch seitwärts gehende Runzeln verbunden. Von den größern findet man etwa 30. Der Stiel ist etwas verkürzt aber schlank, und besonders gegen das Unterende verdünnt. Die Oberfläche ist seidenartig glänzend und etwas faserig gestrichelt. Innen ist der Stiel gewöhnlich von Maden durchfressen.

IV. — — — braunflockiger (Agaricus subantiquatus 422). Er wächst im September oder zu Anfange Oktobers in Kieferwäldern. Der Huth ist glatt hellweiß, und schielt nur äusserst blaß ins Rostbraune. Der Scheitel ist rostfarbig tiefbraun, die übrige Flä-

che

421) Agaricus (cinereo rimosus) pileo fusco-griseo, saepe albo-rimoso, stipite serico-fibroso, niveo, inferne decrescente, laminis latis, laxis, pone obtusatis, albentibus. *Batsch*, elench. cont. 2. p. 63. fig. 206.

422) Agaricus (subantiquatus) pileo albo in centro brunneo, reliquum maculis vel nimbus ferrugineis immo brunneis fucato, stipite albo, laevi, elongato, basi subbulbosa, volva lamellisque albis, his stipiti approximatis. *Batsch*, elench. cont. 2. p. 59. fig. 205.

che ist zart bereift, oder mehr und weniger mit flocki- gen Schuppen besezt, und von verschiedener Bildung. Die Flocken stehen oft reihenweis um den Huth, wel- cher zarthäutig, und kaum in der Mitte etwas ver- stärkt ist. Die Lamellen sind länglich-eyrund, an beiden Enden spitzig, an beiden Rändern gerundet, ebenfalls hellweiß ins Ocherartige fallend, am Unter- rande dicht bereift, und von dreifach verschiedener Länge. Die 35 — 40 größern werden zwar mit ihrem innern Ende nicht an den Stiel angeheftet, en- digen sich aber mit dem Huthe dicht an demselben; der Stiel ist faserig gestrichelt, blaßgrau, und nur hin und wieder mit einer blaßbräunlichen Fleischröthe an- gelaufen. Die Länge ist verschieden. Der Stiel selbst, seinen Wurzelknollen ausgenommen, ist hohl. Der Ring besteht aus einem kleyigen Mark, ist dick, weiß, unten etwas rostbraun, oben gestreift, am Rande wie in zwei Lamellen getheilt; steht im Anfang aufrecht, hängt zulezt herunter, oder fällt gar ab. Ein ähnlicher Ring, der gleichsam zwei Gänge hat, findet sich auch beim marmorirten Blätterschwamm (Agar. marmoreus Nomencl. n. 23.) mit dem diese Art in Ansehung des Rings und der Färbung im Kleinen sehr viel Aehnliches hat. Das Wesen ist markig le- derartig und etwas trocken.

III. **Blätterschwamm, nußähnlicher** (Agaricus nuceus 423). Er wächst im Oktober in England, in jungen Kieferwaldungen. Der Huth hat die Farbe und Größe von einer spanischen Haselnuß, auf dem Schei-

423) Agaricus (nuceus) stipitatus pileo globoso castaneo, margine lobato incurvo, lamellis trifidis undulatis, stipite gracili albo fistuloso. *Bolt.* fung. 2. tab. 70.

Scheitel eingetieft, am Rande ungleich zerlappt und eingerollt, so daß dieser beinahe den Stiel berührt. Die Lappen, in welche der Huth zerspringt, liegen entweder sehr genau neben oder auch übereinander. Das Wesen des Huths ist nicht fleischig, mehr troken und häutig; die Oberfläche glatt faserig, etwas glänzend. Die Lamellen sind von dreifacher Länge, breit, dünn, an der Spitze ausgebogen, mit dem innern Ende vom Stiel entfernt, blaß wässerig bräunlich. Der Stiel ist gerade aufgerichtet, röhrig, von der Dicke eines Rabenkiels, nach oben etwas dünner, 4 Zoll hoch, blaßweiß und sehr zart; innen faserig. Die Wurzel besteht in einem runden Knötchen, mit bräunlichen Fasern besezt.

III. IV. **Blätterschwamm, rothblättriger** (Agaricus rufolamellatus 424). Er wächst auf troknen Heiden unter Moos. Der Huth ist stumpfkonisch oder gewölbt, glatt, dunkelgrau oder bräunlich. Die Lamellen sind nicht zahlreich und von dreifacher Länge, dünn und häutig, rothbraun. Der Stiel ist walzenförmig, von der Dicke eines Strohhalms, gleichbreit, trocken, elastisch braun. Die Wurzel von der Größe eines Hirsekorns, ist mit wenigen dunkeln Fasern besezt.

III. — — — **spitzkeglichter** (Agaricus cuspidatus 425). Er wächst auf Feldern und in jungen Baumschlägen,

---

424) Agaricus (atro-rufus) stipitatus, pileo subconico sicco elastico, lamellis paucis trifidis, stipite praelongo gracili. *Bolt.* fung. 2. tab. 51. fig. 1.

425) Agaricus (cuspidatus) stipitatus, pileo conico acuto, rubro-fusco, lamellis subfuscis, basi angustatis, stipite fistuloso. *Bolt.* fung. 2. tab. 66. fig. 2.

schlägen, vorzüglich an solchen Plätzen, wo Holz verbrennt worden. Der Huth ist scharf konisch und zugespizt. Der Rand glatt und nach innen gerichtet; die Oberfläche glatt und seidenartig; die Farbe hell oder röthlichbraun, zimmtfarben. Die Lamellen stehen in drei Reihen, sind fein und zart, an ihrem innern Ende zugespizt, blaß oder grau bräunlich. Der Stiel ist rund, hart, in den Huth, dessen Wesen in der Mitte etwas stärker ist, und gegen den Rand sich verdünnet, fortgesezt; glatt, bräunlich, innen feinröhrig und faserig, an der Wurzel knotig und faserig. Die ganze Höhe beträgt gewöhnlich 4 bis 5 Zoll.

Zartschwämme.

II. III. **Blätterschwamm, gestiefelter** (Agaricus peronatus 426). Er wächst in dichten Wäldern auf Eichenblättern und gehört mit unter die artigsten Blätterschwämme. Bolton fand ihn um Hallifax. Der Huth ist halbrund, scharfrandig, im Alter ein klein wenig wellenförmig gebogen, gar nicht, vielmehr dünn und halb durchsichtig, auf der Oberfläche feinwollig anzufühlen, bräunlich oder röthlich und weiß vermischt. Die Lamellen sind von dreifach verschiedener Länge, nicht sehr zahlreich, dünn und schmal, die eine Ordnung befestigt sich mit ihrem schmälern Ende an den Stiel. Sie sind durchsichtig, blaßwässerig, strohgelb. Der Stiel ist fest und zäh, blaß strohfarben,

426) Agaricus (peronatus) stipitatus, pileo hemisphaerico subpellucido, lamellis trifidis paucis angustis, pellucidis, stipite parte superiori glabro, inferiori lanuginoso, basi arcuato. *Bolt.* fung. 2. tab. 58.

ben, ohngefähr 3 Zoll hoch, die obere Hälfte ist glatt und rund, die untere aber in eine schöne gelbe Wolle eingehüllt, wie in einen Pelzstiefel. Die Wurzel ist breit und gebogen, und mit feinen Zasern an die abgefallenen Eichenblätter befestigt.

II. I. **Blätterschwamm, kohlähnlicher** (Agaricus Brassica 427). Dieser vorzüglich schöne Zartschwamm wächst im August in dichten Wäldern, um Hallifax. Der Huth ist anfangs gewölbt, dann wagerecht, flach, völlig reif trichterförmig. Der Rand ist verschieden ausgebogen, lappig, krauß wie bei einer Kohlstaude; die Oberfläche aber glatt und weich, ein wenig feucht und glänzend, aber nicht klebrig; das Wesen äusserst zart und halbdurchsichtig. Die Lamellen stehen in dreifacher Ordnung, deutlich, lang und schmal, zart, durchsichtig, zwischen den Fingern gepreßt, verwandeln sie sich in wässeriges Geleé. Der Stiel ist im Vergleich mit dem einige Zoll hohen Huth sehr kurz, ohngefähr nur einen Zoll lang, durchsichtig und glatt, innen voll, an Wurzel dünnfaserig. Die ganze Farbe des Schwamms ist von einem wässerigen Grau, abwechselnd in das Weiße spielend, am Stiele etwas dunkler.

IV.

427) Agaricus (fimbriatus) stipitatus, pileo infundibuliformi, margine elegantissime crispato, lobato, fimbriato, tenui albo, semitransparenti, lamellis trifidis longissimis angustissimis pellucidis, stipite gracili brevi. *Bolt.* fung. 2. tab. 61.

IV. **Blätterschwamm, wässeriger** (Agaricus aquosus 428). Er wächst im April auf faulem Holz in Wäldern. Der ganze Schwamm ist anfangs in eine zarte wolligte Decke eingehüllt, die abfällt, und so zuerst den Huth und nachher den Stiel frei macht. Der Huth ist konisch, klebrig, blaßschmierig gelb, zart, wässerig durchsichtig. Die Lamellen sind von dreifacher Länge, weiß, zulezt bräunlich; der Stiel ist zollhoch, röhrig, von der Farbe des Huths.

IV. — — — **betrügerischer** Agaricus deludens 429). Er wächst im Oktober auf Viehweiden. Der Huth ist gewöhnlich grau, aber in der Farbe sehr abwechselnd, öfters aschgrau, dunkelblaßbraun, oder auch dunkelschwarz. Die Lamellen stehen in dreifacher Ordnung, an der Basis sind sie spitzig, und die erstere Reihe befestigt sich mit ihrem schmalen Ende an den Stiel. Der Stiel ist rund und röhrig, nicht völlig so dick wie eine Rabenfeder, weißlich, nach unten dunkler, 4 bis 5 Zoll hoch, an der Wurzel mit einem Knötchen und sehr feinen Fasern versehen.

V. — — — **kinkhornförmiger** (Agaricus buccinalis 430). Er wächst im Oktober auf troknen Grasplätzen. Der Huth ist häutig, oder so dünn wie Papier,

428) Agaricus (aquosus) stipitatus, pileo campanulato obtuso, fusco-flavescente, lamellis atro-griseis, stipite fistuloso. *Huds.* angl. 2. 619. *Bolt.* tab. 71. fig. 1.

429) Agaricus (varius) stipitatus, pileo conico obtuso, colore varie cinereo, griseo sive nigro, lamellis trifidis, stipite filiformi. *Bolt.* fung.? tab. 66. fig. 1.

430) Agaricus (buccinalis) totus caesio-albus, tener, pileo membranaceo et foveato, laminis in stipitem brevem flexuosum decurrentibus. *Batsch*, elench. cont. 2. p. 85. fig. 214.

pier, und hat einen ungleich gewellten Rand; er entsteht gleichsam aus der trichterförmigen Vertiefung des Stielendes, steigt in die Höhe, und hängt am Rande wiederum schlaff herunter. Bei ältern Schwämmen ist der Huth wegen der durchscheinenden Lamellen von einem gestreiften Ansehen. Die Lamellen stehen weit aus einander, in vierfacher, aber nicht genauer Ordnung, haben eine schlaffe Stellung und im ganzen Schwamm zählt man etwa 12 größere. Die kürzern sind länglich, kurz, an beiden Enden spitzig, oben und unten bogig; die längern aber sind verlängert, sichelförmig, und laufen am Stiele herab. Der Stiel, ob er gleich selbst zart ist, hat doch gegen den Huth, in welchen er sich ausbreitet, eine beträchtliche Stärke; er ist hin und her gebogen, und hat eine zarte fadenförmige Höhlung. Der ganze Schwamm hat eine weiße, wässrige Milchfarbe, zulezt, wenn er vertroknet, wird er hellweiß, zartlederig und starr. Er ist kaum einen halben Zoll hoch.

Dritte Abtheilung.

Rußschwämme.

III. **Blätterschwamm, schildförmiger** (Agaricus clypeatus 431). Er wächst auf Wiesen im Oktober. Der Huth ist halbrund, öfters mit einer kurzen konischen

431) Agaricus (clypeatus) stipitatus pileo hemisphaerico viscido, acuminato, lamellis albis (cinereo-nigris) stipite longo cylindrico albo. *Linn.* sp. 1642. *Huds.* angl. 2.691. *Bolt.* fung. 2. tab. 57. (variat pileo ex luteo fuscescente pediculo et lamellis concoloribus. ibid. p. 57.

schen Spitze versehen, glatt und anfangs blaßweiß, mit einem schlüpfrigen Schleim überzogen; im Alter wird er trocken und bräunlich maußfarben, der Rand zerreißt und der ganze Schwamm wird schwarz und zerfließt. Die Lamellen stehen in dreifacher Ordnung, die der dritten Reihe befestigen sich mit ihrem breiten Ende an den Stiel, in der Mitte sind sie breit, an dem entgegengesezten Ende zugespizt, zarthäutig, grauweiß, zulezt schwarz. Die Saamendecke ist weiß und verschwindet schon an der jungen Pflanze. Der Stiel, von der Dicke einer Feder, ist rund, fest, mit einem grauen Staub überzogen, zulezt röhrig und schwärzlich; die Oberfläche ist sonst glatt, die innere Substanz faserig; an der Wurzel findet sich eine kleine Erhöhung, mit wenigen Fasern besezt. Da Hr. **Bolton** diesem Schwamm die unsichere Linnäische Benennung beigelegt hat, so wollen wir solche auch diesem Schwamm, der übrigens mit einem andern (Spad. gris. Nom. n. 324.) sehr viel Aehnlichkeit hat, überlassen.

II. **Blätterschwamm, gewimperter** (Agaricus ciliaris 432). Er wächst auf frischem Mist, auf Viehtriften in England. Der junge Huth ist konisch stumpf, oder klockenförmig, und bei trokner Witterung mit einem schneeweißen Puder überstreut, wovon die kleinen Theilchen, wenn die Sonne darauf scheint, gerade so glänzen, als auf den Blumenblättern der weißen Lilien oder Narcissen. Dieser Staub zerschmilzt, und dann erscheint der Huth, wie mit durch-

432) Agaricus (ciliaris) stipitatus, pileo conico, primo lato pulvere niveo, postea glutinoso, margine ciliato, lamellis trifidis nigris, stipite bulboso. *Bolt.* fung. 2. tab. 53.

durchsichtigen Schleim überzogen; von Farbe blaßstrohgelb; der Rand ragt auf eine auszeichnende Art über die Lamellen hervor, und ist mit kurzen dunklen Franzen besezt. Die aschgrauen Lamellen stehen in dreifacher ungleicher Reihe; am Hinterende sind sie schmahl, nach vorne zu breit, zart und fein. Die Saamendecke zerreißt und verschwindet sehr früh und läßt einen grauen undeutlichen Ring zurück. Der Ring ist fest, walzenförmig, oben nahe an seiner Spitze röhrig, 5 bis 6 Zoll hoch, in feine seidenartige Fäden theilbar, weiß, öfters mit einem grauen Staub überzogen, an der Wurzel verstärkt, beinah zwiebelartig, mit dunklen Fasern besezt.

II. **Blätterschwamm, eyrunder** (Agaricus ovatus 433 *). Der Huth ist eyrund, an der Seite manchmal aufgerissen, am Rande ungleich und zusammengezogen — Die Oberfläche ist scharf gestreift, beinah bis an die Spitze des Huthes, wo er glatt ist, die Farbe ist rothbraun oder aschgrau; öfters ist der junge Huth mit durchsichtigen Körnern, die man zwischen den Fingern spüren kann, bedekt. Die Lamellen sind alle von gleicher Länge, in der Mitte am breitesten, nach und nach am Ende schmäler, bis sie ganz spitzig werden; anfangs grau nachher schwarz — Bei großen Schwämmen kann man mit bloßen Augen den Saamen wie rothes Pulver auf den halbzerflossenen Lamellen liegen sehen. Die Saamendecke verschwindet, sobald nur der Rand des Huthes sich aus-

433 *). Agaricus (striatus) stipitatus, pileo campanulato fusco striato glabro, lamellis griseis, margine crispis, stipite fistuloso. *Hudſ.* angl. 2. 617. *Bolt.* 2. tab. 54. Agar. ovatus Nomenclat. n. 343.

zudehnen anfängt, und läßt nur einen schwarzen Kreis, der aber auch bald verschwindet, an dem Stiel zurück. Der Stiel ist gerade, weißröhrig, unmerklich nach oben zu schmäler, 5 bis 6 Zoll hoch, an der Wurzel mit wenigen Fasern besezt. Der Schwamm verändert sich nach Beschaffenheit seines Standorts; öfters wächst er einzeln, groß und rothbraun, öfters in grosen Haufen zusammen, blaßbraun, aschfarbgrau, zulezt verfließt er in einen schwarzen Saft.

Vierte Abtheilung.

Stiellose Schwämme.

IV. III. **Blätterschwamm, halbseitiger** (Agaricus lateralis *). Die Lamellen sind bei den jungen Schwamm einfach, nachher zweitheilig. Die Substanz des Huthes ist zäh und elastisch, oft ist er 2 Zoll breit und spielt aus dem Gelblichen ins Bräunliche.

III. — — — **brandgelber** (Agaricus fulvus **). Er wächst sowohl einzeln als schuppig, und hat die Gestalt eines Blatts von der Soldanella *alpina*. Der Rand ist einwärts gebogen; die Oberfläche brandgelb haarig. Die Lamellen sind zahlreich, sehr fein geröstelt. Die Substanz ist elastisch und zäh — wahrscheinlich ist dieser Birkenschwamm des Hrn. Boltons kein andrer als der unsrige.

III.

*) Agaricus (lateralis). *Bolt.* fung. 2. tab. 71. fig. 2. Nomenclat. n. 370.

**) Agaricus (Betulinus) Linn. Sp. 1645. *Bolt.* fung. tab. 72. fig. 1. Nom. 373.

III. **Blätterschwamm, weißer** (Agaricus niveus *). Die Lamellen sind einfach. Der Huth sizt gewöhnlich wie eine Muschel an dem Stiel vertrokneter Pflanzen, oben gewölbt, nachher zurückgebogen. Der ganze Schwamm ist durchsichtig wässerig.

III. — — — **flacher** (Agaricus planus 434 **). Er wächst im Oktober auf ebener Erde. Der Huth ist halbzirkelförmig; der Rand etwas ausgebogen; die Oberfläche glatt, bräunlich maußfarb, und an dem Rand mit einigen schmalen concentrischen Linien von stärkerer Farbe gezeichnet. Die Lamellen stehen in drei Reihen, sind dünn häutig, lanzettförmig, von gleicher Farbe. Das Wesen ist weich und zart.

I — III. — — — **labyrinthförmiger** (Agaricus labyrinthiformis ***). Anfangs ist der Schwamm zirkelrund flach und nur einige Zoll breit, zu der Zeit stehen die Lamellen nach oben und sind ästig, seitwärts vereinigt; nach und nach wird die Oberfläche wagrecht, rauchhaarig; im Alter glatt mit deutlich hervorragenden concentrischen Streifen.

---

*) Agaricus (flabellatus) acaulis parvus niveus, lamellis simplicibus. *Bolt.* fung. tab. 72. fig. 2. Nomencl. n. 362.

434 **) Agaricus (planus) acaulis erectus planus, lamellis trifidis, lanceolatis. *Bolt.* fung. 2. tab. 32. fig. 3.

***) Agaricus (quercinus). Linn. Sp. 1648. *Bolt.* fung. 2. tab. 73. Nomenclat. n. 378. *Bulliard*, herb. 352.

Eintheilung

der in dem

Verzeichniß und dessen ersten Fortsetzung aufgenommenen

Blätterschwämme.

Erste Abtheilung.

Fleischschwämme.

Der Huth ist voll, mehr oder weniger fleischig, die Lamellen geben bei manchen Arten eine Milch von sich; der Stiel ist stark, entweder ganz glatt, oder an der Basis mit einer Hülle (volva) umgeben. Auf der Unterseite des Huths sind die Lamellen mit einer Saamenhaut (cortina) bedekt, die an dem Stiel als Ring hängen bleibt oder verschwindet.

1) Mit einer Hülle und einem Ring.

I. goldfarbiger, Agaricus caesareus n. — 1.
I. gefemelter, Ag. muscarius — 2.
I. edler, Ag. nobilis — — 379.
I. beperlter, Ag. margaritiferus — 4.
I. warziger, Ag. verrucosus — 380.
I. geflekter, Ag. maculatus — 5.
I. länglich geflekter, Ag. myodes — 6.
II. landkartenähnlicher, Ag. Mappa — 7.
I. einzelner, Ag. solitarius — 8.
II. zarter, Ag. subgracilis — 9.
I. frühjähriger, Ag. vernus — 10.

2) Ohne Ring mit einer Hülle.

I. riesenmäßiger, Ag. giganteus — 11.
II. bleifarbiger, Ag. plumbeus — 12.
II. meergrüner, Ag. hyalinus — 13.
II. kaffeebrauner, Ag. badius — 14.
II. lichtbrauner, Ag. fimbriatus — 15.
II. küssenförmiger, Ag. pulvinatus — 381.
II. abgeschälter, Ag. denudatus — 16.
III. weißgrauer, Ag. griseo-albus — 17.
I. eingehüllter, Ag. volvaceus — 18.

II. I. dreilappiger, Ag. trilobus — 19.
IV. hochstieliger, Ag. praealtus — 20.
I. eingefaßter, Ag. vaginatus — 21.
III. beschuhter, Ag. calceatus — 383.
IV. III. kleiner eingehüllter, Ag. volvaceus minor 22.

3) Ohne Hülle mit einem Ring.

I. marmorirter, Ag. marmoreus — 23.
II. knolliger, Ag. bulbosus — 24.
II. schwengelförmiger, Ag. pistillaris — 25.
II. dunkelbrauner, Ag. obscurus — 26.
II. entblößter, Ag. excoriatus — 27.
II. eßbarer, Ag. campestris — * 28.
II. großer, Ag. arvensis — — 29.
II. wilder, Ag. pratensis — — 30.
II. zerschlizter, Ag. laceratus — 31.
II. III. glänzender, Ag. nitens — 32.
I. eingewurzelter, Ag. radicosus — 33.
II. gummiguttfarbiger, Ag. gummiguttae — 382.
I. schuppiger, Ag. squamosus — 34.
II. flockigter, Ag. floccosus — 35.
II. III. faserigter, Ag. pilosus — 36.
I. seidenartiger, Ag. imbricatus — 37.
I. II. zottiger, Ag. villosus — — 38.
III. veränderlicher, Ag. mutabilis — 39.

4) Ohne Ring und ohne Hülle.

II. III. milchfarbiger, Ag. lacteus — 40.
II. elfenbeinweißer, Ag. eburneus — 41.
II. ungetheilter, Ag. integer — 42.
II. rother, Ag. Russula — — 43.
giftiger, Ag. emeticus — — 44.
II. I. blauer, Ag. cyanoxanthus — * 44.
II. grüner, Ag. virescens — — 45.
II. klebrichter, Ag. glutinosus — 46.
II. I. veilchenblauer, Ag. violaceus — * 47.
II. bläulichter, Ag. caerulescens — 48.
II. hellvioletter, Ag. subviolascens — 49.
II. blaustieligter, Ag. glaucopus — 50.
II. purpurbrauner, Ag. xerampelinus — 51.
— olivenfarbiger, Ag. olivaceus — 52.
II. spinnenwebiger, Ag. araneosus — 53.

5) Mit sehr dicken und im Verhältniß gegen den Huth unförmlich breitem Stiel.

Dickstiele.

I. elephantenmäßiger, Agaricus elephantinus 86.
IV. kugelschwammähnlicher, Ag. lycoperdonoides 91.
II. angelegter, Ag. contiguus — 92.
II. eingerollter, Ag. involutus — 93.
II. umgerollter, Ag. subinvolutus — 404.
IV. kleinhutiger grauer, Ag. libertatis — 94.
IV. kleinschildiger, Ag. peltigerus — 392.
IV. kleinhuthiger gelber, Ag. pileatus — 95.
IV. beschneiter, Ag. nivosus — 96.
III. weißrandiger, Ag. nimbatus — 97.
II. nebelgrauer, Ag. nebularis — 395.
IV. zwerchartiger, Ag. pusillus — 98.
IV. körniger, Ag. tuberosus — 99.
III. II. spindelförmiger, Ag. fusiformis — 100.
III. korallenartiger, Ag. corallinus — 101 a.
II. fungitenartiger, Ag. madreporeus — 403.
I. II. spindelfußiger, Ag. fusipes — 101 b.
II. langfüßiger, Ag. longipes — 102.
II. III. angeschwollener, Ag. oedematosus — 103.
I. II. steifer, Ag. rigidus — 104.
II. III. dicker, Ag. obesus — 406.
II. III. walzenförmiger, Ag. laricinus — 105.
IV. bandförmiger, Ag. fasciatus — 106.

II. röthlicher, Ag. rutilus — 107.
II. leberfarbiger, Ag. hepaticus — 108.
— hellgelber, Ag. flavidus — 109.
III. II. hüglichter, Ag. tuberculosus — 110.
II. III. bernsteinfarbiger, Ag. Chrysolythus 111.
III. gewölbter, Ag. umbonatus — 401.
II. III. ziegelfarbiger, Ag. lateritius — 112.
II. ziegelrother, Ag laterinus — 397.
II. III. weißgelber, Ag. pallidus — 113.
II. III. nußfarbiger, Ag. discors — 398.
II. III. ungewisser, Ag. incertus — 114.
II. III. blaßocherfarbiger, Ag. pallide umbrinus 115.
II. III. durchsichtig ocherfarbiger, Ag. pellucide umbrinus * 116.

III. II. dottergelber, Ag. risigallinus — 117.
III. olivenbrauner, Ag. olivaceo-brunneus — 387.
II. rostbräunlicher, Ag. subferrugineus — 388.
I. blutrandiger, Ag. sanguineo-marginatus 402.
II. braunrandiger, Ag. marginalis — 389.
II. erhöhter, Ag. elatus — 390.
II. vergrabener, Ag. defossus — 118.
III. kräuselförmiger, Ag. fusus — 391.
II. purpurfarbner, Ag. purpurascens — 119.
II. III. schmalgeringelter, Ag. subannulatus 120.
II. schwarzhaariger, Ag. atricapillus — 121.
II. III. rothbraungeflammter, Ag. impuber 122.
II. III. zartschuppichter, Ag. squamulosus 123.
III. feinschuppiger, Ag. subsquamulosus — 393.
III. wagerechter, Ag. horizontalis — *

6) Mit mehr oder weniger trichterförmigen oder schiefen Huth.

Trichterschwämme.

Schiefschwämme.

I. trichterförmiger, Ag. infundibuliformis 124.
I. löffelförmiger, Ag. cochleariformis — 125.
I. II. fellartig geflekter, Ag. flammeus — 126.
II. trompetenförmiger, Ag. tubaeformis 127.
II. füllhornähnlicher, Ag. cornucopioides 128.
III. becherförmiger, Ag cyathiformis — 129.
II. III. eingetiefter, Ag. impressus — 130.
I. blutrother, Ag. sanguineus — 131.
II. umgekehrt-kegelicher, Ag. inverse conicus 132.
— gabelichter, Ag. furcatus — 133.
I. schwarzrauher, Ag. atro-tomentosus — 134.
II. fleischfarbrauher, Ag. carneo-tomentosus 135.
II. fleischfarbgelber, Ag. carneo-luteus — 136.
III. verunstalteter, Ag. degener — 137.
III. bleifarbiger, Ag. livescens — 138.
III. hirschgrauer, Ag. cervinus — 139.
II. schmieriggrauer, Ag. sordidus — * 227.
IV. korallförmiger, Ag. neptuneus — 140.
zartlederiger, Ag. alutaceus — 141.
II. III. handschuhlederiger, Ag. subalutaceus 396.
II. III. wedelförmiger, Ag. flabelliformis 142.

7) Mit halben mehrentheils flachen Huth und einem kurzen Stiel an der Seite.

Halbschwämme.

III IV. kleingestielter, *Ag.* semipetiolatus 143.
III. sulziger, *Ag.* tremulus — 144.
II. halbrunder, *Ag.* dimidiatus — 145.
I. zusammengehäufter, *Ag.* aggregatus — 146.
I. II. handförmiger, *Ag.* palmatus — 147.
II. blumenblattförmiger, *Ag.* petalodes 148.
I. II. muschelförmiger, *Ag.* conchatus — 149.
III. IV. täuschender. *Ag.* tallax — 150.
III. zusammenziehender, *Ag.* stipticus — 151.
IV. hellgrauer, *Ag.* glaucus — 152.
IV. flurstedtischer, *Ag.* flurstedtiensis — 153.
II. III. klagenfurter, *Ag.* Clagenfürtensis 154.

8) Die gerizt einen Saft oder eine Milch von sich geben.

Milchschwämme.

II. leckerer, *Ag.* deliciosus — 155.
II. giftiger, *Ag.* torminosus — 156.
II. tödtender, *Ag.* necator — 157.
II. kreisförmiger, *Ag.* Zonarius — 158.
III. süßmilchiger, *Ag.* lactifluus dulcis 159.
III. gelbmilchiger, *Ag.* lactifluus luteus 160.
II. III. narbiger, *Ag.* scrobiculatus — 161.
II. III. zottichter, *Ag.* crinitus — 162.
— milchfließender, *Ag.* lactifluus — 163.
I. II. rothbrauner, *Ag.* lactifluus fulvens 163.
goldfarbiger, *Ag.* lactifluus aureus — 164.
silberfarbiger, *Ag.* lactifluus argenteus 165.
I. bleifarbiger, *Ag.* lactifluus plumbeus — 166.
II. thränender, *Ag.* ichoratus — 167.
III wanzenartigriechender, *Ag.* cimicarius 168.
III. dunkelgrauer, *Ag.* opacus — * 169.
II. veränderlich grauer, *Ag.* livido-rubescens 405.
I. II. batschischer gepfefferter, *Ag.* piperatus Batsch. 170.
I. boltonscher gepfefferter, *Ag.* piperatus Bolt. 171.
I. bulliardscher gepfefferter, *Ag.* piperatus Bulliard. 172.
II. schäfferischer gepfefferter, *Ag.* amarus — 173.

9) Blätterschwämme, deren Blättchen rund erhaben, oft in Aeste vertheilt sind. (Merulii Hall. Scopol.)

Aderschwämme.

II. eyergelber, *Ag.* Chantarellus — * 174.
III. eingebogener, *Ag.* inflexus — 175.
III. krauser, *Ag.* crispus — 176.
II. hahnenkammförmiger, *Ag.* alectorolophoides 177.
II. I. runzlich gelber, *Ag.* luteolus — 178.
II. I. ausgebreiteter, *Ag.* explicatus — 179.
III. bereifter, *Ag.* pruinatus — 180.
II. füllhornähnlicher Bulliard. *Ag.* cornucopioides Bulliard. 181.
II. trichterförmiger boltonscher, *Ag.* infundibuliformis Bolt. 182.

Zweite Abtheilung.

Blätterschwämme mit glatten, häutigen, wenig fleischigen Stiel und Huth, letzterer ist undurchsichtig, halbdurchsichtig, ganz durchsichtig, glatt, rauh, faltig oder gestreift.

1) Blätterschwämme mit häutigem Huth und Lamellen.

Hautschwämme.

III. honiggelber, *Ag.* melleus — 183.
III. nägeleinartiger, *Ag.* caryophyllaeus 184.
III. weißgelber, *Ag.* niveoflavens — 185.
III. stengelförmiger. *Ag.* lacrimalis — 186.
IV. goldhaariger, *Ag.* auricomus — * 187.
III. abgebleichter, *Ag.* dealbatus — 187.
III. weißbrauner, *Ag.* niveo-brunneus 188.
III. weißnablichter, *Ag.* albo-umbilicatus — 189.
III. herablaufender, *Ag.* decurrens — 190.
III. helldunkler, *Ag.* albo-fuscescens — 191.
III. Herbstwiesenschwamm, *Ag.* collinus 192.
II. III. federbuschähnlicher, *Ag.* cristatus 193.
III. kastanienbrauner, *Ag.* castaneus — 194.
II. III. irregulärer, *Ag.* irregularis — 195.
III. elastischer, *Ag.* elasticus — 196.
III. befiederter, *Ag.* plumosus — 197.
III. schwarzzottiger, *Ag.* nigro-villosus — 198.
III. zerschlizter, *Ag.* fissus — 199.
II. durchsichtig rother, *Ag.* rubens — 200.
III. baumästiger, *Ag.* ramealis — 201.

2) Mit runderhabnen, mehr glatten als häutigen, weniger fleischigem, troknen Huth.

Lederschwämme.

3) Mit gestreiften, gefalteten, mehr oder weniger durchsichtigem Huth oder Stiel und Blättern, gewöhnlich von gleicher Farbe.

Zartschwämme.

4) Blätterschwämme, welche zum Theil zerfließen, aber nicht völlig in einen schwarzen Saft, andere haben nur schwärzliche Lamellen.

Dritte Abtheilung.

Blätterschwämme mit einem weichen, zarten, etwas fleischigen und hautartig dünnen, zerbrechlichen, undurchsichtigen, kegelförmigen, gestreiften und blos auf das Ende des Stieles aufgesezten Huth, ohne von diesem zu entspringen. Der Stiel ist hohl und verlängert, und von eben derselben faserichten Substanz, als der Huth. Die Blättchen sind schmal, verlängert, zart und stehen dicht beisammen, hängen aber nicht mit dem Stiel zusammen. Wenn die Saamen reif werden, so färben sich die Blättchen rußschwarz, und endlich zerfließt der Huth mit den Blättchen in eine schwarze Jauche, die die Saamen enthält, nachdem er meistens vorher sich in Stücke und Lappen spaltete.

Rußschwämme.

Vierte Abtheilung.

Blätterschwämme, die ohne einen Stiel an der Seite festsitzen, und von diesem Orte gehen gewöhnlich die Lamellen strahlenförmig nach dem Rande hin, welcher frei steht. — Von den Halbschwämmen unterscheiden sie sich durch ihre feste, beinahe korkartige Substanz, die mehresten aber durch den völligen Mangel eines sichtbaren Stiels.

Stiellose Schwämme (acaules).

Namenverzeichniß

derer in dem

Nomenclator und dessen erster Fortsetzung

beschriebenen

Blätterschwämme.

Index nominum

quibus in

Nomenclatore, ejusque prima continuatione

insigniti occurrunt

A g a r i c i.

D.

O.

P.

Tab. I.

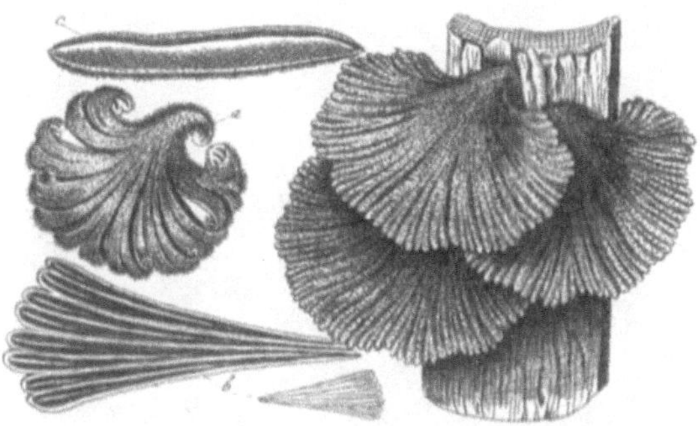

Agaricus alneus L.

Lud. Schmidt fc.

Tab. II.

I.

II.

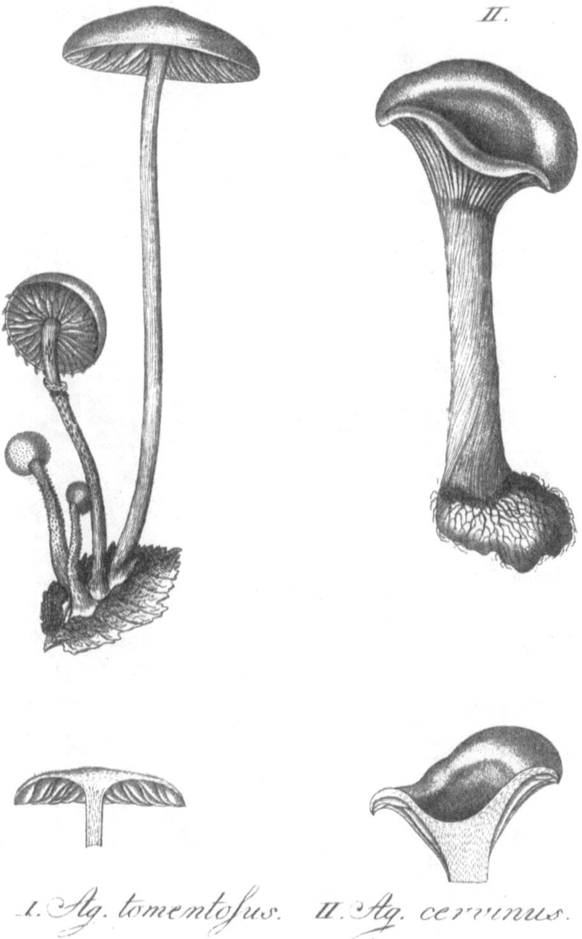

I. Ag. tomentosus. II. Ag. cervinus.

Tab. III.

I.

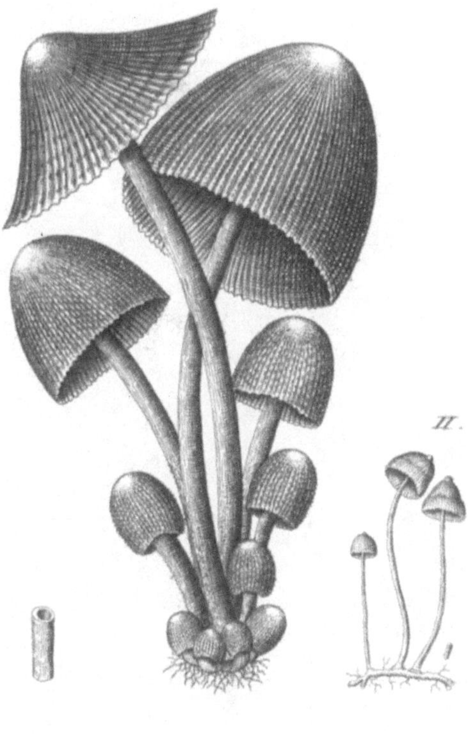

I. Agaricus Soboliferus. II. Aga. papillatus.

Lud. Schmidt sc.

Tab. IV.

I.

I. Agaricus mamillanus. II. Ag. perforans.

Lud. Schmidt sc.

Tab. V.

I.

II.

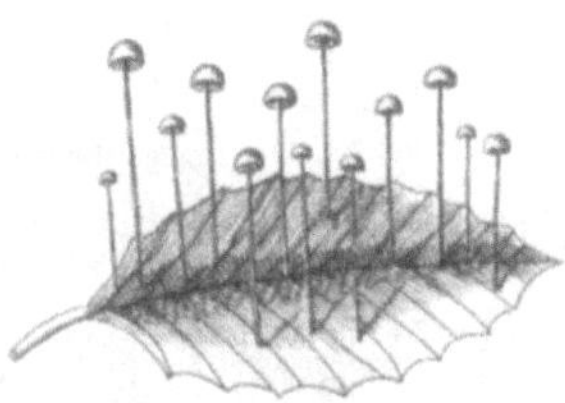

III.

I. Ag. horizontalis. II. Ag. acicularis.
III. Ag. Muscorum.

Lud. Schmidt sc.

Tab. VI.

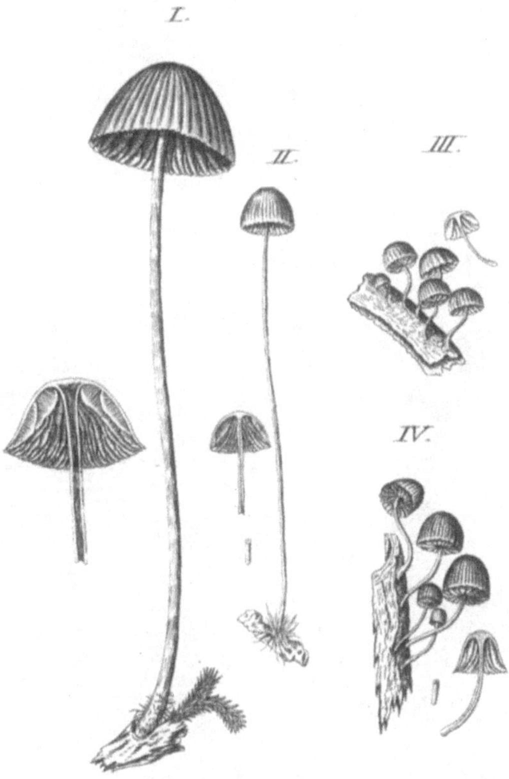

I. Ag. membranaceus. II. Ag. Stellaris.
III – IV. Ag. pusillus.

Lud. Schmidt sc.

www.ingramcontent.com/pod-product-compliance
Lightning Source LLC
LaVergne TN
LVHW092109300926
849161LV00002B/88